网络化随机系统的控制和滤波

武俊丽　著

哈爾濱工程大學出版社

内容简介

随机因素普遍存在于实际的动态系统中，虽然在很多情况下可以忽略其影响，把系统近似地当作确定性系统处理，但是当要提高系统的分析设计精度时，把动态系统如实地当作随机系统来研究是十分必要的。本书主要围绕着两类随机系统：一类随机系统中含有多个采样频率，随机交替出现且假设发生的概率已知；另外一类是经典的伊藤随机系统。考虑到网络通信受限，将其与这两类随机系统统一到一个框架下，建立了这些复杂系统的数学模型。利用 Lyapunov 稳定性理论，从连续和离散两个领域研究了网络化随机系统的稳定性、H_∞ 性能和 H_∞ 滤波问题。在此基础上，基于线性矩阵不等式技术，设计了状态反馈控制器、基于观测器的输出反馈控制器、鲁棒模型预测控制器和 H_∞ 滤波器。

本书可作为高等院校控制理论及其相关领域的研究生教材或参考书，也可作为相关科研人员的参考资料。

图书在版编目(CIP)数据

网络化随机系统的控制和滤波/武俊丽著. —哈尔滨:哈尔滨工程大学出版社, 2016.8(2017.3 重印)
ISBN 978 - 7 - 5661 - 1359 - 7

Ⅰ. ①网… Ⅱ. ①武… Ⅲ. ①自动控制 - 研究 Ⅳ. ①TP273

中国版本图书馆 CIP 数据核字(2016)第 202480 号

选题策划:田 婧
责任编辑:雷 霞
封面设计:恒润设计

出版发行 哈尔滨工程大学出版社
社 址 哈尔滨市南岗区东大直街 124 号
邮政编码 150001
发行电话 0451 - 82519328
传 真 0451 - 82519699
经 销 新华书店
印 刷 北京中石油彩色印刷有限责任公司
开 本 787 mm × 1 092 mm 1/16
印 张 10
字 数 250 千字
版 次 2016 年 8 月第 1 版
印 次 2017 年 3 月第 2 次印刷
定 价 39.80 元
http://www.hrbeupress.com
E-mail:heupress@hrbeu.edu.cn

前　言

近半个世纪以来,对随机系统的控制与滤波问题的研究一直是现代控制理论的重要课题。根据动态系统中不同的随机变量,得到了不同的随机系统模型。比较经典的随机系统有伊藤随机微分方程和 Markov 切换系统。目前,网络化控制系统在实际工程中的应用日益普遍,这是因为网络化控制系统具有资源共享、远程控制、成本低等优势,能够满足控制系统模块化,实现先进控制、分散控制和集成诊断。当考虑到网络化系统中存在随机延时、随机丢包或测量丢失等现象时,也相应地建立了网络化随机系统的模型。当前,对网络化随机系统的稳定性分析及综合问题的研究都是针对系统状态可测的,对状态不可测的系统分析与综合是目前系统科学与控制科学研究的热点问题之一。

此外,随着计算机技术的发展和数字信号处理理论的逐步成熟,计算机技术为随机系统理论的实现提供了非常有效的手段,能够实现其复杂的算法。计算机控制系统中普遍采用的周期采样是理想化的采样方法,然而对于某些实际动态系统,当采用随机采样策略时,可以降低采样频率、减小数据冗余和计算量,从而使对系统的控制成为可能,如相阵雷达监视和目标跟踪系统。因此,对随机采样的研究,不仅具有重要的理论价值,也具有非常重要的实际意义。

针对现代工业系统越来越具有多变量、非线性、不确定性和时变性等特性,这使传统的 PID 控制方式受到挑战。模型预测控制对模型精度的要求不高,具有多样的预测模型、时变的滚动优化、在线校正的鲁棒性和方便的处理输入输出约束。这些优点决定了该方法能够有效地用于具有复杂过程系统的控制。

本书主要围绕着两类随机系统:一类随机系统中含有多个采样频率,随机交替出现且假设发生的概率已知;另外一类是经典的伊藤随机系统。考虑到网络通信受限,将其与这两类随机系统统一到一个框架下,建立了这些复杂系统的数学模型。利用 Lyapunov 稳定性理论,从连续和离散两个领域研究了网络化随机系统的稳定性、H_∞ 性能和 H_∞ 滤波问题。在此基础上,基于线性矩阵不等式技术,设计了状态反馈控制器、基于观测器的输出反馈控制器、鲁棒模型预测控制器和 H_∞ 滤波器。

本书主要总结了作者近年来的一些研究工作,得到了国家自然科学基金(61203052)和黑龙江省自然科学基金(QC2015072)的资助,在此表示衷心的感谢!作者对哈尔滨工业大学高会军教授、澳大利亚阿德莱德大学 Peng Shi 教授和挪威阿哥德大学 Hamid Reza Karimi 教授所给予的帮助深表谢意。此外,作者还要感谢佳木斯大学李建辉讲师和郭海玲硕士、哈尔滨工业大学卫作龙博士和渤海大学殷立志硕士,他们参与了本书实验仿真等方面的工作。

由于作者水平有限,书中存在的缺点和不足之处,恳请读者批评指正。

著者

2016 年 4 月

目　录

主要符号表

LMI	线性矩阵不等式(Linear Matrix Inequality)
NCSs	网络控制系统(Networked Control Systems)
MPC	模型预测控制(Model Predictive Control)
$\mathbb{R}^n$	n 维实 Euclidean 空间
$\mathbb{R}^{m\times n}$	$m\times n$ 矩阵集合
$\mathscr{L}_2[0,\infty)$	在$[0,\infty)$上平方可积向量函数空间
$\lvert\cdot\rvert$	Euclidean 范数
$\lVert\cdot\rVert_2$	$\mathscr{L}_2$范数
$\mathrm{Prob}\{x\}$	x 的概率
$\mathrm{Prob}\{x\mid y\}$	条件 y 下 x 的概率
$\mathbb{E}\{x\}$	x 的数学期望
$\mathbb{E}\{x\mid y\}$	条件 y 下 x 的数学期望
$\mathrm{diag}\{A_1,A_2,\cdots,A_n\}$	由 $A_1,A_2,\cdots,A_n$组成的块对角矩阵
$\mathrm{trace}(\boldsymbol{A})$	矩阵 $\boldsymbol{A}$ 的迹
$\mathrm{rank}(\boldsymbol{A})$	矩阵 $\boldsymbol{A}$ 的秩
$\lambda_{\min}(\boldsymbol{A})$	矩阵 $\boldsymbol{A}$ 的最小特征值
$\lambda_{\max}(\boldsymbol{A})$	矩阵 $\boldsymbol{A}$ 的最大特征值
$\mathrm{sym}\{\boldsymbol{A}\}$	$\boldsymbol{A}+\boldsymbol{A}^{\mathrm{T}}$
$\boldsymbol{I}$	单位阵
$\boldsymbol{X}^{\mathrm{T}}$	矩阵 $\boldsymbol{X}$ 的转置
$\boldsymbol{X}^{-1}$	矩阵 $\boldsymbol{X}$ 的逆
$\boldsymbol{X}>0(\geqslant 0)$	对称正定(半正定)矩阵
矩阵中的 $*$	对应块的转置,如$\begin{bmatrix}\boldsymbol{A} & \boldsymbol{B}\\ * & \boldsymbol{C}\end{bmatrix}$中的 $*$ 表示 $\boldsymbol{B}^{\mathrm{T}}$
$\triangleq$	定义为

第1章 绪　　论

1.1 概　　述

随机因素普遍存在于实际的动态系统[1,2]中,例如用于描述过程控制的温度[3]和压力变量,除了受排气阀开度影响外,还会受到环境温度和外界气流等随机因素的影响;又如在经济管理系统中,商品需求、服务申请和产品的供销等都是影响经济决策的随机因素。在很多情况下可以忽略这些随机因素,把系统当作确定性系统来处理。确定性系统是指系统输入信号、模型的参数和系统的响应都是确定性的系统。相对于确定性系统,随机系统则是指含有内部随机参数、外部随机干扰或随机观测噪声等随机变量的系统,随机系统属于不确定性系统。但是当要提高系统的分析设计精度时,把动态系统当作随机系统来研究是十分必要的。例如在多管火箭炮发射系统中[4],影响其射弹散布大的主要原因是存在火箭推力的变化、燃气流对火箭炮的冲击力和外界阵风等随机因素。因此提高其射击密集度的一个主要途径是考虑随机因素的影响,需要建立随机动力学模型。

同时,随着数字计算机的发展和数字信号处理理论的逐步成熟,数字系统已被广泛地应用于国民经济、国防建设和科学实验等各个领域。与模拟系统相比,数字系统具有精度高、稳定性好等一系列优点。因此,越来越多的设计者采用了计算机作为数字控制器来实现复杂的算法,计算机控制已成为自动化领域的一项核心技术。计算机技术的发展为随机系统理论的实现提供了非常有效的手段,例如卡尔曼－布西滤波理论是在数字机下完成递推计算,从而解决了滤波与预测问题,因而卡尔曼滤波理论成为现代控制理论的基础。由此可见,随机系统理论的发展和采样控制(计算机控制)的发展是密不可分的。

在计算机控制系统中普遍采用的周期采样方法是理想化的采样方法,然而对于某些实际动态系统,当采用随机采样的策略时,可以利用现有的资源实现系统的设计要求。如随机采样应用于运动规划[5,6]方面,通过降低采样频率,从而减小数据冗余,减少计算量,使运动规化问题的解决成为可能。在相阵雷达监视和目标跟踪系统中[7]应用自适应变采样策略,能有效地利用雷达资源:当恒速运动目标的位置不用随时更正时,在保证跟踪的条件下,采用较低的采样率;对于有加速度的目标而言,则采用较高的采样率,可以实现对目标的精确跟踪。因此,对随机采样的研究,不仅具有重要的理论价值,也具有非常重要的实际意义。

另外，近三十年来，随着通信技术和网络技术的快速发展，以及工业控制对象和系统功能的扩充，网络化控制系统在实际工程中的应用日益普遍[8]，例如自动化立体仓库网络控制系统[9]、对列车运行信息的远程监控[10]和飞行器网络控制系统[11]。网络化控制系统(NCSs)是将传感器、控制器和执行器等部件通过实时网络形成闭环的反馈控制系统，如分布式控制系统、现场总线控制系统和工业以太网。资源共享、远程控制、成本低、维护方便和易扩展是网络控制系统的优势。因此网络控制系统能够满足控制系统模块化、便捷维护和低成本等需要，实现先进控制、分散控制和集成诊断。

然而，对复杂随机系统的网络化控制和滤波的要求，这对控制理论提出了新的要求，因此本书将讨论网络化随机系统的控制和滤波问题。

1.2 随机采样系统的主要研究方法

采样控制系统的主要特征是既含有连续信号，也含有离散信号，这也是系统分析和设计的难点。这决定了采样控制系统的数学模型、分析和设计方法必然与常规的纯连续和纯离散系统不同。

1.2.1 采样系统研究的主要方法

在图1.1所示的古典控制的单回路采样控制系统中，系统输出 $c(t)$ 是连续时间信号，如温度、压力和位移，通过测量元件将其转换成便于处理的物理量，如电压、电流和电脉冲。给定的输入信号和测量元件输出的差 $e(t)$ 是模拟信号，采样开关将这些模拟信号转换为数字信号 $e^*(t)$。虚线表示离散信号，实线表示连续信号，本书中的其他结构框图与此相同。将连续时间信号经过采样开关转换成数字信号，这个转换过程称作采样。计算机把采样后得到的信号作为一个数列，并用控制算法加以处理，进而产生一个新的输出信号 $u^*(t)$，再经采样开关和保持器转换成模拟信号 $u_h(t)$，作为控制信号送给被控对象。

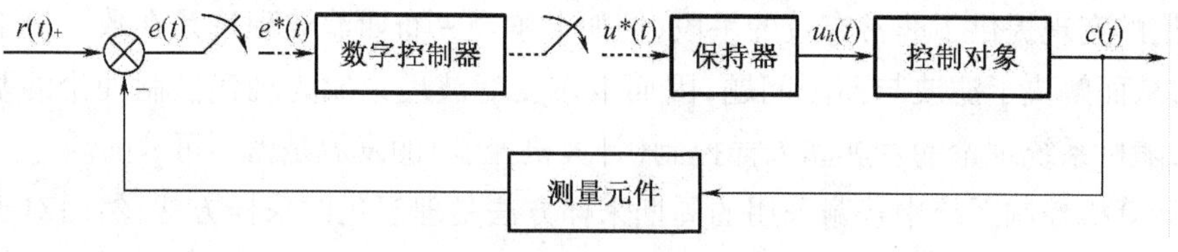

图1.1 采样控制系统简图

对于上述的单回路采样控制系统，在已知控制对象和性能指标的要求下，设计数字控制器主要有两种常规的方法[12,13]。

1.连续化(模拟化)设计技术

模拟化设计方法是假定采样频率足够高，忽略采样器和保持器的影响，将数字控制系统完全按连续系统处理的设计方法。为使讨论的问题更接近真实情况，有时把采样器和零阶保持器看成一个延时环节，平均延时时间为 $T/2$（T 为采样周期）。当确定了合适的校正装置后，再采用相应的设计准则，例如双线性变化方法，将连续校正装置离散化为数字控制器。这种设计方法，采样周期需要采用较小的值，才能复现原系统性能。

2. 离散化设计技术

离散化设计法是首先把带有保持器的连续对象组成的连续部分离散化，整个系统成为完全离散化的系统，然后按照对控制系统的性能指标要求，构造闭环 Z 传递函数的数字控制器，如有限拍控制系统设计。连续对象的离散化过程与采样周期 T 有关，当 T 减小时，其零点向不稳定方向发展。

上述方法对于单输入－单输出的古典控制系统是适用的，能满足系统的性能指标要求。

然而，现代采样控制理论是以状态空间为基础，可以分析多输入多输出、非线性和时变系统，这是与经典单输入单输出的采样系统不同的。现代的标准采样控制系统如图 1.2 所示[14]。图中 G 为连续的被控对象，控制器 K_c 为离散系统，根据反馈信号是系统状态还是系统输出，可以相应地构造状态反馈控制器和输出反馈控制器。w 为外部输入信号，包括参考指令、扰动及测量噪声等，z 为测量输出信号，y 为控制器的输入信号，u 为控制输入，u_d，y_d 为离散信号。

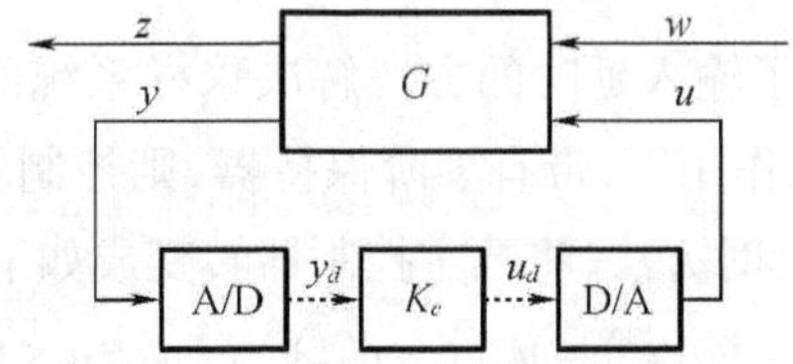

图 1.2　标准的采样控制系统

现代采样控制系统的控制器设计[15]，早期采用离散化的方法，即先对连续对象离散化，然后设计控制器。线性定常连续系统的状态方程的离散化，就是将线性定常连续系统的状态方程，即

$$\dot{x}(t)=\boldsymbol{A}x(t)+\boldsymbol{B}u(t) \tag{1-1}$$

变成如下形式的线性定常离散系统的状态方程，即

$$x(k+1)=\boldsymbol{G}x(k)+\boldsymbol{H}u(k) \tag{1-2}$$

其中，$\boldsymbol{G}=\mathrm{e}^{AT}$；$\boldsymbol{H}=\int_0^T \mathrm{e}^{At}B\mathrm{d}t$；$T$ 为采样周期。另外，当采样周期较小的时候，在满足精度的前提下，可以使用近似的离散化方程方法，那么式（1－2）中的系统系数为 $\boldsymbol{G}=\boldsymbol{I}+T\boldsymbol{A}$，$\boldsymbol{H}=T\boldsymbol{B}$。上述离散化方法不能考虑采样周期之间系统的行为，这在考虑系统的连续摄动、连续扰动、信号抑制等方面反映出其不足。

当考虑对现代采样控制系统的性能分析（如 H_2 性能和 H_∞ 性能）时，主要采用下列三种方法：

(1)提升技术(Lifting Technique)[16-19]

从20世纪90年代开始,提升技术成了研究现代采样控制系统的主要分析和设计工具。相对于离散化方法,提升技术能考虑到采样时刻之间的性能。提升技术主要是针对线性时不变系统(LTI),进行系统的 H_∞ 性能分析,将采样系统的 H_∞ 控制问题转化成相等有限维离散的 H_∞ 控制问题。但是提升技术计算复杂,并且当系统有不确定采样时间或者不确定系统矩阵时,该方法就不起作用了。

(2)混杂系统方法[20-23]

这是一种更直接的方法,系统的动态模型由连续和离散的两个模型组成,将系统的性能分析转化为求两个相互跳变的 Riccati 方程的可行解问题,可以得到稳定性的充分必要条件。然而,Riccati 方法有一些局限性:①目前求 Riccati 型矩阵方程的方法大多为迭代方法,这些方法的收敛性得不到保证; ②在应用 Riccati 方法进行分析时,往往需要设计者事先确定一些待定参数,这些参数的选择不但直接影响结论的好坏,而且还会影响问题的可行解。多数情况下需要人为地确定这些参数,无疑给分析和综合结果引入了很大的保守性[24]。为了克服带有跳变的微分方程不等式求解困难的问题,Hu 等[22]提出了 LMI 的方法去解决该问题,但是得到的 LMI 与采样周期无关,结果保守性较大。

(3)输入延时方法[25-29]

最近,Fridman 等[27]提出了输入延时的方法解决采样系统的鲁棒镇定性问题。对于线性系统(1-1),在数字控制器作用下,带有零阶保持器,则控制输入 $u(t)=u_d(t_k)$,u_d 表示离散控制器信号。利用输入延时方法,将数字控制器转变成如下所示的时滞系统:

$$u(t)=u_d(t_k)=u_d(t-\tau(t)),\quad t_k\leqslant t<t_{k+1} \tag{1-3}$$

其中 $\tau(t)=t-t_k$,$\tau(t)$是小于一个采样周期的时变延时,且是分段线性的。因此,闭环系统(1-1)就转变成如下具有时变有界延时的连续系统:

$$\dot{x}(t)=\boldsymbol{A}x(t)+\boldsymbol{B}u_d(t-\tau(t)),\quad t_k\leqslant t<t_{k+1} \tag{1-4}$$

该方法的缺点是在转变的过程中引入了时变延时项,使采样系统转变成带有时变延时的连续系统。

1.2.2 随机系统研究的主要方法

随机系统的模型主要由随机微分方程和随机状态方程来描述。建立随机系统模型时,其动态系统本身的模型和确定性系统模型相同,主要是系统中的随机因素要用数学表达式进行合理的描述。随机系统和确定性系统理论一样,主要研究数学模型的建立问题[30]、系统的性能分析问题[31]和系统的状态估计问题[32]等。动态系统中的随机变量不同,所得到的随机系统模型是不同的。比较经典的随机系统有伊藤随机微分方程[33-39]和 Markov 切换系统[40-45]。最近,实际动态系统越来越复杂化和网络化,系统中存在随机延时[46,47]、随机丢包[48,49]或测量丢失[50-52]等现象,因此对这类随机系统的研究也相继成为热点。

1. 随机系统的数学模型

下面列举三个随机系统的数学模型：

(1)伊藤随机微分方程的数学模型

如下所示：

$$dx(t)=f(t,x(t),x(t-h))dt+g(t,x(t),x(t-h))dw(t) \tag{1-5}$$

其中 $x(t)\in\mathbb{R}^n$ 为状态变量；$f(t,x(t),x(t-h))$ 和 $g(t,x(t),x(t-h))$ 是 $t,x(t),x(t-h)$ 的函数；$w(t)$ 为零均值的维纳过程，满足 $\mathbb{E}\{d\omega(t)\}=0,\mathbb{E}\{d\omega(t)^2\}=dt$。

(2)Markovian 跳跃系统的数学模型[53]

如下所示：

$$\dot{x}(t)=\boldsymbol{A}(r(t))x(t)+\boldsymbol{B}(r(t))u(t) \tag{1-6}$$

其中 $x(t)\in\mathbb{R}^n$ 为状态变量；$u(t)\in\mathbb{R}^p$ 为控制输入；随机参数 $r(t)$ 表示概率空间上的一个连续 Markov 过程，在有限集合 $N=\{1,\cdots,n\}$ 内取值，系统模式间切换由 $r(t)$ 决定。其状态转移概率矩阵为

$$\mathrm{Prob}\{r(t+\Delta)=j\,|\,r(t)=i\}=\begin{cases}\pi_{ij}\Delta+o(\Delta), & i\neq j\\ 1+\pi_{ii}\Delta+o(\Delta), & i=j\end{cases}$$

其中 $\Delta>0,\lim_{\Delta>0}(o(\Delta)/\Delta)=0,\pi_{ij}\geqslant 0$ 代表从 t 时刻到 $t+\Delta$ 时刻，模态 i 跳变到模态 j 的概率；且对于所有 $i\in L$，$\pi_{ii}=-\sum_{j=1,j\neq i}^{n}\pi_{ij}$。

(3)考虑测量丢失的网络控制系统的模型[50]

假设信息的丢失是以 Bernoulli 概率形式发生的，建立的新模型如下：

$$x(k+1)=(\boldsymbol{A}+\Delta\boldsymbol{A})x(k)$$

$$y(k)=\gamma(k)\boldsymbol{C}x(k)+v(k)$$

其中 $y(k)$ 为测量输出，随机变量 $\gamma(k)$ 服从 Bernoulli 分布：

$$\mathrm{Prob}\{\gamma(k)=1\}=\mathbb{E}\{\gamma(k)\}=\bar{\gamma}$$

$$\mathrm{Prob}\{\gamma(k)=0\}=1-\bar{\gamma}$$

定义 $e(k)=x(k)-\hat{x}(k)$，$\hat{x}(k)$ 为状态估计，得到如下误差估计方程：

$$e(k+1)=(\boldsymbol{A}+\Delta\boldsymbol{A}-\boldsymbol{G}-(\gamma(k)-\bar{\gamma})\boldsymbol{KC})x(k)+(\boldsymbol{G}-\bar{\gamma}\boldsymbol{KC})e(k)+\omega(k)-\boldsymbol{K}v(k) \tag{1-7}$$

2. 随机系统的分析方法

在随机系统模型的基础上，利用 Lyapunov 稳定性理论分析随机系统的稳定性。人们主要利用 Riccati 方程[54,55]和线性矩阵不等式这两种方法来构造 Lyapunov - Krasovskii 泛函，然后获得系统稳定性条件。Riccati 方程方法在前面已经介绍过，处理比较复杂。LMI 技术[56]可以将系统和控制中的很多问题转化为一个线性矩阵不等式(组)的可行性问题，或者转化为一个受矩阵不等式(组)约束的凸优化问题。1995 年，MathWork 公司在 MATLAB 中推出了求解线性矩阵不等式问题的 LMI 工具箱[57]，从而使人们能够更加方便和有效地处

理、求解线性矩阵不等式问题,进一步推动了 LMI 方法在系统和控制领域的应用。线性矩阵不等式处理方法可以克服 Riccati 方程处理方法中存在的许多不足。在线性矩阵不等式框架中研究不确定系统的鲁棒分析和综合问题时,所需要预先选择的参数要明显少于 Riccati 方程方法。线性矩阵不等式方法给出了问题解的一个凸约束条件,它一方面可以应用求解凸优化问题的有效方法来进行求解;另一方面,当求解这些凸约束条件时,所得到的可行解不是唯一的,而是一组满足要求的可行解。因而可以对这一组解做进一步优化,这一点在多目标鲁棒分析及综合问题中具有明显的优越性[24]。但是 LMI 技术的本质是将控制问题转化为线性矩阵不等式的求解,如果 LMI 有可行解,则系统一定稳定,但是如果没有可行解,也不表示系统不稳定,因此 LMI 得到的是充分条件,稳定性结果具有一定的保守性。

对随机系统进行稳定性分析时,由于方程中含有随机项,因此构造含有 $\dot{x}(t)$ 项的 Lyapunov 泛函是没有意义的。但是从随机系统模型(1-5)~(1-7)可以看出,随机系统方程是在确定性方程中,考虑了描述不确定性因素的某些随机过程。如果把这些随机过程用其数学期望所代替,随机系统方程则转为确定性系统方程。因此对随机系统的稳定性分析,在很多方面都利用了确定性系统分析的已有结果[58]。本书利用输入延时的方法对采样系统进行处理,将采样系统转变成了带有时滞的连续系统,因此本书主要借鉴时滞名义系统的研究方法。现在在时滞系统中,一个公认的研究结果是时滞相关(考虑时滞大小)的稳定条件的保守性要比时滞无关(不考虑时滞大小)的稳定条件的保守性小。因此对系统(1-5)可以构造如下的 Lyapunov 泛函:

$$V(t)=x^{\mathrm{T}}(t)\boldsymbol{P}x(t)+\int_{t-h}^{t}x^{\mathrm{T}}(s)\boldsymbol{Q}x(s)\mathrm{d}s+\int_{-h}^{0}\int_{t+\theta}^{t}f^{\mathrm{T}}(s)\boldsymbol{R}f(s)\mathrm{d}s\mathrm{d}\theta+\int_{-h}^{0}\int_{t+\theta}^{t}g^{\mathrm{T}}(s)\boldsymbol{R}g(s)\mathrm{d}s\mathrm{d}\theta \tag{1-8}$$

在上述 Lyapunov 函数中存在二次型双积分项,因此得到的稳定性分析结果是时滞相关的,可以降低结果的保守性。在推导 Lyapunov 泛函对时间 t 的导数时,两边取数学期望,那么系统中的随机项部分就不含随机变量了。同时双积分项变成单积分项,处理单积分项时,为了进一步降低保守性,可以利用以下确定性系统的分析方法:

(1)基于模型变换结合交叉项界定的方法

传统的方法是利用模型变换结合交叉项界定方法来处理单积分项。模型变换的目的是让系统方程中产生积分项,对交叉项的界定可以抵消单积分项,从而获得时滞相关条件[59]。Fridman 等[60]归纳了四种模型变换方法,Gu[61]指出,模型变换Ⅰ和Ⅱ将导致变换后的系统产生新的动态而与原系统不等价。随着 Park 不等式[62]和 Moon 不等式[63]的提出,对交叉项有了新的界定方法,产生了模型变换Ⅲ,由这个模型变换得到的新系统是和原系统等价的,这样就大大地克服了模型变换Ⅰ和Ⅱ带来的保守性。然而对交叉项的界定不可避免地会产生保守性。

(2)基于 Jensen 不等式的方法

Jensen 不等式也是一种得到时滞依赖的稳定性条件的有效方法。该方法没有使用模型

变换,从而得到了较低的保守性,即下述引理:

引理1.1[64]

对于任何正定常数矩阵 $\boldsymbol{M}\in\mathbb{R}^{n\times n}$,标量 r_1 和 r_2 且满足 $r_1<r_2$,以及向量函数 $\dot{x}(\cdot)$: $[r_1,r_2]\to\mathbb{R}^n$,如果下面的积分存在,则有

$$-(r_2-r_1)\int_{r_1}^{r_2}x^{\mathrm{T}}(s)\boldsymbol{M}x(s)\,\mathrm{d}s\leqslant-\left(\int_{r_1}^{r_2}x(s)\,\mathrm{d}s\right)^{\mathrm{T}}\boldsymbol{M}\left(\int_{r_1}^{r_2}x(s)\,\mathrm{d}s\right)$$

利用上述引理可以进行对积分项的处理,从而去掉积分项,该方法得到了广泛的应用[65-68]。

(3)基于自由权矩阵的方法

自由权矩阵方法是根据牛顿-莱布尼兹公式:

$$x(t)-x(t-h)-\int_{t-h}^{t}f(s)\,\mathrm{d}s-\int_{t-h}^{t}g(s)\,\mathrm{d}\omega(s)=0$$

那么,对于合适的维数的矩阵 $\boldsymbol{N}^T=(\boldsymbol{N}_1^T\quad\boldsymbol{N}_2^T)$,有下式成立:

$$2\xi^{\mathrm{T}}(t)\boldsymbol{N}\left(x(t)-x(t-h)-\int_{t-h}^{t}f(s)\,\mathrm{d}s-\int_{t-h}^{t}g(s)\,\mathrm{d}\omega(s)\right)=0 \qquad (1-9)$$

其中 $\xi^{\mathrm{T}}=(x^{\mathrm{T}}(t)\quad x^{\mathrm{T}}(t-h))$ 和 $\xi^{\mathrm{T}}(t)\boldsymbol{N}=x^{\mathrm{T}}(t)\boldsymbol{N}_1+x^{\mathrm{T}}(t-h)\boldsymbol{N}_2$。将上式的左边加入到Lypaunov泛函沿着系统的随机微分中,由于 $\boldsymbol{N}_1$ 和 $\boldsymbol{N}_2$ 是自由的,并且,其最优值可以通过LMI的解来获得,这样就可以克服采用固定权矩阵带来的保守性。自由权矩阵方法最早是由何勇等[69-71]提出来的,用来获得时滞相关的稳定性条件,避免了模型变换,从而降低了结果的保守性。自由权矩阵方法已经广泛地应用于对时滞系统的稳定性分析[72-74],有效地降低了稳定性结果的保守性。

最近提出的时滞分割方法[75-77],结合自由权矩阵方法或Jensen不等式的方法,能够进一步降低结果的保守性。时滞分割是对系统中的常时滞 h 进行 r 次分割,r 为分割的数目,r 的大小与时滞的上界和结果的保守性有关,构造如下新的Lyapunov-Krasovskii函数:

$$V(t)=x^{\mathrm{T}}(t)\boldsymbol{P}x(t)+\int_{t-h/r}^{t}\gamma^{\mathrm{T}}(s)\boldsymbol{Q}\gamma(s)\,\mathrm{d}s+\int_{-h/r}^{0}\int_{t+\theta}^{t}f^{\mathrm{T}}(s)\boldsymbol{R}f(s)\,\mathrm{d}s\mathrm{d}\theta+$$
$$\int_{-h/r}^{0}\int_{t+\theta}^{t}g^{\mathrm{T}}(s)\boldsymbol{R}g(s)\,\mathrm{d}s\mathrm{d}\theta \qquad (1-10)$$

其中 $\gamma(t)^{\mathrm{T}}=[x^{\mathrm{T}}(t)\quad x^{\mathrm{T}}(t-h/r)\quad x^{\mathrm{T}}(t-2h/r)\quad\cdots\quad x^{\mathrm{T}}(t-(r-1)h/r)]$。随着分割整数 r 的增大,时滞上界值也会增大,稳定性分析结果的保守性会进一步降低。

1.3 网络化系统的预测控制研究方法

随着生产过程向大型、连续和强化方向发展,对产品和过程被控变量要求越来越多。这些工业生产装置的复杂化发展引起了生产过程的多变量、非线性、不确定性和时变性等特性。因此,这使传统的PID控制方式受到挑战。模型预测控制(MPC)对模型精度的要求不高,具有多样的预测模型、时变的滚动优化、在线校正的鲁棒性和方便的处理输入输出约

束等优点。这些优点决定了该方法能够有效地用于具有复杂过程的控制,如具有非线性、大滞后、耦合性和输入约束等特点的锅炉汽包水位控制。因此,越来越多的设计者采用了模型预测控制来实现对复杂过程系统的各个部分的控制,模型预测控制已成为系统与控制领域非常重要的研究问题之一。NCSs 的主要特性是控制器和控制对象间的信息传递是由通信网络来实现,这也是系统分析和设计的难点。这决定了 NCSs 的数学模型、分析和设计方法必然和常规的点对点通信模式的系统不同。

1.3.1 网络控制系统的主要建模方法

在图 1.3 所示的网络化控制系统中,u 是系统的控制输入;ω 是系统的干扰输入;x 是系统的状态变量;y 是系统的控制输出。计算机把传感器测量后得到的信号作为一个数列,通过网络送给控制器,用控制算法加以处理,进而产生一个新的输出信号,再经网络和执行器转换成模拟信号 u,作为控制信号送给控制对象。

在网络传输过程中,网络诱导延时、数据包丢失、量化误差和时变采样等问题是不可避免的。下面将对上述问题进行分析。

1. 网络诱导延时

网络中的延时一般包括传感器到控制器延时 τ_k^{sc}、控制器到执行器之间的延时 τ_k^{ca} 和控制器计算延时 τ_k^{c}。控制器的计算速度很快,可以把计算延时忽略。研究表明,网络延时主要体现为通道延时,这是因为节点失效或网络拥塞时,数据在网络传输通道上需要等待的时间。当控制器是事件驱动时,通常可以将 τ_k^{sc} 和 τ_k^{ca} 合在一起考虑,即网络延时 $\tau_k=\tau_k^{sc}+\tau_k^{ca}$。对多闭环网络控制系统而言,延时通常是随机或时变未知的。因此,在网络控制系统的研究中,假设延时是时变、未知、有界是比较合理的。考虑网络诱导延时时,闭环系统就转变成时滞系统。

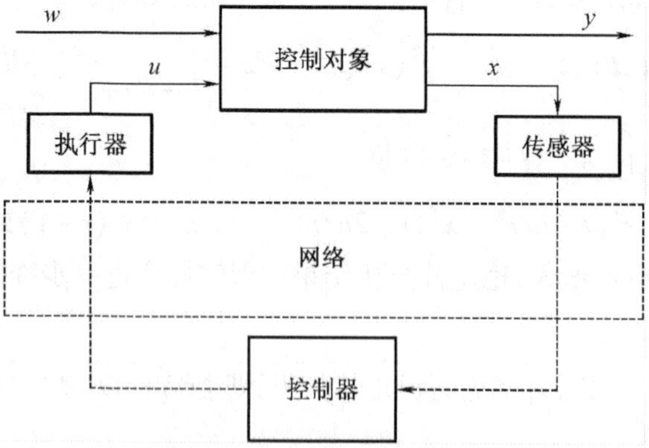

图 1.3 网络化控制系统简图

2. 数据包丢包

当节点失效或网络拥塞时,网络中就会出现数据包丢失的现象,简称丢包。

对丢包的数学描述主要用随机变量来描述。用随机变量伯努利分布描述丢包现象的模型,当丢包发生时,用“0”描述;没有丢包发生时,用“1”描述。此时,该网络化系统转变成随机系统。

3. 量化误差

在网络控制系统中,数据都要经过量化才能通过网络传输。为了获得更好的系统控制性能,必须考虑量化误差的影响。经常使用的量化器有静态量化器和动态量化器。静态量化器的量化层数固定且无记忆。动态量化器具有记忆性,是由一个范围可调节的动态参数和一个静态量化器构成。

当考虑上述网络通信问题,且控制对象是连续时域系统时,该网络化系统实质上就是一个采样系统。因此对于基于状态空间的多输入多输出网络化控制系统,离散时间系统在控制精度、抗干扰能力和可集成化等诸方面,有着连续系统无法比拟的优越性。在网络控制系统中,由于控制器本身是离散的,因此常将被控对象在采样时刻进行精确的离散化。当假设控制对象是离散系统时,该网络化系统将在离散时间系统框架下进行稳定性分析和控制器设计。

1.3.2　模型预测控制的主要研究方法

1. 模型预测控制的基本原理

预测控制是一种基于模型的计算机控制方法,因此它是基于离散控制系统的。预测控制不但利用当前的和过去的偏差值,而且用预测模型来预估过程未来的偏差值,以滚动确定当前的最优输入策略。其基本原理如下[78]:

(1)预测模型

预测控制是一种基于模型的控制算法,这一模型称为预测模型。预测模型的功能是根据对象的历史信息和未来输入预测未来输出。这里只强调模型的功能,而不强调其结构形式。因此,状态方程、传递函数这类传统的模型都可以作为预测模型。

(2)滚动窗口优化

在预测控制中,是以选定的性能指标的最优来确定控制作用的,比如,控制的结果往往是使对象的输出值与某一期望值的方差为最小,从而保证恒值调节或跟踪控制的精确度。然而,与传统意义下的离散最优控制不同的是,预测控制的优化是一种有限时段的滚动优化。在每一个采样时刻,优化性能指标只涉及从该时刻起未来有限的时间,到下一个采样时刻,这一优化时段同时向前推移。因此,预测控制不使用一个对全局相同的优化性能指标,而是在每一个时刻有一个相对于该时刻的优化性能指标,不同时刻优化性能指标的相对形式是相同的,但其绝对形式,即所包含的时间区域是不同的。因此,在预测控制中,优化不是一次离线进行的,而是反复在线进行的。

(3)反馈校正

由于模型的不准确,即对象结构与参数的时变,也由于外界环境的变化,使得按预测模型给出的预测值与对象实际输出值之间不可避免地出现偏差,并按一定的加权修正方式对基于模型的预测值进行校正,使之更加逼近期望值,从而保证控制的高质量。

2. 模型预测控制的研究方法

对于模型预测控制问题,国内外学者主要采用三种方法来加以研究。

(1)采用有限脉冲响应模型,如动态矩阵控制。这种方法计算量减少,鲁棒性较强,适用于渐近稳定的线性过程。

(2)基于输入输出模型,广义预测控制。它的预测模型采用 CARMIA(离散受控自回归滚动平均模型),克服了响应模型不能描述不稳定过程和难以在线辨识的缺点。广义预测保持最小方差自校正控制器的模型预测,在优化中引入了多步预测的思想,抗负载扰动、随机噪声、时延变化等能力显著提高,具有许多可以改变的各种控制性能的调整参数。它不但能用于开环稳定的最小相位系统,而且可用于非最小相位系统、不稳定系统和变时滞、变结构系统。它在模型失配情况下仍能获得良好的控制性能。

(3)基于状态空间模型,这类方法可以进行状态反馈和状态变量约束等。线性矩阵不等式(LMI)的广泛应用,使得解决控制问题已获得大量研究。本书采用的是基于 LMI 的鲁棒模型预测控制。

1.4 随机不确定采样系统的控制与分析的研究现状

1.4.1 随机系统的研究现状

随机系统的控制与滤波的发展是与随机过程理论的发展密切相关的,随机过程理论的发展为其提供了理论基础。随机过程理论产生于 20 世纪初期,最初在布朗运动、电话信息量和电子管的微粒效应噪声等问题的研究中取得了成果。科尔莫戈罗夫(A. N. Kolmogorov)1931 年发表的《概率论中的分析方法》,奠定了随机过程的数学理论基础。维纳(N. Wiener)[79]和科尔莫戈罗夫发展起来的滤波和预测理论,使从信号加噪声的观测中抽取有用信号成为可能,这是随机控制理论的一个重要基础,有重大理论价值。但由于维纳-科尔莫戈罗夫理论需要求解一种难于求解的积分方程(维纳-霍甫夫方程),所以未能得到广泛应用。

伊藤清(K. Itô)发表了《论随机微分方程》一文,随后,其对随机微分方程的研究受到了广泛重视,并渗透到很多领域。

对随机系统的控制和滤波研究的一个重大突破是卡尔曼(R. E. Kalman)在文献[80]中提出的用一个状态方程和一个测量方程来完整地描述线性动态系统,并在最小均方误差准则下给出了滤波的递推算法。卡尔曼等在文献[81]中把滤波方法推广到连续系统中,得到了著名的“Kalman-Busy 滤波理论”。这一理论克服了维纳滤波理论的上述缺点,将滤波理论推到了一个新的阶段,也是现代控制理论的一个重要基础,大大推动了现代控制理论的发展和应用[82]。Wonham 在文献[83]中首先提出并证明了分离定理,根据此定理,可将随机线性系统最优控制问题分成独立的两部分来求解,一部分是状态估计,另一部分是求解最优控制律。人们很快将确定性的最优控制理论推广到随机系统最优控制中,取得了一些重要成果。

H_∞ 控制理论是 Zames 在文献[84]中首次提出来的,此后 H_∞ 理论取得了很大的进展并在工业领域得到了广泛的应用。Doyle 等发表的文献[85]是 H_∞ 控制中的一个里程碑,他们将 H_∞ 问题的求解归结为求两个 Riccati 方程,这样 H_∞ 控制问题在概念和算法上都被大大简化了。人们将 H_∞ 理论应用到随机系统中,即随机 H_∞ 控制,该理论是国内外学者研究的一个热点领域。Xu 等在参考文献[86]中研究了同时存在时变延时和参数不确定性的随机系统的鲁棒 H_∞ 控制问题,基于线性矩阵不等式技术提出了 H_∞ 输出反馈控制器设计方法。目前,对各种随机系统中的性能分析和控制器设计问题取得了大量的科研成果,如解决了随机时滞系统的镇定性问题[87,88],随机神经网络的稳定性分析问题[89],随机时滞系统的滑膜控制问题[90],多时滞随机系统的稳定性分析问题[91]。Mao 等在参考文献[92]中研究了线性随机时滞系统的鲁棒指数均方稳定性分析问题。Yoneyama 等在参考文献[93]中研究了带有采样器的部分可观测的跳跃系统的优化随机控制问题,设计了 Kalman 滤波器和优化的状态反馈控制器。

与此同时,随机系统的滤波理论也逐渐成熟。应用于随机系统的 Kalman 滤波理论在航空、航天、工业过程控制等领域得到了非常广泛的应用[94,95],它建立在精确的数学模型基础之上,并假设噪声输入为严格的 Gauss 过程或 Gauss 序列[96]。然而实际问题常常不能满足这两个条件,从而导致滤波发散。H_∞ 滤波能克服 Kalman 滤波的不足,针对滤波系统存在的模型不确定性和外界干扰不确定性,将范数引入到滤波问题中来,构建一个滤波器使得从干扰输入到滤波误差输出的范数最小化。Elsayed 等在参考文献[97]中把输入信号看作是能量有界的信号引入了 H_∞ 滤波,主要目标是最小化滤波误差系统的 H_∞ 范数的上界。Wang 等在参考文献[98]中给出了两个线性不确定随机离散系统的鲁棒滤波器的设计方法,并在参考文献[99]中给出了非线性离散随机系统的滤波器设计方法。Gao 等在参考文献[100]中研究了离散随机系统的鲁棒 H_∞ 滤波问题。在参考文献[101]中,他们还将这一思想推广到不确定随机时滞系统,设计了全阶和降阶滤波器并保证了系统的 L_2-L_∞ 性能。

1.4.2　随机采样系统的研究现状

根据采样开关闭合的规律,可以将采样进行分类。如果采样开关是等时间间隔采样,则称为周期采样。如果在一个系统中,不同信号的采样频率不同,但是相同信号是等时间间隔采样,则称为多速率采样[102-104]。如果采样开关采样的时间间隔是随机的,则称为随机采样。

对随机采样信号的研究可追溯于 Black 在文献[105]中提出的随机采样信号重构的理论。Sankur 等在文献[106]中进一步对低通滤波器、样条函数内插和多项式内插等随机采样信号的重构技术进行了分析。Edwin 等在文献[107]中在柯西残差理论的基础上，得到一种可用于有限点的随机采样信号的重建公式。采用随机等效采样技术可以实现高速采样，降低设计成本。文献[108,109]实现了用转换速率比较低的模/数转换器完成周期输入信号的高速采样，即在每一个周期信号中，随机的采样一些点，完成 n 个波形的采样，然后将这些数据叠加，利用算法重构周期信号的波形。Eng 等在文献[110]中研究了在频域上随机采样信号的两种线性频域变换的问题，给出了根据真实傅里叶变换得到的几个近似傅里叶变换的先验分布。

自从20世纪50年代中期计算机应用于过程控制，到20世纪90年代，计算机控制(采样控制)已经迅速地发展起来[14,111-115]，随着控制对象的复杂化，随机采样的研究得到控制领域的学者们更加广泛的关注。Hu 等在文献[116]中针对带有随机采样率的采样系统中的非线性控制对象，提出了非线性数字控制器的设计方法。Ozdemir 等在文献[117]中研究了自适应采样系统的控制问题，提出了采样积分控制算法，能够利用自适应采样周期快速简单地决定积分增益矩阵。Sala 在文献[118]中针对有随机采样的网络化环境下的线性时不变系统，利用 LMI 技术，提出了基于观测器的控制器的设计方法。Suplin 等在文献[119]中研究了线性系统的 H_∞ 控制问题，考虑其系统测量输出端的采样周期是时变的但有界，分别提出了输出反馈 H_∞ 控制器和 H_∞ 滤波器的设计方法。沈燕等在文献[120]中针对网络控制系统中采样周期时变不确定性对控制性能和网络运行性能的影响，提出一种基于反馈控制原理和预测机理的智能动态调度策略。

1.5 网络化预测控制系统的研究现状

1.5.1 网络控制系统的研究现状

网络控制系统的研究产生于20世纪80年代，自从 Ray[121] 提出了网络控制系统的初步概念，此后对网络控制系统的研究取得了很大的进展，并在航空航天、工业自动化、交通运输等领域得到了广泛的应用。目前，对网络控制系统的研究主要有两大分支[122]：一个是源于计算机网络技术以提高多媒体信息传输和远程通信服务质量为目标；另一个是源于自动控制技术以满足系统稳定性及其他动态性能指标为目标[123,124]。前者实现的是对网络的控制；后者实现的是通过网络对系统的控制。前者的评价指标包括网络吞吐量、数据传输率、误码率、延时可预测性和任务可调度性。后者的评价指标包括平稳性、快速性和准确性等。研究方案围绕着系统的性能指标，在现有的通信网络基础上，即以网络的拓扑结构、通信协议、信道负载和延时特性为已知条件，建立系统的连续、离散或混合模型，分析并给出系统的稳定条件，设计出相应的控制器，以保证系统有良好的稳定性和高质量的控制性能。在本书中，对网络控制系统的研究主要是指后者，在现有的网络情况下，研究系统的镇定、性能分析和滤波问题。

由于网络的带宽有限,网络传输延时和数据包丢失是使网络化控制系统性能下降甚至导致不稳定的两个主要因素。为了解决上述问题,在该领域取得了丰硕的理论研究成果[125-129]。Nilsson 等在文献[130]中研究了在网络通信中带有随机时变延时的实时系统的建模与分析问题,提出了一个新的控制策略,采用时间戳来处理随机时变延时,取得了较好的效果。Goodwin 等在文献[131]中针对网络控制系统的带宽有限问题,提出了滚动优化的方法解决了上行传输和下行传输的问题。Gao 等在文献[132]中首次将网络时变延时、数据丢包和量化误差统一到一个框架下,建立了一个新的模型,利用 LMI 技术解决了对该网络控制系统的 H_∞ 控制问题。Dong 等在文献[133]中针对一类非线性模糊系统在网络延迟和数据丢包情况下,研究了该系统的基于网络的鲁棒故障检测问题。宋杨等在文献[134]中针对一类马尔科夫网络控制系统研究了其均方指数镇定问题。游科友等在文献[135]中回顾关于网络控制系统的最新研究进展,主要讨论了为满足不同控制目的所需的各种网络条件。

1.5.2 模型预测控制的研究现状

自从 1978 年 Richalet 等[136]提出模型预测启发式控制,模型预测控制已取得大量的成果[3,137-140]。由于 MPC 的算法简单及阶跃响应和脉冲响应模型的使用,MPC 首先在化工领域取得了很多成功的应用,如催化裂化装置[141]和高度非线性的间歇式反应器[142]。随后,企业公司开始开发关于 MPC 算法的软件。文献[143]报道了将 MPC 成功应用到复杂工业——过程加氢裂化反应器中,该系统具有 5 个输入变量、2 个干扰输入和 4 个有约束的输出。MPC 在理论成果的研究上也获得了大量的报道。在文献[144]中,Cutler 等提出了动态矩阵控制策略,系统采用了阶跃响应模型,但是在某些方面,对待输入输出约束是特设的。这种限制在文献[145]中得到了解决,Garcia 等提出了二次动态矩阵控制策略,其采用二次规划来准确地解决了受约束的开环优化控制问题。在文献[146]中,Bitmead 等针对线性无约束系统,提出了关键的广义预测控制策略,并建立了系统稳定性条件。

近年来,随着 LMI 技术应用到控制问题,国内外学者开始关注将 LMI 应用到 MPC 中,这样它能够处理系统中的各种不确定性[147]。Kothare 等在文献[148]中利用 LMI 技术,提出了一个新的方法对 MPC 进行综合分析,它使不确定性系统鲁棒镇定。在文献[149]中,Huang 等研究了丢包情形下鲁棒模型预测控制问题,建立了参数依赖的 Lyapunov 函数,得到了使系统稳定的充分条件。在文献[150]中,Zhao 等研究了数据包丢失情形下 T-S 模糊系统的预测控制问题,采用一种能够减小结果保守性的分段 Lyapunov 函数方法设计模糊预测控制器使得闭环系统随机稳定,且无限时间域中每一步的目标函数值在输入有约束时是最优的。在文献[151]中,Yang 等研究了在网络诱发时延和丢包随机发生情况下的网络化控制系统的预测控制问题,提出的网络预测控制方法主要用于补偿随机时滞和丢包,用两个 Markov 链建模,把系统转换成一个 Markov 随机系统,给出了预测控制器设计结果,保证了闭环系统的稳定性。

1.6 本书的主要内容

针对网络化随机系统的控制和滤波问题,本书基于不同的模型,对控制器和滤波器的设计做了深入的探讨,取得了一些成果。本书的主要内容如下:

第2章从连续时间领域研究了随机采样系统的稳定性分析及鲁棒 H_∞ 性能综合问题。采用输入延时的方法将采样系统变成带有时变延时的连续系统。在该采样控制系统中,考虑系统有两个采样频率以一定的概率交替出现,这两个采样频率的概率分布已知,通过引入一个满足伯努利分布的随机变量,从而建立了带有两个采样频率的采样控制系统的状态空间数学模型。并将这一方法进一步推广,实现对具有多个采样频率的控制系统的建模。用 Lyapunov 稳定性判别方法对该数学模型进行稳定性分析。构建了新的二次型 Lyapunov-Krasovskii 泛函,引入了自由权矩阵的方法去除单积分项,从而降低了结果的保守性,得到了闭环系统新的指数均方稳定性的充分条件。在此基础上,利用线性矩阵不等式技术,提出了随机采样系统的状态反馈控制器的设计方法。此外,还考虑了在工程中广泛出现的范数有界不确定性,建立了该系统的状态空间模型,对其进行了鲁棒 H_∞ 性能分析,提出了具有闭环系统 H_∞ 性能指标约束的状态反馈控制器的设计方法。这一设计思想在第6章中进一步应用于网络化系统的控制中。该章取得的随机采样系统的分析和综合结果因其考虑了概率采样,因而改进了传统的周期采样控制系统的结果,在降低保守性方面具有较大的进步。

第3章研究了带有区间不确定性和非线性项的伊藤随机系统的采样控制问题。由于采用了输入延时的方法去处理采样系统,才使得对该类系统的稳定性分析成为可能。区间不确定性存在于很多实际动态系统中,本书对此进行了数学描述:假设非线性函数满足一定的边界条件。构建了标准的二次型 Lyapunov 函数方程,推导了该系统的指数均方稳定性的充分条件。在此基础上,设计了状态反馈控制器。

第4章从离散时间领域研究了带随机采样的线性系统的镇定控制问题。控制对象是离散系统,控制器的输入端存在两个成倍数关系的采样频率,对这样的系统进行了稳定性分析,提出了状态反馈控制器的设计方法。本章的研究,使随机采样在连续系统和离散系统都得到了应用,结果表明,当系统考虑了以一定概率出现随机采样时,稳定性分析结果比单周期采样系统的保守性小。

在第5章中,所考虑的网络控制系统的拓扑结构为 CAN 网络,它的网络诱导时延一般小于系统的采样周期,并且 CAN 网络支持事件驱动。在 CAN 网络中采用了随机采样调度方法,设定流量阈值,可以将网络分为两个状态:忙碌状态和非忙碌状态,通过文献[152]可知在一段时间内可以得到两个状态发生的概率。当检查网络为非忙碌状态,则 NCSs 系统为单采样周期,采样频率的大小根据实际情况选择,当监测网络为忙碌状态时,就发生随机采样的调度。即,考虑网络有两个采样频率,一个采样频率的值和单采样频率值相同,另一个采样频率的值比单采样频率的值小,给定它们的发生概率,这样配合其他的调度方法,可以更好地缓解网络的拥塞。对上述系统建立了数学模型。选择一个由两个小车、弹簧和阻尼器组成的机械系统为网络中的被控对象,按照第 2 章 H_∞ 控制器设计的思想,对其进行 H_∞ 性能的分析,在此基础上提出了该系统的 H_∞ 控制器的设计方法。仿真表明所提出的控制器的有效性且稳定性结果具有较小的保守性。这一部分内容是随机采样策略向实际工程的探索性应用,不仅拓展了随机系统理论,也为网络控制系统研究提供了可以借鉴的设计思想。

第 6 章主要研究了网络化随机系统的镇定及鲁棒 H_∞ 控制问题。考虑网络通信中具有网络诱导时延、丢包和量化误差,采用输入延时的方法对时延和丢包进行数学描述,从而建立了网络化随机系统的状态空间数学模型。假设系统的状态变量是不能全部可测的,因而选择基于观测器的输出反馈控制器。用 Lyapunov 稳定性判别方法对该数学模型进行稳定性分析,得到了闭环系统新的渐近均方稳定性的充分条件。在此基础上,提出了网络化随机系统的基于观测器的输出反馈控制器的设计方法。此外,还考虑了在工程中广泛出现的范数有界不确定性,对其进行了鲁棒 H_∞ 性能分析,提出了具有闭环系统 H_∞ 性能指标约束的基于观测器的输出反馈控制器的设计方法。

第 7 章主要研究了非线性不确定离散系统的模型预测控制问题及其在丢包情形下的控制器设计问题。范数有界不确定性存在于很多实际动态系统中,本书对此进行了数学描述:假设非线性函数满足一定的边界条件。构建了标准的二次型 Lyapunov 函数方程,推导了该系统的均方渐近稳定性的充分条件。在此基础上,设计了模型预测控制器。我们进一步考虑当系统存在网络通信时,假设网络中存在丢包,设计了该系统的鲁棒模型预测控制器保证系统均方渐近稳定。最后,利用余热锅炉汽包水位系统的例子来说明我们所提出的理论结果的应用。

第 8 章研究了随机采样控制系统的 H_∞ 滤波问题。状态估计是控制领域的重要问题之一,考虑系统和滤波器之间的采样时间间隔是随机的,随机采样的特性和第 2 章描述的相同,将两个采样周期同时考虑到一个模型中,建立滤波系统的误差模型。利用线性矩阵不等式的方法提出该误差系统的 H_∞ 性能准则,所设计的 H_∞ 滤波器能够保证滤波误差系统稳定且具有一定的 H_∞ 扰动衰减性能。同样,在该系统中考虑了随机采样后,所得到的结果比周期采样系统具有更低的保守性。

第 9 章主要研究了网络化随机系统的 H_∞ 滤波问题。状态估计是控制领域的重要问题之一,考虑系统和滤波器之间通过网络通信,建立滤波系统的误差模型。利用线性矩阵不等式的方法提出该误差系统的 H_∞ 性能准则,所设计的鲁棒 H_∞ 滤波器能够保证滤波误差系统稳定且具有一定的 H_∞ 扰动衰减性能。

第2章 随机采样系统的镇定及鲁棒 H_∞ 控制

2.1 引 言

众所周知,稳定性是动力系统必须满足的性能。因此,控制系统的稳定性分析是系统分析的首要任务。古典控制理论对系统的基本要求是稳定性、准确性和快速性。其稳定性的判别方法主要有劳斯稳定判据、奈奎斯特稳定判据和对数判据等。现代控制理论是以状态空间为基础,主要用 Lyapunov 稳定性理论来分析系统的稳定性。确定性系统主要用渐近稳定性来判断系统的稳定性,随机系统则用指数均方稳定性来判断系统的稳定性。然后在系统稳定的基础上,研究系统的镇定问题。

进一步考虑当系统存在不确定时,对不确定系统的鲁棒稳定性分析。不确定性主要来源于两个原因:一个是存在于实际系统中,如各种干扰信号和工作环境的变化对系统参数和动态性能的影响;另一个是对控制对象数学模型的简化产生了不确定性,如高阶系统的降阶处理、非线性系统的线性化和各种信号测量噪声的忽略。因此,在对实际系统建模时,应该考虑到对不确定性因素的描述;在设计控制器时,应该保证系统对不确定性具有鲁棒性。一个反馈系统具有鲁棒性是指这个反馈系统在某一特定的不确定条件下具有使稳定性、渐近调节和动态特性保持不变的特性。

H_∞ 控制理论的研究已成为鲁棒控制理论中最活跃的领域之一。H_∞ 最优控制问题是指设计一个镇定控制器,使得在图1.2中从干扰输入 ω 到输出 z 的闭环传递函数 $T_{z\omega}$ 的 H_∞ 范数达到最小。H_∞ 范数的重要性质来自于小增益定理的应用,小增益定理指出,若 $\|T_{z\omega}\|_\infty \leqslant \gamma$,则系统将对所有的稳定的不确定性稳定。$H_\infty$ 方法得以发展的主要原因很有可能是这一鲁棒稳定性的结论。周克敏等在文献[153]中用状态空间的方法对线性鲁棒系统的 H_∞ 控制问题进行了综合性的分析。最近鲁棒 H_∞ 控制问题已经被应用到很多动态复杂系统中去,如网络控制系统[132]、奇异系统[154]、模糊系统[77]和随机系统[86]等。

在本章,首先建立了带有两个采样频率的采样控制系统的数学模型。用输入延时的方法处理采样控制系统,将其变成带有时变延时的连续系统。为了简单起见,假设系统中只有两个采样频率,通过引入一个满足伯努利分布的随机变量,建立了数学模型。该建模思想可以进一步推广到具有多个采样频率的系统的建模。其次对该系统进行了稳定性分析。构建了新的二次型 Lyapunov 函数方程,引入了自由权矩阵的方法去除单积分项,从而降低了结果的保守性，得到了闭环系统的指数均方稳定的充分条件。进一步考虑在工程中广泛出现的范数有界不确定性，得到了满足性能的闭环系统的鲁棒指数均方稳定的充分条件。最后，在此基础上，利用 LMI 技术，给出了随机系统在状态反馈控制器的设计方法，也解决了具有闭环系统 H_∞ 性能指标约束的状态反馈控制器的设计问题。

2.2　问题描述

考虑如图 2.1 所示的采样控制系统，控制对象为下述线性系统：

$$\dot{x}(t) = \boldsymbol{A}x(t) + \boldsymbol{B}u(t) \tag{2-1}$$

其中 $x(t) \in \mathbb{R}^n$ 为状态变量；$u(t) \in \mathbb{R}^p$ 为控制输入；$\boldsymbol{A}$ 和 $\boldsymbol{B}$ 表示维数适当的定常矩阵。控制器为状态反馈控制器，在零阶保持器作用下，控制器形式如下：

$$u(t) = u_d(t_k) = \boldsymbol{K}x(t_k),\quad t_k \leqslant t < t_k + 1 \tag{2-2}$$

其中 u_d 是离散控制信号；t_k 是当 $k = 0,1,2,\cdots$ 时的采样时刻。选择如式(2-2)所示的控制器，闭环系统(2-1)变成

$$\dot{x}(t) = \boldsymbol{A}x(t) + \boldsymbol{BK}x(t_k),\quad t_k \leqslant t < t_{k+1} \tag{2-3}$$

在一个采样周期内 $t_k \leqslant t < t_{k+1}$，有下式成立：

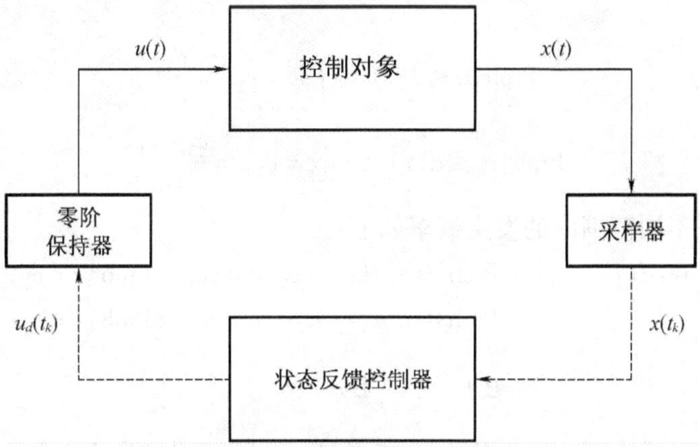

图 2.1　采样控制系统框图

$$t_k = t - d_k(t) \tag{2-4}$$

其中 $d_k(t) = t - t_k$，是小于一个采样周期的时变延时。将式(2-4)带入闭环系统(2-3)中，得到

$$\dot{x}(t) = \boldsymbol{A}x(t) + \boldsymbol{BK}x(t - d_k(t)),\quad t_k \leqslant t < t_{k+1} \tag{2-5}$$

为了方便起见，在该线性采样控制系统中，假设只有两个采样周期存在，对该随机采样系统进行建模和稳定性分析。在本书中，定义变量 c 代表采样周期，两个采样周期的取值分别为 c_1 和 c_2，并且满足 $0 < c_1 \leqslant c_2$，假设采样周期发生的分布概率已知，如下所示：

$$\mathrm{Prob}\{c = c_1\} = \beta,\quad \mathrm{Prob}\{c = c_2\} = 1 - \beta$$

在整个时间周期上，闭环系统(2－5)的紧缩形式可以写作

$$\dot{x}(t)=\boldsymbol{A}x(t)+\boldsymbol{BK}x(t-d(t)) \tag{2-6}$$

其中 $d(t)$ 由 $d_k(t),k=1,2,\cdots,\infty$ 组成，且是时变不可微的，如图 2.2 所示。

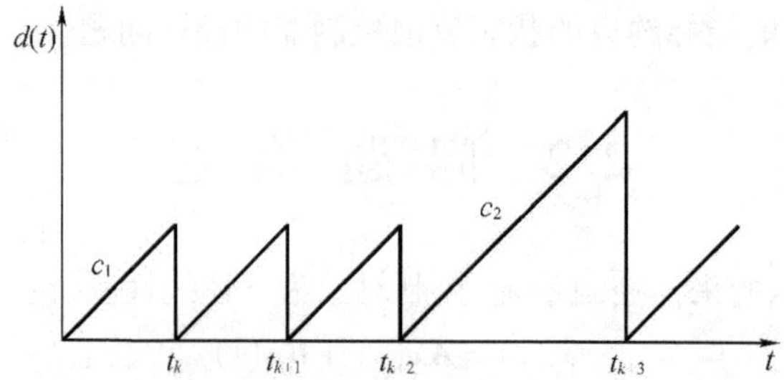

图 2.2 时变延时 $d(t)$

当采样周期为 c_1 时，$d(t)\in[0,c_1)$ 发生的概率为 1，即

$$\text{Prob}\{0\leqslant d(t)<c_1\,|\,c=c_1\}=1$$

当采样周期为 c_2 时，$d(t)\in[0,c_1)$ 发生的概率为 $\frac{c_1}{c_2}$；$d(t)\in[c_1,c_2)$ 发生的概率为 $\frac{c_2-c_1}{c_2}$，即

$$\text{Prob}\{0\leqslant d(t)<c_1\,|\,c=c_2\}=\frac{c_1}{c_2}$$

$$\text{Prob}\{c_1\leqslant d(t)<c_2\,|\,c=c_2\}=\frac{c_2-c_1}{c_2}$$

因此，$d(t)$ 在不同范围内的发生概率如下：

$$\begin{aligned}\text{Prob}\{0\leqslant d(t)<c_1\}&=\text{Prob}\{0\leqslant d(t)<c_1\,|\,c=c_1\}\times\text{Prob}\{c=c_1\}+\\&\quad\ \text{Prob}\{0\leqslant d(t)<c_1\,|\,c=c_2\}\times\text{Prob}\{c=c_2\}\\&=\beta+\frac{c_1}{c_2}(1-\beta)\end{aligned}$$

$$\begin{aligned}\text{Prob}\{c_1\leqslant d(t)<c_2\}&=\text{Prob}\{c_1\leqslant d(t)<c_2\,|\,c=c_2\}\times\text{Prob}\{c=c_2\}\\&=\frac{c_2-c_1}{c_2}(1-\beta)\end{aligned}$$

现在，引入如下随机变量

$$\alpha(t)=\begin{cases}1 & 0\leqslant d(t)<c_1\\0 & c_1\leqslant d(t)<c_2\end{cases} \tag{2-7}$$

可得到

$$\text{Prob}\{\alpha(t)=1\}=\text{Prob}\{0\leqslant d(t)<c_1\}=\beta+\frac{c_1}{c_2}(1-\beta)\triangleq\alpha$$

$$\text{Prob}\{\alpha(t)=0\}=\text{Prob}\{c_1\leqslant d(t)<c_2\}=\frac{c_2-c_1}{c_2}(1-\beta)\triangleq 1-\alpha \tag{2-8}$$

当 α（随机变量 $\alpha(t)$ 的发生概率）固定为 1 或 0 时，采样系统就变为周期采样，采样周期的值相应地为 c_1 或 c_2。

随机变量 $\alpha(t)$ 为 Bernoulli 分布，因此满足下列性质：

$$\mathbb{E}\{\alpha(t)\}=\alpha,\quad \mathbb{E}\{(\alpha(t)-\alpha)^2\}=\alpha(1-\alpha) \tag{2-9}$$

值得注意的是，由于 $d(t)$ 是随机变量，这会导致对闭环系统（2-6）的稳定性分析的困难，为了克服这个困难，我们引入了时变延时 $\tau_1(t)$ 和 $\tau_2(t)$，满足

$$0\leqslant\tau_1(t)<c_1,c_1\leqslant\tau_2(t)<c_2$$

假设 $\tau_1(t)$ 和 $\tau_2(t)$ 是时变的，不可微的并且独立于采样点概率的变量，从而分别取代了 $d(t)$ 在 $[0,c_1)$ 和 $[c_1,c_2)$ 的取值，代表了比 $d(t)$ 更广义的范围。这样，闭环系统（2-1）在两个采样周期以一定概率出现的情况作用下，得到了如下的闭环系统：

$$\dot{x}(t)=\boldsymbol{A}x(t)+\alpha(t)\boldsymbol{BK}x(t-\tau_1(t))+(1-\alpha(t))\boldsymbol{BK}x(t-\tau_2(t)) \tag{2-10}$$

闭环系统（2-10）代表了比闭环系统（2-6）更普遍的形式，所以当闭环系统（2-10）稳定时，闭环系统（2-6）也一定稳定。下面我们将对闭环系统（2-10）进行稳定性分析。

在给出主要结果之前，我们先给出以下有关随机系统的定义和引理：

定义 2.1　系统（2-10）是衰减度为 $\delta>0$，指数均方稳定的，如果存在标量 $\delta>0,\mu>0$ 使得

$$\mathbb{E}\{\|x(t)\|^2\}\leqslant\mu e^{-\delta t}\sup_{-2c_2\leqslant\theta\leqslant0}\mathbb{E}\{\|\phi(\theta)\|^2\} \tag{2-11}$$

其中 $x(t)=\phi(t),t\in[-2c_2,0]$ 是初始条件函数；ϕ 是连续函数。另外，如果对于所有允许的参数不确定性，都有式（2-11）成立，则称系统是鲁棒指数均方稳定的，且衰减度为 δ。

引理 2.1[155]　设 $\boldsymbol{D},\boldsymbol{S}$ 和 $\boldsymbol{F}$ 为具有适当维数的矩阵。则对任何向量 $x,y\in\mathbb{R}^n$，常数 $\varepsilon>0$，矩阵 $\boldsymbol{P}>0\in\mathbb{R}^{n\times n}$ 且 $\boldsymbol{F}^{\mathrm{T}}\boldsymbol{F}\leqslant\boldsymbol{I}$，下列式子总是成立的

$$2x^{\mathrm{T}}\boldsymbol{DFS}y\leqslant\varepsilon^{-1}x^{\mathrm{T}}\boldsymbol{DD}^{\mathrm{T}}x+\varepsilon y^{\mathrm{T}}\boldsymbol{S}^{\mathrm{T}}\boldsymbol{S}y$$

$$2x^{\mathrm{T}}y<x^{\mathrm{T}}\boldsymbol{P}^{-1}x+y^{\mathrm{T}}\boldsymbol{P}y$$

2.3　随机采样系统的稳定性分析及镇定

2.3.1　随机采样系统的稳定性分析

在本小节，考虑了带有随机采样的系统的稳定性分析问题。我们假设闭环系统（2-10）中的矩阵 $\boldsymbol{A},\boldsymbol{B}$ 和 $\boldsymbol{K}$ 已知，研究系统的指数均方稳定性问题。下面的定理给出：如果存在一些矩阵满足一定的 LMI，则能保证闭环系统（2-10）是指数均方稳定的。

定理 2.1　闭环系统（2-10）是指数均方稳定的充分条件：存在矩阵 $\boldsymbol{P}>0,\boldsymbol{Q}_1\geqslant0,\boldsymbol{Q}_2\geqslant0,\boldsymbol{R}_1>0,\boldsymbol{R}_2>0$ 和 $\boldsymbol{S},\boldsymbol{W},\boldsymbol{U},\boldsymbol{V}$ 满足以下不等式

$$\begin{bmatrix}\boldsymbol{W}_Q^{\mathrm{T}}\hat{\boldsymbol{Q}}\boldsymbol{W}_Q+\boldsymbol{W}_R^{\mathrm{T}}\hat{\boldsymbol{R}}\boldsymbol{W}_R+\mathrm{sym}(\boldsymbol{W}_I^{\mathrm{T}}\boldsymbol{P}\boldsymbol{W}_P+\hat{\boldsymbol{S}}\boldsymbol{W}_S) & \boldsymbol{\Psi}_1\\ * & \boldsymbol{\Psi}_2\end{bmatrix}<0 \tag{2-12}$$

其中

$$\hat{\boldsymbol{Q}} = \operatorname{diag}\{\boldsymbol{Q}_1, \boldsymbol{Q}_2 - \boldsymbol{Q}_1, -\boldsymbol{Q}_2\}$$

$$\hat{\boldsymbol{R}} = \operatorname{diag}\{\boldsymbol{R}_1, \boldsymbol{R}_2, \boldsymbol{R}_1, \boldsymbol{R}_2\}$$

$$g = \sqrt{c_2 - c_1}$$

$$\boldsymbol{W}_I = [\boldsymbol{I}_n, \boldsymbol{0}_{n,4n}]$$

$$\boldsymbol{W}_P = [\boldsymbol{A} \quad \boldsymbol{0}_n \quad \alpha\boldsymbol{BK} \quad \boldsymbol{0}_n \quad (1-\alpha)\boldsymbol{BK}]$$

$$f = \sqrt{\alpha(1-\alpha)}$$

$$\boldsymbol{W}_Q = \left[\begin{array}{ccc} \boldsymbol{I}_n & \boldsymbol{0}_{n,4n} & \\ \hline \boldsymbol{0}_n & \boldsymbol{I}_n & \boldsymbol{0}_{n,3n} \\ \hline \boldsymbol{0}_{n,3n} & \boldsymbol{I}_n & \boldsymbol{0}_n \end{array}\right]$$

$$\boldsymbol{W}_R = \begin{bmatrix} \sqrt{c_1}\boldsymbol{A} & \boldsymbol{0}_n & \sqrt{c_1}\alpha\boldsymbol{BK} & \boldsymbol{0}_n & \sqrt{c_1}(1-\alpha)\boldsymbol{BK} \\ g\boldsymbol{A} & \boldsymbol{0}_n & g\alpha\boldsymbol{BK} & \boldsymbol{0}_n & g(1-\alpha)\boldsymbol{BK} \\ \boldsymbol{0}_n & \boldsymbol{0}_n & \sqrt{c_1}f\boldsymbol{BK} & \boldsymbol{0}_n & \sqrt{c_1}f\boldsymbol{BK} \\ \boldsymbol{0}_n & \boldsymbol{0}_n & gf\boldsymbol{BK} & \boldsymbol{0}_n & gf\boldsymbol{BK} \end{bmatrix}$$

$$\hat{\boldsymbol{S}} = [\boldsymbol{S} \quad \boldsymbol{W} \quad \boldsymbol{U} \quad \boldsymbol{V}]$$

$$\boldsymbol{W}_S = \left[\begin{array}{cccc} \boldsymbol{I}_n & \boldsymbol{0}_n & -\boldsymbol{I}_n & \boldsymbol{0}_{n,2n} \\ \hline \boldsymbol{0}_n & -\boldsymbol{I}_n & \boldsymbol{I}_n & \boldsymbol{0}_{n,2n} \\ \hline \boldsymbol{0}_n & \boldsymbol{I}_n & \boldsymbol{0}_{n,2n} & -\boldsymbol{I}_n \\ \hline \boldsymbol{0}_{n,3n} & -\boldsymbol{I}_n & \boldsymbol{I}_n & \end{array}\right]$$

$$\boldsymbol{\Psi}_1 = [\sqrt{c_1}\boldsymbol{S} \quad \sqrt{c_1}\boldsymbol{W} \quad g\boldsymbol{U} \quad g\boldsymbol{V}]$$

$$\boldsymbol{\Psi}_2 = \operatorname{diag}\{-\boldsymbol{R}_1, -\boldsymbol{R}_1, -\boldsymbol{R}_2, -\boldsymbol{R}_2\} \tag{2-13}$$

证明 为了技术上的方便,我们把式(2-10)写成

$$\dot{x}(t) = y(t) + (\alpha(t) - \alpha)z(t) \tag{2-14}$$

其中

$$y(t) = \boldsymbol{A}x(t) + \alpha\boldsymbol{BK}x(t-\tau_1(t)) + (1-\alpha)\boldsymbol{BK}x(t-\tau_2(t))$$

$$z(t) = \boldsymbol{BK}x(t-\tau_1(t)) - \boldsymbol{BK}x(t-\tau_2(t))$$

选取如下 Lyapunov - Krasovskii 泛函:

$$\begin{aligned} V(x_t) &= V_1(x_t) + V_2(x_t) + V_3(x_t) \\ V_1(x_t) &= x^{\mathrm{T}}(t)\boldsymbol{P}x(t) \\ V_2(x_t) &= \int_{t-c_1}^{t} x^{\mathrm{T}}(s)\boldsymbol{Q}_1 x(s)\,\mathrm{d}s + \int_{t-c_2}^{t-c_1} x^{\mathrm{T}}(s)\boldsymbol{Q}_2 x(s)\,\mathrm{d}s \qquad (2-15) \\ V_3(x_t) &= \int_{t-c_1}^{t}\int_{s}^{t} y^{\mathrm{T}}(\theta)\boldsymbol{R}_1 y(\theta)\,\mathrm{d}\theta\mathrm{d}s + \int_{t-c_2}^{t-c_1}\int_{s}^{t} y^{\mathrm{T}}(\theta)\boldsymbol{R}_2 y(\theta)\,\mathrm{d}\theta\mathrm{d}s + \end{aligned}$$

$$\alpha(1-\alpha)\Big(\int_{t-c_1}^{t}\int_{s}^{t}z^{\mathrm T}(\theta)\boldsymbol R_1 z(\theta)\mathrm d\theta\mathrm ds+\int_{t-c_2}^{t-c_1}\int_{s}^{t}z^{\mathrm T}(\theta)\boldsymbol R_2 z(\theta)\mathrm d\theta\mathrm ds\Big)$$

其中 $\boldsymbol P>0,\boldsymbol Q_1\geqslant 0,\boldsymbol Q_2\geqslant 0,\boldsymbol R_1>0,\boldsymbol R_2>0$ 是待选择的矩阵。定义 $V(x_t)$ 的无穷小算子 $\mathscr L$

$$\mathscr LV(x_t)\triangleq\lim_{\Delta\to 0^+}\frac{1}{\Delta}\{\mathbb E\{V(x_{t+\Delta})\mid x_t\}-V(x_t)\}\tag{2-16}$$

那么由式(2－15)和式(2－16)，得到 $V(t)$ 的无穷小算子为

$$\mathscr LV(x_t)=\mathscr LV_1(x_t)+\mathscr LV_2(x_t)+\mathscr LV_3(x_t)$$

$$\mathscr LV_1(x_t)=2x^{\mathrm T}(t)\boldsymbol P(\boldsymbol Ax(t)+\alpha\boldsymbol{BK}x(t-\tau_1(t))+(1-\alpha)\boldsymbol{BK}x(t-\tau_2(t)))$$

$$\begin{aligned}\mathscr LV_2(x_t)=&x^{\mathrm T}(t)\boldsymbol Q_1x(t)-x^{\mathrm T}(t-c_1)\boldsymbol Q_1x(t-c_1)+x^{\mathrm T}(t-c_1)\boldsymbol Q_2x(t-c_1)-\\&x^{\mathrm T}(t-c_2)\boldsymbol Q_2x(t-c_2)\end{aligned}$$

$$\begin{aligned}\mathscr LV_3(x_t)=&y^{\mathrm T}(t)\boldsymbol My(t)-\int_{t-c_1}^{t}y^{\mathrm T}(s)\boldsymbol R_1y(s)\mathrm ds-\int_{t-c_2}^{t-c_1}y^{\mathrm T}(s)\boldsymbol R_2y(s)\mathrm ds+\\&\alpha(1-\alpha)\Big(z^{\mathrm T}(t)\boldsymbol Mz(t)-\int_{t-c_1}^{t}z^{\mathrm T}(s)\boldsymbol R_1z(s)\mathrm ds-\int_{t-c_2}^{t-c_1}z^{\mathrm T}(s)\boldsymbol R_2z(s)\mathrm ds\Big)\\=&y^{\mathrm T}(t)\boldsymbol My(t)+\alpha(1-\alpha)z^{\mathrm T}(t)\boldsymbol Mz(t)-\int_{t-\tau_1(t)}^{t}y^{\mathrm T}(s)\boldsymbol R_1y(s)\mathrm ds-\\&\int_{t-c_1}^{t-\tau_1(t)}y^{\mathrm T}(s)\boldsymbol R_1y(s)\mathrm ds-\int_{t-\tau_2(t)}^{t-c_1}y^{\mathrm T}(s)\boldsymbol R_2y(s)\mathrm ds-\int_{t-c_2}^{t-\tau_2(t)}y^{\mathrm T}(s)\boldsymbol R_2y(s)\mathrm ds-\\&\alpha(1-\alpha)\Big(\int_{t-\tau_1(t)}^{t}z^{\mathrm T}(s)\boldsymbol R_1z(s)\mathrm ds+\int_{t-c_1}^{t-\tau_1(t)}z^{\mathrm T}(s)\boldsymbol R_1z(s)\mathrm ds\Big)-\\&\alpha(1-\alpha)\Big(\int_{t-\tau_2(t)}^{t-c_1}z^{\mathrm T}(s)\boldsymbol R_2z(s)\mathrm ds+\int_{t-c_2}^{t-\tau_2(t)}z^{\mathrm T}(s)\boldsymbol R_2z(s)\mathrm ds\Big)\end{aligned}\tag{2-17}$$

由 Newton－Leibniz 公式[71]，对于任意合适矩阵 $\boldsymbol S,\boldsymbol W,\boldsymbol U,\boldsymbol V$，可得

$$X_1(x_t)=\chi^{\mathrm T}(t)\boldsymbol S\Big(x(t)-x(t-\tau_1(t))-\int_{t-\tau_1(t)}^{t}\dot x(s)\mathrm ds\Big)=0$$

$$X_2(x_t)=\chi^{\mathrm T}(t)\boldsymbol W\Big(x(t-\tau_1(t))-x(t-c_1)-\int_{t-c_1}^{t-\tau_1(t)}\dot x(s)\mathrm ds\Big)=0$$

$$X_3(x_t)=\chi^{\mathrm T}(t)\boldsymbol U\Big(x(t-c_1)-x(t-\tau_2(t))-\int_{t-\tau_2(t)}^{t-c_1}\dot x(s)\mathrm ds\Big)=0$$

$$X_4(x_t)=\chi^{\mathrm T}(t)\boldsymbol V\Big(x(t-\tau_2(t))-x(t-c_2)-\int_{t-c_2}^{t-\tau_2(t)}\dot x(s)\mathrm ds\Big)=0\tag{2-18}$$

其中

$$\chi^{\mathrm T}(t)=[x^{\mathrm T}(t)\quad x^{\mathrm T}(t-c_1)\quad x^{\mathrm T}(t-\tau_1(t))\quad x^{\mathrm T}(t-c_2)\quad x^{\mathrm T}(t-\tau_2(t))]$$

由式(2－9)可得

$$Y_1(t)=\int_{t-\tau_1(t)}^{t}\mathbb E\{(\alpha(s)-\alpha)z^{\mathrm T}(s)\boldsymbol R_1y(s)\}\mathrm ds=0$$

$$Y_2(t)=\int_{t-c_1}^{t-\tau_1(t)}\mathbb E\{(\alpha(s)-\alpha)z^{\mathrm T}(s)\boldsymbol R_1y(s)\}\mathrm ds=0$$

$$Y_3(t) = \int_{t-\tau_2(t)}^{t-c_1} \mathbb{E}\{(\alpha(s)-\alpha)z^{\mathrm{T}}(s)\boldsymbol{R}_2 y(s)\}\mathrm{d}s = 0$$

$$Y_4(t) = \int_{t-c_2}^{t-\tau_2(t)} \mathbb{E}\{(\alpha(s)-\alpha)z^{\mathrm{T}}(s)\boldsymbol{R}_2 y(s)\}\mathrm{d}s = 0 \tag{2-19}$$

那么将式(2－18)和式(2－19)代入到式(2－17)中,可得

$$\begin{aligned}\mathcal{L}V(x_t) = {} & 2x^{\mathrm{T}}(t)\boldsymbol{P}(\boldsymbol{A}x(t)+\alpha\boldsymbol{BK}x(t-\tau_1(t))+(1-\alpha)\boldsymbol{BK}x(t-\tau_2(t)))+x^{\mathrm{T}}(t)\cdot \\ & \boldsymbol{Q}_1x(t)-x^{\mathrm{T}}(t-c_1)\boldsymbol{Q}_1x(t-c_1)+x^{\mathrm{T}}(t-c_1)\boldsymbol{Q}_2x(t-c_1)-x^{\mathrm{T}}(t-c_2)\boldsymbol{Q}_2x(t-c_2)+ \\ & y^{\mathrm{T}}(t)\boldsymbol{M}y(t)+\alpha(1-\alpha)z^{\mathrm{T}}(t)\boldsymbol{M}z(t)-\int_{t-\tau_1(t)}^{t} y^{\mathrm{T}}(s)\boldsymbol{R}_1y(s)\mathrm{d}s- \\ & \int_{t-c_1}^{t-\tau_1(t)} y^{\mathrm{T}}(s)\boldsymbol{R}_1y(s)\mathrm{d}s-\int_{t-\tau_2(t)}^{t-c_1} y^{\mathrm{T}}(s)\boldsymbol{R}_2y(s)\mathrm{d}s-\int_{t-c_2}^{t-\tau_2(t)} y^{\mathrm{T}}(s)\boldsymbol{R}_2y(s)\mathrm{d}s- \\ & \alpha(1-\alpha)\left(\int_{t-\tau_1(t)}^{t} z^{\mathrm{T}}(s)\boldsymbol{R}_1z(s)\mathrm{d}s+\int_{t-c_1}^{t-\tau_1(t)} z^{\mathrm{T}}(s)\boldsymbol{R}_1z(s)\mathrm{d}s\right)+2\sum_{i=1}^{4}Y_i(t)- \\ & \alpha(1-\alpha)\left(\int_{t-\tau_2(t)}^{t-c_1} z^{\mathrm{T}}(s)\boldsymbol{R}_2z(s)\mathrm{d}s+\int_{t-c_2}^{t-\tau_2(t)} z^{\mathrm{T}}(s)\boldsymbol{R}_2z(s)\mathrm{d}s\right)+2\sum_{i=1}^{4}X_i(x_t)\end{aligned} \tag{2-20}$$

对式(2－20)两边同时取期望,可得

$$\mathbb{E}\{\mathcal{L}V(x_t)\} \leqslant \mathbb{E}\{\chi^{\mathrm{T}}(t)[\boldsymbol{W}_Q^{\mathrm{T}}\hat{\boldsymbol{Q}}\boldsymbol{W}_Q+\boldsymbol{W}_R^{\mathrm{T}}\hat{\boldsymbol{R}}\boldsymbol{W}_R+\mathrm{sym}(\boldsymbol{W}_I^{\mathrm{T}}\boldsymbol{P}\boldsymbol{W}_P+\hat{\boldsymbol{S}}\boldsymbol{W}_S)+\boldsymbol{\Psi}_3]\chi(t)\}+\sum_{i=4}^{7}\boldsymbol{\Psi}_i \tag{2-21}$$

其中

$$\boldsymbol{\Psi}_3 = c_1\boldsymbol{S}\boldsymbol{R}_1^{-1}\boldsymbol{S}^{\mathrm{T}}+c_1\boldsymbol{W}\boldsymbol{R}_1^{-1}\boldsymbol{W}^{\mathrm{T}}+(c_2-c_1)\boldsymbol{U}\boldsymbol{R}_2^{-1}\boldsymbol{U}^{\mathrm{T}}+(c_2-c_1)\boldsymbol{V}\boldsymbol{R}_2^{-1}\boldsymbol{V}^{\mathrm{T}}$$

$$\boldsymbol{\Psi}_4 = -\int_{t-\tau_1(t)}^{t} \mathbb{E}\{[\chi^{\mathrm{T}}(t)\boldsymbol{S}+\dot{x}^{\mathrm{T}}(s)\boldsymbol{R}_1]\boldsymbol{R}_1^{-1}[\boldsymbol{S}^{\mathrm{T}}\chi(t)+\boldsymbol{R}_1\dot{x}(s)]\}\mathrm{d}s$$

$$\boldsymbol{\Psi}_5 = -\int_{t-c_1}^{t-\tau_1(t)} \mathbb{E}\{[\chi^{\mathrm{T}}(t)\boldsymbol{W}+\dot{x}^{\mathrm{T}}(s)\boldsymbol{R}_1]\boldsymbol{R}_1^{-1}[\boldsymbol{W}^{\mathrm{T}}\chi(t)+\boldsymbol{R}_1\dot{x}(s)]\}\mathrm{d}s$$

$$\boldsymbol{\Psi}_6 = -\int_{t-\tau_2(t)}^{t-c_1} \mathbb{E}\{[\chi^{\mathrm{T}}(t)\boldsymbol{U}+\dot{x}^{\mathrm{T}}(s)\boldsymbol{R}_2]\boldsymbol{R}_2^{-1}[\boldsymbol{U}^{\mathrm{T}}\chi(t)+\boldsymbol{R}_2\dot{x}(s)]\}\mathrm{d}s$$

$$\boldsymbol{\Psi}_7 = -\int_{t-c_2}^{t-\tau_2(t)} \mathbb{E}\{[\chi^{\mathrm{T}}(t)\boldsymbol{V}+\dot{x}^{\mathrm{T}}(s)\boldsymbol{R}_2]\boldsymbol{R}_2^{-1}[\boldsymbol{V}^{\mathrm{T}}\chi(t)+\boldsymbol{R}_2\dot{x}(s)]\}\mathrm{d}s$$

注意到 $\boldsymbol{R}_i>0, i=1,2$,则有 $\boldsymbol{\Psi}_i, i=4,\cdots,7$,都是非正定的。利用 Schur 补引理,不等式(2－12)保证

$$\boldsymbol{W}_Q^{\mathrm{T}}\hat{\boldsymbol{Q}}\boldsymbol{W}_Q+\boldsymbol{W}_R^{\mathrm{T}}\hat{\boldsymbol{R}}\boldsymbol{W}_R+\mathrm{sym}(\boldsymbol{W}_I^{\mathrm{T}}\boldsymbol{P}\boldsymbol{W}_P+\hat{\boldsymbol{S}}\boldsymbol{W}_S)+\boldsymbol{\Psi}_3<0 \tag{2-22}$$

下面证明闭环系统(2－10)是指数均方稳定的。在式(2－12)条件下,将存在一个充分小的正常数 λ,使得式(2－22)的左边小于 $-\lambda I$。因此,由式(2－22)很容易得到

$$\mathbb{E}\{\mathcal{L}V(x_t)\} \leqslant -\lambda\,\mathbb{E}\{\chi^{\mathrm{T}}(t)\chi(t)\} \tag{2-23}$$

那么,对于任意常数 $\varepsilon>0$,有

$$\mathcal{L}[\mathrm{e}^{\varepsilon t}V(x_t)]=\mathrm{e}^{\varepsilon t}[\varepsilon V(x_t)+\mathcal{L}V(x_t)] \tag{2-24}$$

对式(2-24)两边从 0 到 $T>0$ 同时积分并且取期望,得到

$$\mathbb{E}\{\mathrm{e}^{\varepsilon T}V(x_T)\}-\mathbb{E}\{\mathrm{e}^{\varepsilon 0}V(x_0)\}=\int_0^T\varepsilon\mathrm{e}^{\varepsilon t}\,\mathbb{E}\{V(x_t)\}\mathrm{d}t+\int_0^T\mathrm{e}^{\varepsilon t}\,\mathbb{E}\{\mathcal{L}V(x_t)\}\mathrm{d}t \tag{2-25}$$

注意到

$$\int_{t-c_1}^t\int_s^t y^{\mathrm{T}}(\theta)\boldsymbol{R}_1y(\theta)\mathrm{d}\theta\mathrm{d}s=\int_{t-c_1}^t\int_{t-c_1}^{\theta}y^{\mathrm{T}}(\theta)\boldsymbol{R}_1y(\theta)\mathrm{d}s\mathrm{d}\theta\leqslant c_1\int_{t-c_1}^t y^{\mathrm{T}}(\theta)\boldsymbol{R}_1y(\theta)\mathrm{d}\theta$$

$$\int_{t-c_1}^t x^{\mathrm{T}}(s)\boldsymbol{Q}_1x(s)\mathrm{d}s\leqslant\lambda_{\max}(\boldsymbol{Q}_1)\int_{t-c_1}^t\|x(s)\|^2\mathrm{d}s \tag{2-26}$$

和[92]

$$\int_0^T\mathrm{e}^{\varepsilon t}\int_{t-c_2}^t\|x(s)\|^2\mathrm{d}s\mathrm{d}t\leqslant c_2\mathrm{e}^{\varepsilon c_2}\int_0^T\mathrm{e}^{\varepsilon t}\|x(t)\|^2\mathrm{d}t+c_2\mathrm{e}^{\varepsilon c_2}\int_{-c_2}^0\|x(t)\|^2\mathrm{d}t \tag{2-27}$$

那么,由式(2-15)、式(2-26)和 $h=\max(\lambda_{\max}(\boldsymbol{P}),\lambda_{\max}(\boldsymbol{Q}_1),\lambda_{\max}(\boldsymbol{Q}_2),\lambda_{\max}(\boldsymbol{R}_1),\lambda_{\max}(\boldsymbol{R}_2))$ 可以得到

$$V(x_t)\leqslant h\|x(t)\|^2+h\int_{t-c_2}^t\|x(s)\|^2\mathrm{d}s+c_2h\int_{t-c_2}^t\|y(s)\|^2+\alpha(1-\alpha)\|z(s)\|^2\mathrm{d}s \tag{2-28}$$

把式(2-28)代入式(2-25),利用式(2-27),得到

$$\begin{aligned}
\mathbb{E}\{\mathrm{e}^{\varepsilon T}V(x_T)\}\leqslant\ &\mathbb{E}\{V(x_0)\}+\varepsilon h\int_0^T\mathrm{e}^{\varepsilon t}\,\mathbb{E}\{\|x(t)\|^2\}\mathrm{d}t+\varepsilon h\int_0^T\mathrm{e}^{\varepsilon t}\int_{t-c_2}^t\mathbb{E}\{\|x(s)\|^2\}\mathrm{d}s\mathrm{d}t-\\
&\int_0^T\mathrm{e}^{\varepsilon t}\lambda\mathbb{E}\{\chi^{\mathrm{T}}(t)\chi(t)\}\mathrm{d}t+\varepsilon c_2h\int_0^T\mathrm{e}^{\varepsilon t}\int_{t-c_2}^t\mathbb{E}\{\|y(s)\|^2+\alpha(1-\alpha)\|z(s)\|^2\}\mathrm{d}s\mathrm{d}t\\
\leqslant\ &\mathbb{E}\{V(x_0)\}+\varepsilon h\int_0^T\mathrm{e}^{\varepsilon t}\,\mathbb{E}\{\|x(t)\|^2\}\mathrm{d}t+m\int_0^T\mathrm{e}^{\varepsilon t}\,\mathbb{E}\{\|x(t)\|^2\}\mathrm{d}t+\\
&c_2m\int_0^T\mathrm{e}^{\varepsilon t}\,\mathbb{E}\{\|y(s)\|^2+\alpha(1-\alpha)\|z(s)\|^2\}\mathrm{d}t+c_2m\int_{-c_2}^0\mathbb{E}\{\|y(s)\|^2+\\
&\alpha(1-\alpha)\|z(s)\|^2\}\mathrm{d}t+m\int_{-c_2}^0\mathbb{E}\{\|x(t)\|^2\}\mathrm{d}t-\int_0^T\mathrm{e}^{\varepsilon t}\lambda\mathbb{E}\{\chi^{\mathrm{T}}(t)\chi(t)\}\mathrm{d}t\\
\leqslant\ &\mathbb{E}\{V(x_0)\}+\int_0^T\mathrm{e}^{\varepsilon t}((\varepsilon h+m+3c_2mn)\,\mathbb{E}\{\|x(t)\|^2\}+\alpha(2+\alpha)c_2mn\,\cdot\\
&\mathbb{E}\{\|x(t-\tau_1(t))\|^2\}+(\alpha^2-4\alpha+3)c_2mn\mathbb{E}\{\|x(t-\tau_2(t))\|^2\}-\\
&\lambda\mathbb{E}\{\chi^{\mathrm{T}}(t)\chi(t)\})\mathrm{d}t+c_2m(1+2c_2n(\alpha^2-\alpha+3))\sup_{-2c_2\leqslant\theta\leqslant 0}\mathbb{E}\{\|\phi(\theta)\|^2\}\\
\leqslant\ &\eta\sup_{-2c_2\leqslant\theta\leqslant 0}\mathbb{E}\{\|\phi(\theta)\|^2\}+\int_0^T\mathrm{e}^{\varepsilon t}\,\mathbb{E}\{\chi^{\mathrm{T}}(t)\boldsymbol{\Lambda}\chi(t)\}\mathrm{d}t
\end{aligned}$$

其中

$$\eta=h(1+c_2+2c_2^2n(\alpha^2-\alpha+3))+c_2m(1+2c_2n(\alpha^2-\alpha+3))$$

$$\boldsymbol{\Lambda}=\mathrm{diag}\{\varepsilon h+m+3c_2mn-\lambda,-\lambda,\alpha(2+\alpha)c_2mn-\lambda,-\lambda,(\alpha^2-4\alpha+3)c_2mn-\lambda\}$$

$$m=\varepsilon c_2 h e^{\varepsilon c_2},n=\max(\|A\|^2,\|BK\|^2)$$

那么,当取 $\varepsilon>0$ 足够小,使 $\varepsilon h+m+3c_2mn-\lambda\leqslant 0$,则得到

$$\mathbb{E}\{V(x_T)\}\leqslant\eta e^{-\varepsilon T}\sup_{-2c_2\leqslant\theta\leqslant 0}\mathbb{E}\{\|\phi(\theta)\|^2\}\tag{2-29}$$

由于 $V(x_T)\geqslant\lambda_{\min}(P)\|x(T)\|^2$,从式(2-29)可以得到

$$\mathbb{E}\{\|x(T)\|^2\}\leqslant\mu e^{-\varepsilon T}\sup_{-2c_2\leqslant\theta\leqslant 0}\mathbb{E}\{\|\phi(\theta)\|^2\}\tag{2-30}$$

其中

$$\mu=\frac{\eta}{\lambda_{\min}(P)}$$

因此,由定义 2.1 可知,系统(2-10)是指数均方稳定的。定理得证。

通过上述证明,我们得到了带有两个采样周期的随机采样系统的指数均方稳定性的充分条件。下面,我们将考虑当系统只有一个采样周期的情况,即当式(2-10)中 $\alpha=1$(或者 $\alpha=0$)时,采样周期将只取值为 c_1(或者 c_2)。因此,在定理 2.1 基础上,很容易得到下述单采样周期时系统的指数均方稳定性定理。

推论 2.1 在闭环系统(2-10)中,当 $\alpha=1$ 时,系统指数均方稳定的充分条件为存在矩阵 $\boldsymbol{P}>0,\boldsymbol{Q}\geqslant 0,\boldsymbol{R}>0$ 和矩阵 $\boldsymbol{S},\boldsymbol{W}$ 满足

$$\begin{bmatrix}\boldsymbol{F}_Q^{\mathrm{T}}\hat{\boldsymbol{Q}}\boldsymbol{F}_Q+\boldsymbol{F}_R^{\mathrm{T}}\boldsymbol{R}\boldsymbol{F}_R+\mathrm{sym}(\boldsymbol{F}_I^{\mathrm{T}}\boldsymbol{P}\boldsymbol{F}_P+\hat{\boldsymbol{U}}\boldsymbol{F}_U) & \boldsymbol{\Phi}_1\\ * & \boldsymbol{\Phi}_2\end{bmatrix}<0$$

其中

$$\hat{\boldsymbol{Q}}=\mathrm{diag}\{\boldsymbol{Q},-\boldsymbol{Q}\}$$
$$\hat{\boldsymbol{U}}=[\boldsymbol{S}\quad \boldsymbol{W}]$$
$$\boldsymbol{F}_I=[\boldsymbol{I}_n\quad \boldsymbol{0}_{n,2n}]$$
$$\boldsymbol{F}_R=[\sqrt{c_1}\boldsymbol{A}\quad 0\quad \sqrt{c_1}\boldsymbol{BK}]$$
$$\boldsymbol{F}_P=[\boldsymbol{A}\quad \boldsymbol{0}_n\quad \boldsymbol{BK}]$$
$$\boldsymbol{F}_Q=\left[\begin{array}{cc}\boldsymbol{I}_n & \boldsymbol{0}_{n,2n}\\ \hline \boldsymbol{0}_n\quad \boldsymbol{I}_n & \boldsymbol{0}_n\end{array}\right]$$
$$\boldsymbol{F}_U=\left[\begin{array}{ccc}\boldsymbol{I}_n & \boldsymbol{0}_n & -\boldsymbol{I}_n\\ \hline \boldsymbol{0}_n & -\boldsymbol{I}_n & \boldsymbol{I}_n\end{array}\right]$$
$$\boldsymbol{\Phi}_1=[\sqrt{c_1}\boldsymbol{S}\quad \sqrt{c_1}\boldsymbol{W}]$$
$$\boldsymbol{\Phi}_2=\mathrm{diag}\{-\boldsymbol{R},-\boldsymbol{R}\}$$

注解 2.1 与采样控制系统分析相关的文献,如文献[14,156,157],对采样控制系统的稳定性分析有着很大的贡献。在本书中,我们采用的是输入延时的方法去处理采样控制系统,采用 Lyapunov 泛函方法对系统进行稳定性分析。所以我们采用的方法和上述文献有极大的不同。输入延时方法能处理一些复杂系统,如不确定、非线性系统等。在本书中,我们

进一步发展输入延时方法去处理带有随机采样的采样控制系统的稳定性分析问题。另外，与上述文献不同的一点是，定理 2.1 和推论 2.1 的稳定条件推导成线性矩阵不等式的形式，这很容易利用 Matlab 软件来编写。

2.3.2　镇定控制器设计

本小节主要研究带有随机采样的系统的镇定控制器的设计问题，在定理 2.1 得到的稳定性充分条件下，为闭环系统(2－10)设计状态反馈控制器。

定理 2.2　存在状态反馈控制器使闭环系统(2－10)是指数均方稳定的充分条件为存在矩阵 $\overline{\boldsymbol{P}}>0,\overline{\boldsymbol{Q}}_1\geqslant 0,\overline{\boldsymbol{Q}}_2\geqslant 0,\overline{\boldsymbol{R}}_1>0,\overline{\boldsymbol{R}}_2>0$ 和 $\overline{\boldsymbol{K}},\overline{\boldsymbol{S}},\overline{\boldsymbol{W}},\overline{\boldsymbol{U}},\overline{\boldsymbol{V}}$，满足

$$\begin{bmatrix} \boldsymbol{W}_Q^{\mathrm{T}}\widetilde{\boldsymbol{Q}}\boldsymbol{W}_Q+\mathrm{sym}(\boldsymbol{W}_I^{\mathrm{T}}\widetilde{\boldsymbol{W}}_P+\widetilde{\boldsymbol{S}}\boldsymbol{W}_S) & \boldsymbol{\Omega}_1 & \widetilde{\boldsymbol{W}}_R^{\mathrm{T}} \\ * & \boldsymbol{\Omega}_2 & 0 \\ * & * & \boldsymbol{\Omega}_3 \end{bmatrix} \tag{2-31}$$

其中

$$\widetilde{\boldsymbol{Q}}=\mathrm{diag}\{\overline{\boldsymbol{Q}}_1,\overline{\boldsymbol{Q}}_2-\overline{\boldsymbol{Q}}_1,-\overline{\boldsymbol{Q}}_2\}$$

$$\widetilde{\boldsymbol{W}}_P=[\boldsymbol{A}\overline{\boldsymbol{P}}\quad \boldsymbol{0}_n\quad \alpha\boldsymbol{B}\overline{\boldsymbol{K}}\quad \boldsymbol{0}_n\quad (1-\alpha)\boldsymbol{B}\overline{\boldsymbol{K}}]$$

$$\widetilde{\boldsymbol{S}}=[\overline{\boldsymbol{S}}\quad \overline{\boldsymbol{W}}\quad \overline{\boldsymbol{U}}\quad \overline{\boldsymbol{V}}]$$

$$\boldsymbol{\Omega}_2=\mathrm{diag}\{\overline{\boldsymbol{R}}_1-2\overline{\boldsymbol{P}},\overline{\boldsymbol{R}}_1-2\overline{\boldsymbol{P}},\overline{\boldsymbol{R}}_2-2\overline{\boldsymbol{P}},\overline{\boldsymbol{R}}_2-2\overline{\boldsymbol{P}}\}$$

$$\boldsymbol{\Omega}_1=[\sqrt{c_1}\overline{\boldsymbol{S}}\quad \sqrt{c_1}\overline{\boldsymbol{W}}\quad g\overline{\boldsymbol{U}}\quad g\overline{\boldsymbol{V}}]$$

$$\boldsymbol{\Omega}_3=\mathrm{diag}\{-\overline{\boldsymbol{R}}_1,-\overline{\boldsymbol{R}}_2,-\overline{\boldsymbol{R}}_1,-\overline{\boldsymbol{R}}_2\}$$

$$\overline{\boldsymbol{W}}_R=\begin{bmatrix} \sqrt{c_1}\boldsymbol{A}\overline{\boldsymbol{P}} & \boldsymbol{0}_n & \sqrt{c_1}\alpha\boldsymbol{B}\overline{\boldsymbol{K}} & \boldsymbol{0}_n & \sqrt{c_1}(1-\alpha)\boldsymbol{B}\overline{\boldsymbol{K}} \\ g\boldsymbol{A}\overline{\boldsymbol{P}} & \boldsymbol{0}_n & g\alpha\boldsymbol{B}\overline{\boldsymbol{K}} & \boldsymbol{0}_n & g(1-\alpha)\boldsymbol{B}\overline{\boldsymbol{K}} \\ \boldsymbol{0}_n & \boldsymbol{0}_n & \sqrt{c_1}f\boldsymbol{B}\overline{\boldsymbol{K}} & \boldsymbol{0}_n & -\sqrt{c_1}f\boldsymbol{B}\overline{\boldsymbol{K}} \\ \boldsymbol{0}_n & \boldsymbol{0}_n & gf\boldsymbol{B}\overline{\boldsymbol{K}} & \boldsymbol{0}_n & -gf\boldsymbol{B}\overline{\boldsymbol{K}} \end{bmatrix} \tag{2-32}$$

若以上线性矩阵不等式有解，则控制器增益矩阵为

$$\boldsymbol{K}=\overline{\boldsymbol{K}}\overline{\boldsymbol{P}}^{-1} \tag{2-33}$$

证明　利用 Schur 补引理，式(2－12)和式(2－34)等同

$$\begin{bmatrix} \boldsymbol{W}_Q^{\mathrm{T}}\hat{\boldsymbol{Q}}\boldsymbol{W}_Q+\mathrm{sym}(\boldsymbol{W}_I^{\mathrm{T}}\boldsymbol{P}\boldsymbol{W}_P+\hat{\boldsymbol{S}}\boldsymbol{W}_S) & \boldsymbol{\Psi}_1 & \boldsymbol{W}_R^{\mathrm{T}} \\ * & \boldsymbol{\Psi}_2 & 0 \\ * & * & \boldsymbol{\Psi}_3 \end{bmatrix}<0 \tag{2-34}$$

其中 $\hat{\boldsymbol{Q}},\hat{\boldsymbol{S}},\boldsymbol{W}_Q,\boldsymbol{W}_P,\boldsymbol{W}_I,\boldsymbol{W}_S,\boldsymbol{W}_R,\boldsymbol{\Psi}_1$ 和 $\boldsymbol{\Psi}_2$ 由式(2－13)给出，且

$$\boldsymbol{\Psi}_3 = \mathrm{diag}\{-\boldsymbol{R}_1^{-1}, -\boldsymbol{R}_2^{-1}, -\boldsymbol{R}_1^{-1}, -\boldsymbol{R}_2^{-1}\}$$

定义

$$\boldsymbol{J} = \mathrm{diag}\{\boldsymbol{J}_1, \boldsymbol{J}_2, \boldsymbol{I}_{4n}\}$$
$$\boldsymbol{J}_1 = \mathrm{diag}\{\boldsymbol{P}^{-1}, \boldsymbol{P}^{-1}, \boldsymbol{P}^{-1}, \boldsymbol{P}^{-1}, \boldsymbol{P}^{-1}\}$$
$$\boldsymbol{J}_2 = \mathrm{diag}\{\boldsymbol{P}^{-1}, \boldsymbol{P}^{-1}, \boldsymbol{P}^{-1}, \boldsymbol{P}^{-1}\}$$

用$\boldsymbol{J}$对式(2-34)进行合同变换,然后定义下列矩阵的变换

$$\overline{\boldsymbol{P}} = \boldsymbol{P}^{-1}, \overline{\boldsymbol{K}} = \boldsymbol{K}\boldsymbol{P}^{-1}, \overline{\boldsymbol{Q}}_1 = \boldsymbol{P}^{-1}\boldsymbol{Q}_1\boldsymbol{P}^{-1}, \overline{\boldsymbol{Q}}_2 = \boldsymbol{P}^{-1}\boldsymbol{Q}_2\boldsymbol{P}^{-1}$$

$$[\overline{\boldsymbol{S}} \quad \overline{\boldsymbol{W}} \quad \overline{\boldsymbol{U}} \quad \overline{\boldsymbol{V}}] = \boldsymbol{J}_1[\boldsymbol{S} \quad \boldsymbol{W} \quad \boldsymbol{U} \quad \boldsymbol{V}]\boldsymbol{J}_2, \overline{\boldsymbol{R}}_1 = \boldsymbol{R}_1^{-1}, \overline{\boldsymbol{R}}_2 = \boldsymbol{R}_2^{-1}$$

得到

$$\begin{bmatrix} \boldsymbol{W}_Q^{\mathrm{T}}\widetilde{\boldsymbol{Q}}\boldsymbol{W}_Q + \mathrm{sym}(\boldsymbol{W}_I^{\mathrm{T}}\widetilde{\boldsymbol{W}}_P + \widetilde{\boldsymbol{S}}\boldsymbol{W}_S) & \boldsymbol{\Omega}_1 & \widetilde{\boldsymbol{W}}_R^{\mathrm{T}} \\ * & \widetilde{\boldsymbol{\Omega}}_2 & 0 \\ * & * & \boldsymbol{\Omega}_3 \end{bmatrix} < 0 \tag{2-35}$$

其中

$$\widetilde{\boldsymbol{\Omega}}_2 = \mathrm{diag}\{-\overline{\boldsymbol{P}}\,\overline{\boldsymbol{R}}_1^{-1}\overline{\boldsymbol{P}}, -\overline{\boldsymbol{P}}\,\overline{\boldsymbol{R}}_1^{-1}\overline{\boldsymbol{P}}, -\overline{\boldsymbol{P}}\,\overline{\boldsymbol{R}}_2^{-1}\overline{\boldsymbol{P}}, -\overline{\boldsymbol{P}}\,\overline{\boldsymbol{R}}_2^{-1}\overline{\boldsymbol{P}}\}$$

由于存在非线性项$\overline{\boldsymbol{P}}\,\overline{\boldsymbol{R}}_1^{-1}\overline{\boldsymbol{P}}$和$\overline{\boldsymbol{P}}\,\overline{\boldsymbol{R}}_2^{-1}\overline{\boldsymbol{P}}$,式(2-35)是不能用标准的数字软件求解的。注意到$\overline{\boldsymbol{R}}_1 > 0$和$\overline{\boldsymbol{R}}_2 > 0$,则

$$(\overline{\boldsymbol{R}}_1 - \overline{\boldsymbol{P}})\overline{\boldsymbol{R}}_1^{-1}(\overline{\boldsymbol{R}}_1 - \overline{\boldsymbol{P}}) \geqslant 0, (\overline{\boldsymbol{R}}_2 - \overline{\boldsymbol{P}})\overline{\boldsymbol{R}}_2^{-1}(\overline{\boldsymbol{R}}_2 - \overline{\boldsymbol{P}}) \geqslant 0$$

相应地得到式(2-36)

$$-\overline{\boldsymbol{P}}\,\overline{\boldsymbol{R}}_1^{-1}\overline{\boldsymbol{P}} \leqslant \overline{\boldsymbol{R}}_1 - 2\overline{\boldsymbol{P}}, -\overline{\boldsymbol{P}}\,\overline{\boldsymbol{R}}_2^{-1}\overline{\boldsymbol{P}} \leqslant \overline{\boldsymbol{R}}_2 - 2\overline{\boldsymbol{P}} \tag{2-36}$$

结合式(2-35)和式(2-36),得到式(2-31),定理2.2得以证明。

当单采样周期时,推论2.1给出了系统(2-1)指数均方稳定的充分条件,在此基础上,下面的推论给出了控制器设计。

推论2.2 在闭环系统(2-10)中,当$\alpha = 1$时,存在状态反馈控制器使该系统是指数均方稳定的充分条件为存在矩阵$\overline{\boldsymbol{P}} > 0, \overline{\boldsymbol{Q}} \geqslant 0, \overline{\boldsymbol{R}} > 0$和$\overline{\boldsymbol{K}}, \overline{\boldsymbol{S}}, \overline{\boldsymbol{W}}$满足

$$\begin{bmatrix} \boldsymbol{F}_Q^{\mathrm{T}}\boldsymbol{\Pi}\boldsymbol{F}_Q + \mathrm{sym}(\boldsymbol{F}_I^{\mathrm{T}}\widetilde{\boldsymbol{F}}_P + \hat{\boldsymbol{U}}\boldsymbol{F}_U) & \boldsymbol{\Pi}_1 & \widetilde{\boldsymbol{F}}_R^{\mathrm{T}} \\ * & \boldsymbol{\Pi}_2 & 0 \\ * & * & -\overline{\boldsymbol{R}} \end{bmatrix} < 0$$

其中

$$\boldsymbol{\Pi} = \mathrm{diag}\{\overline{\boldsymbol{Q}}, -\overline{\boldsymbol{Q}}\}, \widetilde{\boldsymbol{U}} = [\overline{\boldsymbol{S}} \quad \overline{\boldsymbol{W}}]$$
$$\widetilde{\boldsymbol{F}}_P = [\boldsymbol{A}\overline{\boldsymbol{P}} \quad \boldsymbol{0}_n \quad \boldsymbol{B}\overline{\boldsymbol{K}}], \widetilde{\boldsymbol{F}}_R = [\sqrt{c_1}\boldsymbol{A}\overline{\boldsymbol{P}} \quad 0 \quad \sqrt{c_1}\boldsymbol{B}\overline{\boldsymbol{K}}]$$

$$\boldsymbol{\Pi}_1 = [\sqrt{c_1}\overline{\boldsymbol{S}} \quad \sqrt{c_1}\overline{\boldsymbol{W}}],\boldsymbol{\Pi}_2 = \mathrm{diag}\{\overline{\boldsymbol{R}} - 2\overline{\boldsymbol{P}},\overline{\boldsymbol{R}} - 2\overline{\boldsymbol{P}}\}$$

若以上线性矩阵不等式有解,则控制器增益矩阵为式(2-33)。

2.4　不确定随机采样系统的鲁棒 H_∞ 控制

本节将研究带有不确定性的随机采样系统的鲁棒 H_∞ 控制问题。从广义上讲,系统不确定性按其结构可以分为以下两类[158]:

(1)不确定性的结构未知,仅仅已知不确定性变化的界限;

(2)不确定性的结构已知,存在着参数的变化(参数不确定性)。

第一类不确定性的鲁棒控制导致了 H_∞ 控制理论;第二类不确定性的鲁棒控制导致了参数鲁棒控制理论。在本书中,主要研究第一种不确定性,对系统用确定性方法求解控制器,使得对允许范围内的所有不确定性,闭环系统具有期望的性能。从描述实际系统的需要出发,常用三种不确定性数学模型:范数有界不确定性、区间不确定性和凸多面体不确定性。本书主要研究了范数有界不确定性和区间不确定性。

2.4.1　带有范数有界不确定性随机采样系统的 H_∞ 性能分析

考虑如图 2.3 所示的采样控制系统,控制对象为下述线性不确定系统:

$$\begin{aligned}\dot{x}(t) &= \boldsymbol{A}(t)x(t) + \boldsymbol{B}(t)u(t) + \boldsymbol{E}\omega(t)\\ y(t) &= \boldsymbol{C}x(t) + \boldsymbol{D}u(t)\end{aligned} \tag{2-37}$$

其中 $x(t) \in \mathbb{R}^n$ 是系统的状态;$u(t) \in \mathbb{R}^p$ 是系统的控制输入;$y(t) \in \mathbb{R}^q$ 是系统的控制输出;$\omega(t) \in \mathbb{R}^l$ 是属于 $L_2[0,\infty)$ 的干扰输入;$\boldsymbol{A}(t) = \boldsymbol{A} + \Delta\boldsymbol{A}(t)$,$\boldsymbol{B}(t) = \boldsymbol{B} + \Delta\boldsymbol{B}(t)$;$\boldsymbol{A},\boldsymbol{B},\boldsymbol{C},\boldsymbol{D}$ 和 $\boldsymbol{E}$ 是具有适当维数的常矩阵,$\Delta\boldsymbol{A}(t)$ 和 $\Delta\boldsymbol{B}(t)$ 为范数有界不确定性,具有如下形式:

$$[\Delta\boldsymbol{A}(t) \quad \Delta\boldsymbol{B}(t)] = \boldsymbol{M}\boldsymbol{F}(t)[\boldsymbol{N}_a \quad \boldsymbol{N}_b] \tag{2-38}$$

其中 $\boldsymbol{M},\boldsymbol{N}_a$,和 $\boldsymbol{N}_b$ 是已知的常矩阵;$F(\cdot):\mathbb{R}\rightarrow\mathbb{R}^{k\times l}$ 是满足 $\boldsymbol{F}(t)^{\mathrm{T}}\boldsymbol{F}(t) \leqslant \boldsymbol{I}$ 的未知时变矩阵函数,假设 $F(t)$ 的元素是勒贝格可测的。

注解 2.2　式(2-38)即为范数有界不确定性。这种对不确定性的描述在文献中大量使用[159-162]。

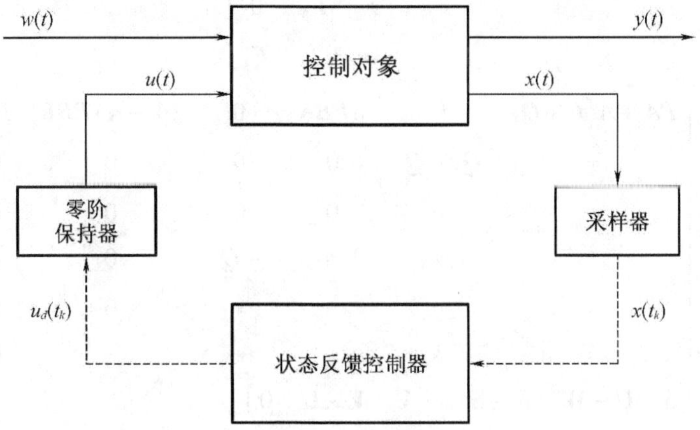

图 2.3　采样系统的 H_∞ 控制框图

设计如式(2-2)所示的状态反馈控制器,采用输入延时的方法,将采样系统(2-37)变成如下形式:

$$\begin{aligned}\dot{x}(t) &= \boldsymbol{A}(t)x(t) + \boldsymbol{B}(t)\boldsymbol{K}x(t_k) + \boldsymbol{E}\omega(t)\\ y(t) &= \boldsymbol{C}x(t) + \boldsymbol{DK}x(t_k),\ t_k \leqslant t < t_{k+1}\end{aligned} \tag{2-39}$$

考虑系统存在两个采样周期,以一定的概率交替出现。随机采样的特点如2.2节所述,可以得到如下模型:

$$\begin{aligned}\dot{x}(t) &= \boldsymbol{A}(t)x(t) + \alpha(t)\boldsymbol{B}(t)\boldsymbol{K}x(t-\tau_1(t)) + (1-\alpha(t))\boldsymbol{B}(t)\boldsymbol{K}x(t-\tau_2(t)) + \boldsymbol{E}\omega(t)\\ y(t) &= \boldsymbol{C}x(t) + \alpha(t)\boldsymbol{DK}x(t-\tau_1(t)) + (1-\alpha(t))\boldsymbol{DK}x(t-\tau_2(t))\end{aligned} \tag{2-40}$$

其中,时变延时 $\tau_1(t)$ 和 $\tau_2(t)$ 满足 $0 \leqslant \tau_1(t) < c_1, c_1 \leqslant \tau_2(t) < c_2$。

鲁棒 H_∞ 控制问题:在系统(2-37)中,给定一个常数 $\gamma>0$,对系统内的所有不确定性,设计一个状态反馈控制器,使得闭环系统(2-40)是指数均方稳定的,并且在零初始条件下,对于所有的非零 $\omega \in L_2[0,\infty)$,使得 $\mathbb{E}\{\|y\|_2\} < \gamma\|\omega\|_2$。满足上述条件,系统就被称为是带有 H_∞ 干扰抑制度 γ 的鲁棒指数均方渐近稳定。

假设系统(2-40)中矩阵 $\boldsymbol{A},\boldsymbol{B},\boldsymbol{C},\boldsymbol{D},\boldsymbol{E}$ 和控制器增益 K 是已知的,下面定理给出系统(2-40)是鲁棒指数均方稳定性的充分条件且具有给定的 H_∞ 干扰抑制度 γ。

定理2.3 给定控制器增益矩阵 $\boldsymbol{K}$ 和正的常数 γ,则系统(2-40)是鲁棒指数均方渐近稳定的且具有给定的 H_∞ 干扰抑制度 γ 的充分条件是存在变量 $\varepsilon_1>0,\varepsilon_2>0$ 和矩阵 $\boldsymbol{P}>0$, $\boldsymbol{Q}_1 \geqslant 0,\boldsymbol{Q}_2 \geqslant 0,\boldsymbol{R}_1>0,\boldsymbol{R}_2>0,\boldsymbol{S},\boldsymbol{W},\boldsymbol{U}$ 和 $\boldsymbol{V}$ 满足

$$\begin{bmatrix}\boldsymbol{F}+\varepsilon_1\boldsymbol{\Xi}_1\boldsymbol{\Xi}_1^{\mathrm{T}}+\varepsilon_2\boldsymbol{\Xi}_2\boldsymbol{\Xi}_2^{\mathrm{T}} & \boldsymbol{\Xi}_3^{\mathrm{T}} & \boldsymbol{\Xi}_4^{\mathrm{T}}\\ * & -\varepsilon_1\boldsymbol{I} & 0\\ * & * & -\varepsilon_2\boldsymbol{I}\end{bmatrix}<0 \tag{2-41}$$

其中

$$\boldsymbol{F}=\begin{bmatrix}\boldsymbol{\Phi}_1+\boldsymbol{\Phi}_2+\boldsymbol{\Phi}_2^{\mathrm{T}}+\boldsymbol{\Phi}_4+\boldsymbol{\Phi}_5 & \boldsymbol{\Phi}_7 & \boldsymbol{F}_1 & \boldsymbol{F}_2\\ * & \boldsymbol{\Phi}_8 & 0 & 0\\ * & * & \boldsymbol{F}_3 & 0\\ * & * & * & \boldsymbol{F}_3\end{bmatrix}$$

$$\boldsymbol{\Phi}_1=\begin{bmatrix}\boldsymbol{PA}+\boldsymbol{A}^{\mathrm{T}}\boldsymbol{P}+\boldsymbol{Q}_1 & 0 & \alpha\boldsymbol{PBK} & 0 & (1-\alpha)\boldsymbol{PBK} & \boldsymbol{PE}\\ * & \boldsymbol{Q}_2-\boldsymbol{Q}_1 & 0 & 0 & 0 & 0\\ * & * & 0 & 0 & 0 & 0\\ * & * & * & -\boldsymbol{Q}_2 & 0 & 0\\ * & * & * & * & 0 & 0\\ * & * & * & * & * & 0\end{bmatrix}$$

$$\boldsymbol{\Phi}_2=[\boldsymbol{S}\quad \boldsymbol{U}-\boldsymbol{W}\quad \boldsymbol{W}-\boldsymbol{S}\quad -\boldsymbol{V}\quad \boldsymbol{V}-\boldsymbol{U}\quad 0]$$

$$\boldsymbol{\Phi}_4=\boldsymbol{F}_4^{\mathrm{T}}\boldsymbol{F}_4+\boldsymbol{F}_5^{\mathrm{T}}\boldsymbol{F}_5$$
$$\boldsymbol{\Phi}_5=\mathrm{diag}\{0,0,0,0,0,-\gamma^2\boldsymbol{I}\}$$
$$\boldsymbol{\Phi}_7=[\sqrt{c_1}\boldsymbol{S}\quad \sqrt{c_1}\boldsymbol{W}\quad g\boldsymbol{U}\quad g\boldsymbol{V}]$$
$$\boldsymbol{\Phi}_8=\mathrm{diag}\{-\boldsymbol{R}_1,-\boldsymbol{R}_1,-\boldsymbol{R}_2,-\boldsymbol{R}_2\}$$
$$\boldsymbol{F}_1=\begin{bmatrix}\sqrt{c_1}\boldsymbol{A} & 0 & \alpha\sqrt{c_1}\boldsymbol{BK} & 0 & (1-\alpha)\sqrt{c_1}\boldsymbol{BK} & \sqrt{c_1}\boldsymbol{E}\\ g\boldsymbol{A} & 0 & \alpha g\boldsymbol{BK} & 0 & (1-\alpha)g\boldsymbol{BK} & g\boldsymbol{E}\end{bmatrix}^{\mathrm{T}}$$
$$\boldsymbol{F}_2=\begin{bmatrix}0 & 0 & f\sqrt{c_1}\boldsymbol{BK} & 0 & -f\sqrt{c_1}\boldsymbol{BK} & 0\\ 0 & 0 & fg\boldsymbol{BK} & 0 & -fg\boldsymbol{BK} & 0\end{bmatrix}^{\mathrm{T}}$$
$$\boldsymbol{F}_3=\mathrm{diag}\{-\boldsymbol{R}_1^{-1},-\boldsymbol{R}_2^{-1}\}$$
$$\boldsymbol{F}_4=[\boldsymbol{C}\quad 0\quad \alpha\boldsymbol{DK}\quad 0\quad (1-\alpha)\boldsymbol{DK}\quad 0]$$
$$\boldsymbol{F}_5=[0\quad 0\quad f\boldsymbol{DK}\quad 0\quad -f\boldsymbol{DK}\quad 0]$$
$$\boldsymbol{\Xi}_1=[\boldsymbol{\Omega}_1^{\mathrm{T}}\quad 0\quad \boldsymbol{\Omega}_2^{\mathrm{T}}\quad 0]^{\mathrm{T}}$$
$$\boldsymbol{\Xi}_2=[0\quad 0\quad 0\quad \boldsymbol{\Omega}_3^{\mathrm{T}}]^{\mathrm{T}}$$
$$\boldsymbol{\Omega}_1=[\boldsymbol{M}^{\mathrm{T}}\boldsymbol{P}^{\mathrm{T}}\quad 0\quad 0\quad 0\quad 0\quad 0]^{\mathrm{T}}$$
$$\boldsymbol{\Xi}_3=[\boldsymbol{\Omega}_4\quad 0\quad 0\quad 0]$$
$$\boldsymbol{\Xi}_4=[\boldsymbol{\Omega}_5\quad 0\quad 0\quad 0]$$
$$\boldsymbol{\Omega}_2=\begin{bmatrix}\sqrt{c_1}\boldsymbol{M}\\ g\boldsymbol{M}\end{bmatrix}$$
$$\boldsymbol{\Omega}_3=\begin{bmatrix}f\sqrt{c_1}\boldsymbol{M}\\ fg\boldsymbol{M}\end{bmatrix}$$
$$\boldsymbol{\Omega}_4=[\boldsymbol{N}_a\quad 0\quad \alpha\boldsymbol{N}_b\boldsymbol{K}\quad 0\quad (1-\alpha)\boldsymbol{N}_b\boldsymbol{K}\quad 0]$$
$$\boldsymbol{\Omega}_5=[0\quad 0\quad \boldsymbol{N}_b\boldsymbol{K}\quad 0\quad -\boldsymbol{N}_b\boldsymbol{K}\quad 0]$$
$$f=\sqrt{\alpha(1-\alpha)}$$
$$g=\sqrt{c_2-c_1}$$
$$\boldsymbol{L}=c_1\boldsymbol{R}_1+(c_2-c_1)\boldsymbol{R}_2 \tag{2-42}$$

证明　利用 Schur 补引理和不等式(2-41),得到

$$\boldsymbol{F}+\varepsilon_1\boldsymbol{\Xi}_1\boldsymbol{\Xi}_1^{\mathrm{T}}+\varepsilon_1^{-1}\boldsymbol{\Xi}_3^{\mathrm{T}}\boldsymbol{\Xi}_3+\varepsilon_2\boldsymbol{\Xi}_2\boldsymbol{\Xi}_2^{\mathrm{T}}+\varepsilon_2^{-1}\boldsymbol{\Xi}_4^{\mathrm{T}}\boldsymbol{\Xi}_4<0 \tag{2-43}$$

根据引理 2.1,则有

$$\begin{aligned}\triangle\boldsymbol{F}&=\boldsymbol{\Xi}_1\boldsymbol{F}(t)\boldsymbol{\Xi}_3+\boldsymbol{\Xi}_2\boldsymbol{F}(t)\boldsymbol{\Xi}_4+\boldsymbol{\Xi}_3^{\mathrm{T}}\boldsymbol{F}^{\mathrm{T}}(t)\boldsymbol{\Xi}_1^{\mathrm{T}}+\boldsymbol{\Xi}_4^{\mathrm{T}}\boldsymbol{F}^{\mathrm{T}}(t)\boldsymbol{\Xi}_2^{\mathrm{T}}\\&\leqslant\varepsilon_1\boldsymbol{\Xi}_1\boldsymbol{\Xi}_1^{\mathrm{T}}+\varepsilon_1^{-1}\boldsymbol{\Xi}_3^{\mathrm{T}}\boldsymbol{\Xi}_3+\varepsilon_2\boldsymbol{\Xi}_2\boldsymbol{\Xi}_2^{\mathrm{T}}+\varepsilon_2^{-1}\boldsymbol{\Xi}_4^{\mathrm{T}}\boldsymbol{\Xi}_4\end{aligned} \tag{2-44}$$

其中

$$\triangle\boldsymbol{F}=\begin{bmatrix}\boldsymbol{F}_6 & 0 & \boldsymbol{F}_7 & \boldsymbol{F}_8\\ * & 0 & 0 & 0\\ * & * & 0 & 0\\ * & * & * & 0\end{bmatrix}$$

$$F_6=\begin{bmatrix} P\Delta A(t)+\Delta A^{\mathrm{T}}(t)P & 0 & \alpha P\Delta B(t)K & 0 & (1-\alpha)P\Delta B(t)K & 0\\ * & 0 & 0 & 0 & 0 & 0\\ * & * & 0 & 0 & 0 & 0\\ * & * & * & 0 & 0 & 0\\ * & * & * & * & 0 & 0\\ * & * & * & * & * & 0 \end{bmatrix}$$

$$F_7=\begin{bmatrix} \sqrt{c_1}\Delta A(t) & 0 & \alpha\sqrt{c_1}\Delta B(t)K & 0 & (1-\alpha)\sqrt{c_1}B(t)K & 0\\ g\Delta A(t) & 0 & \alpha g\Delta B(t)K & 0 & (1-\alpha)g\Delta B(t)K & 0 \end{bmatrix}^{\mathrm{T}}$$

$$F_8=\begin{bmatrix} 0 & 0 & f\sqrt{c_1}\Delta B(t)K & 0 & -f\sqrt{c_1}\Delta B(t)K & 0\\ 0 & 0 & fg\Delta B(t)K & 0 & -fg\Delta B(t)K & 0 \end{bmatrix}^{\mathrm{T}}$$

那么,从式(2-43)和式(2-44)得到

$$\begin{bmatrix} \overline{\Phi}_1+\Phi_2+\Phi_2^{\mathrm{T}}+\Phi_4+\Phi_5 & \Phi_7 & \overline{F}_1 & \overline{F}_2\\ * & \Phi_8 & 0 & 0\\ * & * & F_3 & 0\\ * & * & * & F_3 \end{bmatrix}<0 \tag{2-45}$$

其中

$$\overline{\Phi}_1=\begin{bmatrix} \Gamma_2 & 0 & \alpha PB(t)K & 0 & (1-\alpha)PB(t)K & PE\\ * & Q_2-Q_1 & 0 & 0 & 0 & 0\\ * & * & 0 & 0 & 0 & 0\\ * & * & * & -Q_2 & 0 & 0\\ * & * & * & * & 0 & 0\\ * & * & * & * & * & 0 \end{bmatrix}$$

$$\Gamma_2=PA(t)+A^{\mathrm{T}}(t)P+Q_1$$

$$\overline{F}_1=\begin{bmatrix} \sqrt{c_1}A(t) & 0 & \alpha\sqrt{c_1}B(t)K & 0 & (1-\alpha)\sqrt{c_1}B(t)K & \sqrt{c_1}E\\ gA(t) & 0 & \alpha gB(t)K & 0 & (1-\alpha)gB(t)K & gE \end{bmatrix}^{\mathrm{T}}$$

$$\overline{F}_2=\begin{bmatrix} 0 & 0 & f\sqrt{c_1}B(t)K & 0 & -f\sqrt{c_1}B(t)K & 0\\ 0 & 0 & fgB(t)K & 0 & -fgB(t)K & 0 \end{bmatrix}^{\mathrm{T}}$$

为了技术上的方便,把式(2-40)写成

$$\begin{aligned} \dot{x}(t)&=r(t)+(\alpha(t)-\alpha)z(t)\\ y(t)&=v(t)+(\alpha(t)-\alpha)w(t) \end{aligned} \tag{2-46}$$

其中

$$r(t)=A(t)x(t)+\alpha B(t)Kx(t-\tau_1(t))+(1-\alpha)B(t)Kx(t-\tau_2(t))+E\omega(t)$$

$$z(t)=B(t)Kx(t-\tau_1(t))-B(t)Kx(t-\tau_2(t))$$

$$v(t)=\boldsymbol{C}x(t)+\alpha\boldsymbol{DK}x(t-\tau_1(t))+(1-\alpha)\boldsymbol{DK}x(t-\tau_2(t))$$
$$w(t)=\boldsymbol{DK}x(t-\tau_1(t))-\boldsymbol{DK}x(t-\tau_2(t))$$

现在,选取如下 Lyapunov – Krasovskii 泛函

$$V(x_t)=V_1(x_t)+V_2(x_t)+V_3(x_t)$$
$$V_1(x_t)=x^{\mathrm{T}}(t)\boldsymbol{P}x(t)$$
$$V_2(x_t)=\int_{t-c_1}^{t}x^{\mathrm{T}}(s)\boldsymbol{Q}_1x(s)\mathrm{d}s+\int_{t-c_2}^{t-c_1}x^{\mathrm{T}}(s)\boldsymbol{Q}_2x(s)\mathrm{d}s$$
$$\begin{aligned}V_3(x_t)=&\int_{t-c_1}^{t}\int_{s}^{t}r^{\mathrm{T}}(\theta)\boldsymbol{R}_1r(\theta)\mathrm{d}\theta\mathrm{d}s+\int_{t-c_2}^{t-c_1}\int_{s}^{t}r^{\mathrm{T}}(\theta)\boldsymbol{R}_2r(\theta)\mathrm{d}\theta\mathrm{d}s+\\&\alpha(1-\alpha)\int_{t-c_1}^{t}\int_{s}^{t}z^{\mathrm{T}}(\theta)\boldsymbol{R}_1z(\theta)\mathrm{d}\theta\mathrm{d}s+\alpha(1-\alpha)\int_{t-c_2}^{t-c_1}\int_{s}^{t}z^{\mathrm{T}}(\theta)\boldsymbol{R}_2z(\theta)\mathrm{d}\theta\mathrm{d}s\end{aligned}\tag{2-47}$$

其中 $\boldsymbol{P}>0,\boldsymbol{Q}_1\geqslant0,\boldsymbol{Q}_2\geqslant0,\boldsymbol{R}_1>0$ 和 $\boldsymbol{R}_2>0$。$V(x_t)$的无穷小算子 $\mathcal{L}$ 如式(2-16)所示,得到 $V(x_t)$的无穷小算子为

$$\begin{aligned}\mathcal{L}V(x_t)=&2x^{\mathrm{T}}(t)\boldsymbol{P}r(t)+x^{\mathrm{T}}(t)\boldsymbol{Q}_1x(t)-x^{\mathrm{T}}(t-c_1)\boldsymbol{Q}_1x(t-c_1)+x^{\mathrm{T}}(t-c_1)\boldsymbol{Q}_2x(t-c_1)-\\&x^{\mathrm{T}}(t-c_2)\boldsymbol{Q}_2x(t-c_2)+r^{\mathrm{T}}(t)\boldsymbol{L}r(t)-\int_{t-\tau_1(t)}^{t}r^{\mathrm{T}}(s)\boldsymbol{R}_1r(s)\mathrm{d}s+2\sum_{i=1}^{4}Y_i(t)-\\&\int_{t-c_1}^{t-\tau_1(t)}r^{\mathrm{T}}(s)\boldsymbol{R}_1r(s)\mathrm{d}s-\int_{t-\tau_2(t)}^{t-c_1}r^{\mathrm{T}}(s)\boldsymbol{R}_2r(s)\mathrm{d}s-\int_{t-c_2}^{t-\tau_2(t)}r^{\mathrm{T}}(s)\boldsymbol{R}_2r(s)\mathrm{d}s+\\&\alpha(1-\alpha)z^{\mathrm{T}}(t)\boldsymbol{L}z(t)+2\sum_{i=1}^{4}X_i(x_t)-\\&\alpha(1-\alpha)\left(\int_{t-\tau_1(t)}^{t}z^{\mathrm{T}}(s)\boldsymbol{R}_1z(s)\mathrm{d}s+\int_{t-c_1}^{t-\tau_1(t)}z^{\mathrm{T}}(s)\boldsymbol{R}_1z(s)\mathrm{d}s\right)-\\&\alpha(1-\alpha)\int_{t-\tau_2(t)}^{t-c_1}z^{\mathrm{T}}(s)\boldsymbol{R}_2z(s)\mathrm{d}s-\alpha(1-\alpha)\int_{t-c_2}^{t-\tau_2(t)}z^{\mathrm{T}}(s)\boldsymbol{R}_2z(s)\mathrm{d}s\end{aligned}\tag{2-48}$$

其中

$$X_1(x_t)=\chi^{\mathrm{T}}(t)\boldsymbol{S}\left(x(t)-x(t-\tau_1(t))-\int_{t-\tau_1(t)}^{t}\dot{x}(s)\mathrm{d}s\right)=0$$
$$X_2(x_t)=\chi^{\mathrm{T}}(t)\boldsymbol{W}\left(x(t-\tau_1(t))-x(t-c_1)-\int_{t-c_1}^{t-\tau_1(t)}\dot{x}(s)\mathrm{d}s\right)=0$$
$$X_3(x_t)=\chi^{\mathrm{T}}(t)\boldsymbol{U}\left(x(t-c_1)-x(t-\tau_2(t))-\int_{t-\tau_2(t)}^{t-c_1}\dot{x}(s)\mathrm{d}s\right)=0$$
$$X_4(x_t)=\chi^{\mathrm{T}}(t)\boldsymbol{V}\left(x(t-\tau_2(t))-x(t-c_2)-\int_{t-c_2}^{t-\tau_2(t)}\dot{x}(s)\mathrm{d}s\right)=0$$
$$Y_1(t)=\int_{t-\tau_1(t)}^{t}\mathbb{E}\{(\alpha(s)-\alpha)z^{\mathrm{T}}(s)\boldsymbol{R}_1r(s)\}\mathrm{d}s=0$$
$$Y_2(t)=\int_{t-c_1}^{t-\tau_1(t)}\mathbb{E}\{(\alpha(s)-\alpha)z^{\mathrm{T}}(s)\boldsymbol{R}_1r(s)\}\mathrm{d}s=0$$
$$Y_3(t)=\int_{t-\tau_2(t)}^{t-c_1}\mathbb{E}\{(\alpha(s)-\alpha)z^{\mathrm{T}}(s)\boldsymbol{R}_2r(s)\}\mathrm{d}s=0$$

$$Y_4(t) = \int_{t-c_2}^{t-\tau_2(t)} \mathbb{E}\{(\alpha(s) - \alpha)z^{\mathrm{T}}(s)R_2 r(s)\}\mathrm{d}s = 0$$

$$\chi^{\mathrm{T}}(t) = [x^{\mathrm{T}}(t) \quad x^{\mathrm{T}}(t-c_1) \quad x^{\mathrm{T}}(t-\tau_1(t)) \quad x^{\mathrm{T}}(t-c_2) \quad x^{\mathrm{T}}(t-\tau_2(t)) \quad \omega^{\mathrm{T}}(t)] \tag{2-49}$$

在式(2-48)两边同时取期望,得到

$$\mathbb{E}\{\mathcal{L}V(x_t)\} \leqslant \mathbb{E}\{\chi^{\mathrm{T}}(t)[\overline{\boldsymbol{\Phi}}_1 + \boldsymbol{\Phi}_2 + \boldsymbol{\Phi}_2^{\mathrm{T}} + \boldsymbol{\Phi}_3 + \boldsymbol{\Phi}_6]\chi(t) + \sum_{i=9}^{12} \Phi_i\}$$

其中

$$\begin{aligned}
\boldsymbol{\Phi}_3 &= \boldsymbol{\Phi}_{15}^{\mathrm{T}}\boldsymbol{L}\boldsymbol{\Phi}_{15} + \boldsymbol{\Phi}_{16}^{\mathrm{T}}\boldsymbol{L}\boldsymbol{\Phi}_{16} \\
\boldsymbol{\Phi}_6 &= c_1\boldsymbol{S}\boldsymbol{R}_1^{-1}\boldsymbol{S}^{\mathrm{T}} + c_1\boldsymbol{W}\boldsymbol{R}_1^{-1}\boldsymbol{W}^{\mathrm{T}} + (c_2 - c_1)\boldsymbol{U}\boldsymbol{R}_2^{-1}\boldsymbol{U}^{\mathrm{T}} + (c_2 - c_1)\boldsymbol{V}\boldsymbol{R}_2^{-1}\boldsymbol{V}^{\mathrm{T}} \\
\boldsymbol{\Phi}_9 &= -\int_{t-\tau_1(t)}^{t} \mathbb{E}\{[\chi^{\mathrm{T}}(t)\boldsymbol{S} + \dot{x}^{\mathrm{T}}(s)\boldsymbol{R}_1]\boldsymbol{R}_1^{-1}[\boldsymbol{S}^{\mathrm{T}}\chi(t) + \boldsymbol{R}_1\dot{x}(s)]\}\mathrm{d}s \\
\boldsymbol{\Phi}_{10} &= -\int_{t-c_1}^{t-\tau_1(t)} \mathbb{E}\{[\chi^{\mathrm{T}}(t)\boldsymbol{W} + \dot{x}^{\mathrm{T}}(s)\boldsymbol{R}_1]\boldsymbol{R}_1^{-1}[\boldsymbol{W}^{\mathrm{T}}\chi(t) + \boldsymbol{R}_1\dot{x}(s)]\}\mathrm{d}s \\
\boldsymbol{\Phi}_{11} &= -\int_{t-\tau_2(t)}^{t-c_1} \mathbb{E}\{[\chi^{\mathrm{T}}(t)\boldsymbol{U} + \dot{x}^{\mathrm{T}}(s)\boldsymbol{R}_2]\boldsymbol{R}_2^{-1}[\boldsymbol{U}^{\mathrm{T}}\chi(t) + \boldsymbol{R}_2\dot{x}(s)]\}\mathrm{d}s \\
\boldsymbol{\Phi}_{12} &= -\int_{t-c_2}^{t-\tau_2(t)} \mathbb{E}\{[\chi^{\mathrm{T}}(t)\boldsymbol{V} + \dot{x}^{\mathrm{T}}(s)\boldsymbol{R}_2]\boldsymbol{R}_2^{-1}[\boldsymbol{V}^{\mathrm{T}}\chi(t) + \boldsymbol{R}_2\dot{x}(s)]\}\mathrm{d}s \\
\boldsymbol{\Phi}_{15} &= [\boldsymbol{A}(t) \quad 0 \quad \alpha\boldsymbol{B}(t)\boldsymbol{K} \quad 0 \quad (1-\alpha)\boldsymbol{B}(t)\boldsymbol{K} \quad \boldsymbol{E}] \\
\boldsymbol{\Phi}_{16} &= [0 \quad 0 \quad f\boldsymbol{B}(t)\boldsymbol{K} \quad 0 \quad -f\boldsymbol{B}(t)\boldsymbol{K} \quad 0]
\end{aligned} \tag{2-51}$$

通过计算可得$\mathbb{E}\{y^{\mathrm{T}}(t)y(t)\} = \chi^{\mathrm{T}}(t)\boldsymbol{\Phi}_4\chi(t)$和$\gamma^2\omega^{\mathrm{T}}(t)\omega(t) = -\chi^{\mathrm{T}}(t)\boldsymbol{\Phi}_5\chi(t)$。因此,可以得到

$$\begin{aligned}
&\mathbb{E}\{y^{\mathrm{T}}(t)y(t)\} - \gamma^2\mathbb{E}\{\omega^{\mathrm{T}}(t)\omega(t)\} + \mathbb{E}\{\mathcal{L}V(x_t)\} \\
&\leqslant \mathbb{E}\{\chi^{\mathrm{T}}(t)[\overline{\boldsymbol{\Phi}}_1 + \boldsymbol{\Phi}_2 + \boldsymbol{\Phi}_2^{\mathrm{T}} + \boldsymbol{\Phi}_3 + \boldsymbol{\Phi}_6 + \boldsymbol{\Phi}_4 + \boldsymbol{\Phi}_5]\chi(t) + \sum_{i=9}^{12}\boldsymbol{\Phi}_i\}
\end{aligned}$$

注意到$\boldsymbol{R}_i > 0, i = 1,2$,因此$\boldsymbol{\Phi}_i, i = 9,\cdots,12$都是非正定的。通过 Schur 补引理,式(2-45)保证$\overline{\boldsymbol{\Phi}}_1 + \boldsymbol{\Phi}_2 + \boldsymbol{\Phi}_2^{\mathrm{T}} + \boldsymbol{\Phi}_3 + \boldsymbol{\Phi}_6 + \boldsymbol{\Phi}_4 + \boldsymbol{\Phi}_5 < 0$。因此,对于所有的非零$\omega \in L_2[0,\infty)$可以得到

$$\mathbb{E}\{y^{\mathrm{T}}(t)y(t)\} - \gamma^2\mathbb{E}\{\omega^{\mathrm{T}}(t)\omega(t)\} + \mathbb{E}\{\mathcal{L}V(x_t)\} < 0 \tag{2-52}$$

在零初始条件下,有$V(0) = 0$和$V(\infty) \geqslant 0$。对式(2-52)两边同时积分,对于所有的非零$\omega \in L_2[0,\infty)$,得到$\mathbb{E}\{\|y\|_2\} < \gamma\|\omega\|_2$。

下面证明当系统(2-40)中$\omega(t) \equiv 0$时建立其鲁棒指数均方稳定条件。建立形如式(2-47)的 Lyapunov - Krasovskii 泛函。然后用与上述相似的技术得到

$$\mathbb{E}\{\mathcal{L}V(x_t)\} \leqslant -\lambda\,\mathbb{E}\{\zeta^{\mathrm{T}}(t)\zeta(t)\} \tag{2-53}$$

其中

$$\zeta^{\mathrm{T}}(t) = [x^{\mathrm{T}}(t) \quad x^{\mathrm{T}}(t-c_1) \quad x^{\mathrm{T}}(t-\tau_1(t)) \quad x^{\mathrm{T}}(t-c_2) \quad x^{\mathrm{T}}(t-\tau_2(t))]$$

那么,对于任何常数$\varepsilon > 0$,有

$$\mathcal{L}[\mathrm{e}^{\varepsilon t}V(x_t)]=\mathrm{e}^{\varepsilon t}[\varepsilon V(x_t)+\mathcal{L}V(x_t)] \tag{2-54}$$

对式(2-54)两边从 0 到 $T>0$ 积分,然后式两边同时取期望,得到

$$\mathbb{E}\{\mathrm{e}^{\varepsilon T}V(x_T)\}-\mathbb{E}\{\mathrm{e}^{\varepsilon 0}V(x_0)\}=\int_0^T\varepsilon\mathrm{e}^{\varepsilon t}\,\mathbb{E}\{V(x_t)\}\mathrm{d}t+\int_0^T\mathrm{e}^{\varepsilon t}\,\mathbb{E}\{\mathcal{L}V(x_t)\}\mathrm{d}t \tag{2-55}$$

选取 $h=\max(\lambda_{\max}(P),\lambda_{\max}(Q_1),\lambda_{\max}(Q_2),\lambda_{\max}(R_1),\lambda_{\max}(R_2))$,得到

$$V(x_t)\leqslant h\|x(t)\|^2+h\int_{t-c_2}^{t}\|x(s)\|^2\mathrm{d}s+c_2h\int_{t-c_2}^{t}\|r(s)\|^2+\alpha(1-\alpha)\|z(s)\|^2\mathrm{d}s \tag{2-56}$$

在零初始条件下,把式(2-56)代入式(2-55)中,得到

$$\mathbb{E}\{\mathrm{e}^{\varepsilon T}V(x_T)\}\leqslant\eta\sup_{-2c_2\leqslant\theta\leqslant0}\mathbb{E}\{\|\phi(\theta)\|^2\}+\int_0^T\mathrm{e}^{\varepsilon t}\,\mathbb{E}\{\zeta^T(t)\boldsymbol{\Lambda}\zeta(t)\}\mathrm{d}t$$

其中

$$\eta=c_2m+4c_2^2mn(1+\alpha-\alpha^2)$$

$$m=\varepsilon c_2h\mathrm{e}^{\varepsilon c_2},n=\max(\lambda_{\max}(\overline{\boldsymbol{A}}),\lambda_{\max}(\overline{\boldsymbol{B}}))$$

$$\overline{\boldsymbol{A}}=2(\boldsymbol{A}^{\mathrm{T}}\boldsymbol{A}+\lambda_{\max}(\boldsymbol{M}^{\mathrm{T}}\boldsymbol{M})\boldsymbol{N}_a^{\mathrm{T}}\boldsymbol{N}_a)$$

$$\overline{\boldsymbol{B}}=2(\boldsymbol{K}^{\mathrm{T}}\boldsymbol{B}^{\mathrm{T}}\boldsymbol{B}\boldsymbol{K}+\lambda_{\max}(\boldsymbol{M}^{\mathrm{T}}\boldsymbol{M})\boldsymbol{K}^{\mathrm{T}}\boldsymbol{N}_b^{\mathrm{T}}\boldsymbol{N}_b\boldsymbol{K})$$

$$\boldsymbol{\Lambda}=\mathrm{diag}\{\varepsilon h+m+2c_2mn-\lambda,-\lambda,2\alpha(2-\alpha)c_2mn-\lambda,-\lambda,2(1-\alpha^2)c_2mn-\lambda\}$$

然后选取 $\varepsilon>0$ 使得 $\varepsilon h+m+2c_2mn-\lambda\leqslant0$,可以得到

$$\mathbb{E}\{\|x(T)\|^2\}\leqslant\frac{\eta}{\lambda_{\min}(P)}\mathrm{e}^{-\varepsilon T}\sup_{-2c_2\leqslant\theta\leqslant0}\mathbb{E}\{\|\phi(\theta)\|^2\} \tag{2-57}$$

因此,通过定义 2.1,系统(2-40)是指数均方渐近稳定的。证明完毕。

注解 2.3　值得注意的是上述结果可以推广到含有多个采样频率的控制系统中,下面建立具有多个采样频率的闭环系统的数学模型。n 个采样周期被记为 $c_1,c_2,\cdots,c_n$,并且 $0<c_1<c_2<\cdots<c_n$。它们的发生概率为

$$\mathrm{Prob}\{c=c_i\}=P_i,i=1,2,\cdots,n$$

并且 $P_1+P_2+\cdots+P_n=1$。相似于 2.2 节的思想,$d(t)$的发生概率计算如下:

$$\mathrm{Prob}\{0\leqslant d(t)<c_1\}=P_1+P_2\frac{c_1}{c_2}+\cdots+P_n\frac{c_1}{c_n}=\alpha_1$$

$$\mathrm{Prob}\{c_1\leqslant d(t)<c_2\}=P_2\frac{c_2-c_1}{c_2}+\cdots+P_n\frac{c_2-c_1}{c_n}=\alpha_2$$

$$\vdots$$

$$\mathrm{Prob}\{c_{n-1}\leqslant d(t)<c_n\}=P_n\frac{c_n-c_{n-1}}{c_n}=\alpha_n$$

并且 $\alpha_1+\alpha_2+\cdots+\alpha_n=1$。引进下面的示性函数:

$$\pi_i \triangleq \pi_{\{d(t)\in[c_{i-1},c_i)\}},i=1,2,\cdots,n,c_0=0$$

则有

$$\mathbb{E}\{\pi_i\}=\text{Prob}\{d(t)\in[c_{i-1},c_i)\}=\alpha_i$$

$$\mathbb{E}\{(\pi_i-\alpha_i)^2\}=\alpha_i(1-\alpha_i),i=1,2,\cdots,n$$

因此闭环系统(2－39)在考虑有 n 个采样频率状况下,得到如下模型:

$$\begin{aligned}\dot{x}(t) &= \boldsymbol{A}(t)x(t)+\sum_{i=1}^{n}\pi_i\boldsymbol{B}(t)\boldsymbol{K}x(t-\tau_i(t))+\boldsymbol{E}\omega(t)\\ y(t) &= \boldsymbol{C}x(t)+\sum_{i=1}^{n}\pi_i\boldsymbol{DK}x(t-\tau_i(t))\end{aligned}\tag{2-58}$$

其中

$$c_{i-1}\leqslant\tau_i(t)<c_i$$

按照与证明定理2.3相似的方法,可以得到在多个采样频率下系统为指数均方稳定性的条件。

2.4.2 鲁棒 H_∞ 控制器设计

本小节主要研究在定理2.3的基础上,为系统(2－40)设计鲁棒 H_∞ 控制器。

定理2.4 给定标量常数 $\gamma>0$,系统(2－40)是指数均方稳定的且具有给定的 H_∞ 干扰抑制度 γ 的充分条件为存在标量 $\varepsilon_1>0,\varepsilon_2>0$ 和矩阵 $\bar{\boldsymbol{P}}>0,\bar{\boldsymbol{Q}}_1\geqslant0,\bar{\boldsymbol{Q}}_2\geqslant0,\bar{\boldsymbol{R}}_1\geqslant0,\bar{\boldsymbol{R}}_2\geqslant0,\bar{\boldsymbol{K}},\bar{\boldsymbol{S}},\bar{\boldsymbol{W}},\bar{\boldsymbol{U}},\bar{\boldsymbol{V}}$满足下面的线性矩阵不等式:

$$\begin{bmatrix}\boldsymbol{\Gamma}_1 & \boldsymbol{\Pi}_7 & \boldsymbol{\Pi}_4 & \boldsymbol{\Pi}_5 & \boldsymbol{\Pi}_6 & 0 & \boldsymbol{\Pi}_9^{\mathrm{T}} & \boldsymbol{\Pi}_{10}^{\mathrm{T}} & \boldsymbol{\Pi}_3\\ * & \boldsymbol{\Pi}_8 & 0 & 0 & 0 & 0 & 0 & 0 & 0\\ * & * & \boldsymbol{\Pi}_{14} & 0 & \boldsymbol{\Pi}_{11} & 0 & 0 & 0 & 0\\ * & * & * & \boldsymbol{\Pi}_{14} & 0 & \boldsymbol{\Pi}_{12} & 0 & 0 & 0\\ * & * & * & * & -\varepsilon_1\boldsymbol{I} & 0 & 0 & 0 & 0\\ * & * & * & * & * & -\varepsilon_2\boldsymbol{I} & 0 & 0 & 0\\ * & * & * & * & * & * & -\varepsilon_1\boldsymbol{I} & 0 & 0\\ * & * & * & * & * & * & * & -\varepsilon_2\boldsymbol{I} & 0\\ * & * & * & * & * & * & * & * & \boldsymbol{\Pi}_{13}\end{bmatrix}<0\tag{2-59}$$

其中

$$\boldsymbol{\Gamma}_1=\boldsymbol{\Pi}_1+\boldsymbol{\Pi}_2+\boldsymbol{\Pi}_2^{\mathrm{T}}+\boldsymbol{\Phi}_5$$

$$\boldsymbol{\Pi}_1=\begin{bmatrix} \boldsymbol{A}\bar{\boldsymbol{P}}+\bar{\boldsymbol{P}}\boldsymbol{A}^{\mathrm{T}}+\bar{\boldsymbol{Q}}_1 & 0 & \alpha\boldsymbol{B}\bar{\boldsymbol{K}} & 0 & (1-\alpha)\boldsymbol{B}\bar{\boldsymbol{K}} & \boldsymbol{E}\\ * & \bar{\boldsymbol{Q}}_2-\bar{\boldsymbol{Q}}_1 & 0 & 0 & 0 & 0\\ * & * & 0 & 0 & 0 & 0\\ * & * & * & -\bar{\boldsymbol{Q}}_2 & 0 & 0\\ * & * & * & * & 0 & 0\\ * & * & * & * & * & 0 \end{bmatrix}$$

$$\boldsymbol{\Pi}_2=[\bar{\boldsymbol{S}}\quad \bar{\boldsymbol{U}}-\bar{\boldsymbol{W}}\quad \bar{\boldsymbol{W}}-\bar{\boldsymbol{S}}\quad -\bar{\boldsymbol{V}}\quad \bar{\boldsymbol{V}}-\bar{\boldsymbol{U}}\quad 0]$$

$$\boldsymbol{\Pi}_3=\begin{bmatrix} \boldsymbol{C}\bar{\boldsymbol{P}} & 0 & \alpha\boldsymbol{D}\bar{\boldsymbol{K}} & 0 & (1-\alpha)\boldsymbol{D}\bar{\boldsymbol{K}} & 0\\ 0 & 0 & f\boldsymbol{D}\bar{\boldsymbol{K}} & 0 & -f\boldsymbol{D}\bar{\boldsymbol{K}} & 0 \end{bmatrix}^{\mathrm{T}}$$

$$\boldsymbol{\Pi}_4=\begin{bmatrix} \sqrt{c_1}\boldsymbol{A}\bar{\boldsymbol{P}} & 0 & \alpha\sqrt{c_1}\boldsymbol{B}\bar{\boldsymbol{K}} & 0 & (1-\alpha)\sqrt{c_1}\boldsymbol{B}\bar{\boldsymbol{K}} & \sqrt{c_1}\boldsymbol{E}\\ g\boldsymbol{A}\bar{\boldsymbol{P}} & 0 & \alpha g\boldsymbol{B}\bar{\boldsymbol{K}} & 0 & (1-\alpha)g\boldsymbol{B}\bar{\boldsymbol{K}} & g\boldsymbol{E} \end{bmatrix}^{\mathrm{T}}$$

$$\boldsymbol{\Pi}_5=\begin{bmatrix} 0 & 0 & f\sqrt{c_1}\boldsymbol{B}\bar{\boldsymbol{K}} & 0 & -f\sqrt{c_1}\boldsymbol{B}\bar{\boldsymbol{K}} & 0\\ 0 & 0 & fg\boldsymbol{B}\bar{\boldsymbol{K}} & 0 & -fg\boldsymbol{B}\bar{\boldsymbol{K}} & 0 \end{bmatrix}^{\mathrm{T}}$$

$$\boldsymbol{\Pi}_6=[\varepsilon_1\boldsymbol{M}^{\mathrm{T}}\quad 0\quad 0\quad 0\quad 0\quad 0]^{\mathrm{T}}$$

$$\boldsymbol{\Pi}_7=[\sqrt{c_1}\bar{\boldsymbol{S}}\quad \sqrt{c_1}\bar{\boldsymbol{W}}\quad g\bar{\boldsymbol{U}}\quad g\bar{\boldsymbol{V}}]$$

$$\boldsymbol{\Pi}_8=\mathrm{diag}\{\bar{\boldsymbol{R}}_1-2\bar{\boldsymbol{P}},\bar{\boldsymbol{R}}_1-2\bar{\boldsymbol{P}},\bar{\boldsymbol{R}}_2-2\bar{\boldsymbol{P}},\bar{\boldsymbol{R}}_2-2\bar{\boldsymbol{P}}\}$$

$$\boldsymbol{\Pi}_9=[\boldsymbol{N}_a\bar{\boldsymbol{P}}\quad 0\quad \alpha\boldsymbol{N}_b\bar{\boldsymbol{K}}\quad 0\quad (1-\alpha)\boldsymbol{N}_b\bar{\boldsymbol{K}}\quad 0]$$

$$\boldsymbol{\Pi}_{10}=[0\quad 0\quad \boldsymbol{N}_b\bar{\boldsymbol{K}}\quad 0\quad -\boldsymbol{N}_b\bar{\boldsymbol{K}}\quad 0]$$

$$\boldsymbol{\Pi}_{11}=\begin{bmatrix} \varepsilon_1\sqrt{c_1}\boldsymbol{M}\\ \varepsilon_1 g\boldsymbol{M} \end{bmatrix}$$

$$\boldsymbol{\Pi}_{12}=\begin{bmatrix} \varepsilon_2 f\sqrt{c_1}\boldsymbol{M}\\ \varepsilon_2 fg\boldsymbol{M} \end{bmatrix}$$

$$\boldsymbol{\Pi}_{13}=\mathrm{diag}\{-\boldsymbol{I},-\boldsymbol{I}\}$$

$$\boldsymbol{\Pi}_{14}=\mathrm{diag}\{-\bar{\boldsymbol{R}}_1,-\bar{\boldsymbol{R}}_2\} \tag{2-60}$$

如果上述不等式有解,则控制器增益为

$$\boldsymbol{K}=\bar{\boldsymbol{K}}\bar{\boldsymbol{P}}^{-1} \tag{2-61}$$

证明　利用 Schur 补引理,不等式(2-41)和下式等同

$$\begin{bmatrix} \boldsymbol{\Phi}_1+\boldsymbol{\Phi}_2+\boldsymbol{\Phi}_2^{\mathrm{T}}+\boldsymbol{\Phi}_5 & \boldsymbol{\Phi}_7 & \boldsymbol{F}_1 & \boldsymbol{F}_2 & \boldsymbol{\Omega}_1 & 0 & \boldsymbol{\Omega}_4^{\mathrm{T}} & \boldsymbol{\Omega}_5^{\mathrm{T}} & \boldsymbol{F}_4^{\mathrm{T}} & \boldsymbol{F}_5^{\mathrm{T}} \\ * & \boldsymbol{\Phi}_8 & 0 & 0 & 0 & 0 & 0 & 0 & 0 & 0 \\ * & * & \boldsymbol{F}_3 & 0 & \boldsymbol{\Omega}_2 & 0 & 0 & 0 & 0 & 0 \\ * & * & * & \boldsymbol{F}_3 & 0 & \boldsymbol{\Omega}_3 & 0 & 0 & 0 & 0 \\ * & * & * & * & -\varepsilon_1^{-1}\boldsymbol{I} & 0 & 0 & 0 & 0 & 0 \\ * & * & * & * & * & -\varepsilon_2^{-1}\boldsymbol{I} & 0 & 0 & 0 & 0 \\ * & * & * & * & * & * & -\varepsilon_1\boldsymbol{I} & 0 & 0 & 0 \\ * & * & * & * & * & * & * & -\varepsilon_2\boldsymbol{I} & 0 & 0 \\ * & * & * & * & * & * & * & * & -\boldsymbol{I} & 0 \\ * & * & * & * & * & * & * & * & * & -\boldsymbol{I} \end{bmatrix}<0 \tag{2-62}$$

定义下列矩阵

$$\boldsymbol{J}=\mathrm{diag}\{\boldsymbol{J}_1,\boldsymbol{J}_2,\boldsymbol{I},\boldsymbol{I},\varepsilon_1,\varepsilon_2,\boldsymbol{I},\boldsymbol{I},\boldsymbol{I},\boldsymbol{I}\}$$

$$\boldsymbol{J}_1=\mathrm{diag}\{\boldsymbol{P}^{-1},\boldsymbol{P}^{-1},\boldsymbol{P}^{-1},\boldsymbol{P}^{-1},\boldsymbol{P}^{-1},\boldsymbol{I}\}$$

$$\boldsymbol{J}_2=\mathrm{diag}\{\boldsymbol{P}^{-1},\boldsymbol{P}^{-1},\boldsymbol{P}^{-1},\boldsymbol{P}^{-1}\}$$

通过$\boldsymbol{J}$,对式(2-62)进行合同变换,同时定义如下矩阵变量

$$\overline{\boldsymbol{P}}=\boldsymbol{P}^{-1},\overline{\boldsymbol{K}}=\boldsymbol{K}\boldsymbol{P}^{-1},\overline{\boldsymbol{Q}}_1=\boldsymbol{P}^{-1}\boldsymbol{Q}_1\boldsymbol{P}^{-1},\overline{\boldsymbol{Q}}_2=\boldsymbol{P}^{-1}\boldsymbol{Q}_2\boldsymbol{P}^{-1}$$

$$[\overline{\boldsymbol{S}}\quad\overline{\boldsymbol{W}}\quad\overline{\boldsymbol{U}}\quad\overline{\boldsymbol{V}}]=\boldsymbol{J}_1[\boldsymbol{S}\quad\boldsymbol{W}\quad\boldsymbol{U}\quad\boldsymbol{V}]\boldsymbol{J}_2,\overline{\boldsymbol{R}}_1=\boldsymbol{R}_1^{-1},\overline{\boldsymbol{R}}_2=\boldsymbol{R}_2^{-1}$$

得到

$$\begin{bmatrix} \boldsymbol{\Pi}_1+\boldsymbol{\Pi}_2+\boldsymbol{\Pi}_2^{\mathrm{T}}+\boldsymbol{\Phi}_5 & \boldsymbol{\Pi}_7 & \boldsymbol{\Pi}_4 & \boldsymbol{\Pi}_5 & \boldsymbol{\Pi}_6 & 0 & \boldsymbol{\Pi}_9^{\mathrm{T}} & \boldsymbol{\Pi}_{10}^{\mathrm{T}} & \boldsymbol{\Pi}_3 \\ * & \overline{\boldsymbol{\Pi}}_8 & 0 & 0 & 0 & 0 & 0 & 0 & 0 \\ * & * & \boldsymbol{\Pi}_{14} & 0 & \boldsymbol{\Pi}_{11} & 0 & 0 & 0 & 0 \\ * & * & * & \boldsymbol{\Pi}_{14} & 0 & \boldsymbol{\Pi}_{12} & 0 & 0 & 0 \\ * & * & * & * & -\varepsilon_1\boldsymbol{I} & 0 & 0 & 0 & 0 \\ * & * & * & * & * & -\varepsilon_2\boldsymbol{I} & 0 & 0 & 0 \\ * & * & * & * & * & * & -\varepsilon_1\boldsymbol{I} & 0 & 0 \\ * & * & * & * & * & * & * & -\varepsilon_2\boldsymbol{I} & 0 \\ * & * & * & * & * & * & * & * & \boldsymbol{\Pi}_{13} \end{bmatrix}<0 \tag{2-63}$$

其中

$$\overline{\boldsymbol{\Pi}}_8=\mathrm{diag}\{-\overline{\boldsymbol{P}}\,\overline{\boldsymbol{R}}_1^{-1}\overline{\boldsymbol{P}},-\overline{\boldsymbol{P}}\,\overline{\boldsymbol{R}}_1^{-1}\overline{\boldsymbol{P}},-\overline{\boldsymbol{P}}\,\overline{\boldsymbol{R}}_2^{-1}\overline{\boldsymbol{P}},-\overline{\boldsymbol{P}}\,\overline{\boldsymbol{R}}_2^{-1}\overline{\boldsymbol{P}}\}$$

和上节相似,将式(2-63)中的非线性项$-\overline{\boldsymbol{P}}\,\overline{\boldsymbol{R}}_1^{-1}\overline{\boldsymbol{P}}$和$-\overline{\boldsymbol{P}}\,\overline{\boldsymbol{R}}_2^{-1}\overline{\boldsymbol{P}}$分别用$\overline{\boldsymbol{R}}_1-2\overline{\boldsymbol{P}}$,$\overline{\boldsymbol{R}}_2-2\overline{\boldsymbol{P}}$取代,得到不等式(2-59),因此,定理证明完毕。

2.5 应用算例

在本节中，我们用一个倒立摆的例子来说明所提出的控制器的设计方法的有效性及优越性。

例 2.1　在倒立摆系统中，摆锤的一端通过转轴和小车相连，这样摆锤就可以在 xy 平面上摆动，如图 2.4 所示。u 为作用在小车上的外力，可以使摆锤在竖直方向保持平衡；θ 为摆杆角度；M 为小车质量；m 为摆杆质量；l 为摆杆一半的长度；x 是小车的水平位置。应用牛顿第二定律，可以得到下列倒立摆系统的运动方程：

$$(M+m)\ddot{x}+ml\ddot{\theta}\cos\theta-ml\dot{\theta}^2\sin\theta=u$$

$$ml\ddot{x}\cos\theta+\frac{4}{3}ml^2\ddot{\theta}-mgl\sin\theta=0$$

其中 g 代表重力加速度。现在，选择状态变量为 $z=[z_1\quad z_2]^{\mathrm{T}}=[\theta\quad\dot{\theta}]^{\mathrm{T}}$，在平衡点 $z=0$ 处线性化上述模型，可以得到下列线性空间模型：

$$\dot{z}(t)=\begin{bmatrix}0 & 1\\ \dfrac{3(M+m)g}{l(4M+m)} & 0\end{bmatrix}z(t)+\begin{bmatrix}0\\ -\dfrac{3}{l(4M+m)}\end{bmatrix}u(t)$$

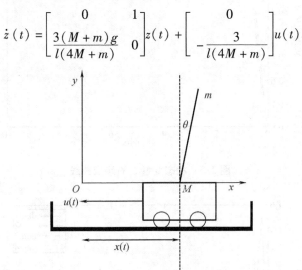

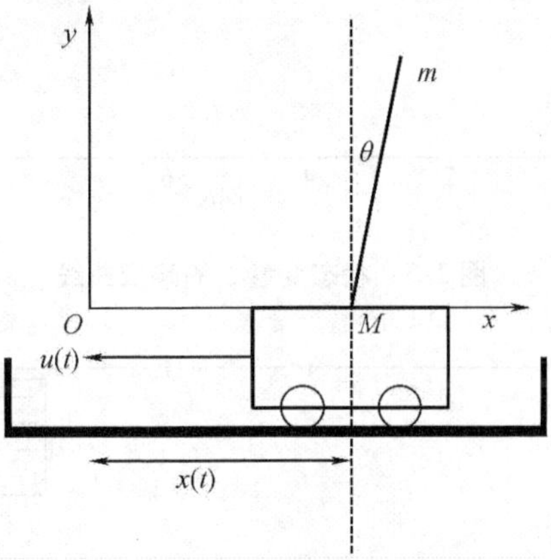

图 2.4　倒立摆系统

这里，选择参数为 $M=8.0$ kg，$l=0.5$ m，$g=9.8$ m/s^2，那么系统矩阵为

$$\boldsymbol{A}=\begin{bmatrix}0 & 1\\ 17.2914 & 0\end{bmatrix},\boldsymbol{B}=\begin{bmatrix}0\\ -0.1765\end{bmatrix}$$

倒立摆系统矩阵 $\boldsymbol{A}$ 的特征值为 4.1586 和 −4.1586，因此该系统是不稳定的。我们的目的是设计一个状态反馈控制器，使得该闭环系统是指数均方稳定的。给定两个采样周期发生的概率：

$$\mathrm{Prob}\{c_1=0.05\ \mathrm{s}\}=0.8,\mathrm{Prob}\{c_2=0.2\ \mathrm{s}\}=0.2 \qquad (2-64)$$

根据定理 2.2，得到下述矩阵：

$$\overline{\boldsymbol{P}}=\begin{bmatrix} 0.1669 & -0.1549 \\ -0.1549 & 0.9343 \end{bmatrix}$$

$$\overline{\boldsymbol{K}}=1.0^4\times[1.8703 \quad 1.0332]$$

因此,根据式(2-33),状态反馈控制器的矩阵增益为

$$\boldsymbol{K}=1.0^5\times[1.4454 \quad 0.3502]$$

假设初始条件为$[-0.8 \quad 0.5]^{\mathrm{T}}$,进行4次仿真,两个采样周期满足式(2-64)的概率分布,系统的2个状态变量的响应曲线分别如图2.5和图2.6所示,从图中可以看出,在给定的概率分布下,每次仿真,系统状态变量在非零条件下,经过一段时间都能收敛于零点,说明闭环系统是稳定的。

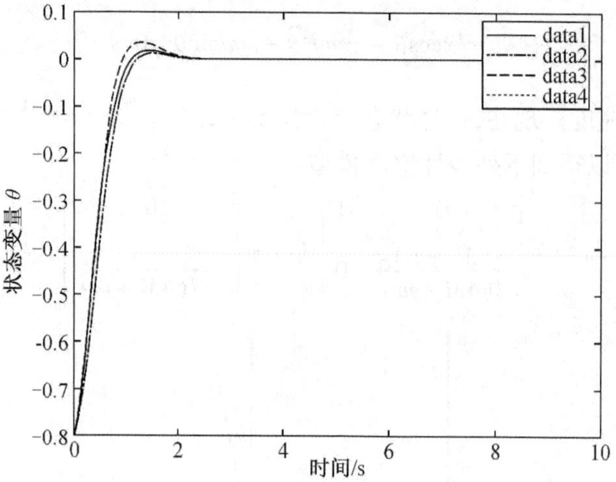

图 2.5 状态变量 θ 的响应曲线

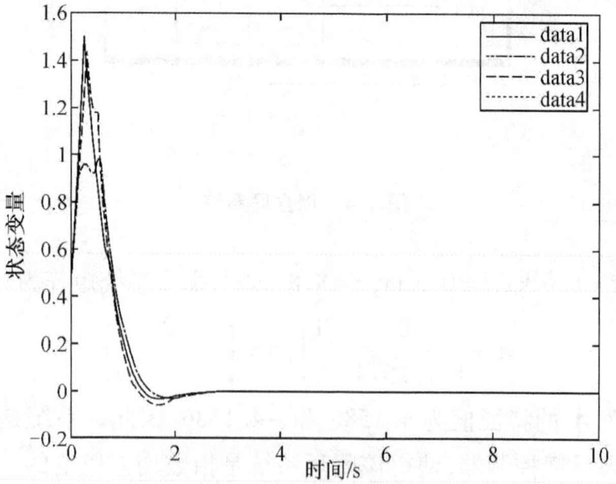

图 2.6 状态变量 $\dot{\theta}$ 的响应曲线

当系统的采样周期为单采样周期时,由推论2.2可以得到使系统稳定的最大采样周期

为 $c_1 \leqslant 0.1$ s。现在,考虑系统有两个采样周期并以一定的概率出现的时候,采样周期 c_2 的最大值可以达到比单采样周期时的最大采样周期大的值,系统依然稳定。例如选取采样周期 $c_1=0.05$,通过定理 2.2,在使得系统稳定前提下,当概率 β 取不同值时,得到 c_2 所能达到的最大值,结果列于表 2.1 中。

表 2.1　当 $c_1=0.05$ 时,对于不同的概率值,得到 c_2 的上限值

β	0.9	0.8	0.7	0.6	0.5	0.4	0.3	0.2	0.1
c_2	0.52	0.33	0.25	0.21	0.18	0.16	0.15	0.13	0.12

当两个采样周期的概率发生值为 $\beta=0.8$ 时,对于不同的 c_1 值,由定理 2.2 计算出 c_2 的最大值,并使系统是稳定的,计算结果列于表 2.2 中。

表 2.2　当 $\beta=0.8$ 时,对于不同的 c_1 值,得到 c_2 的上限值

c_1	0.01	0.03	0.05	0.07	0.09	0.1
c_2	0.37	0.35	0.33	0.3	0.23	0.16

从上述两个表中可以看出,当考虑两个采样周期以一定的概率发生时,采样周期 c_2 可以取的最大值要大于单采样周期时的上限值,因此降低了保守性。

下面,我们用这个倒立摆例子来说明所设计的鲁棒 H_∞ 控制器的有效性。考虑倒立摆系统含有范数有界不确定时,系统矩阵如下所示:

$$\boldsymbol{A}=\begin{bmatrix}0 & 1\\ 17.2914 & 0\end{bmatrix},\boldsymbol{B}=\begin{bmatrix}0\\ -0.1765\end{bmatrix},\boldsymbol{C}=[1\quad 0],\boldsymbol{D}=0$$

$$\boldsymbol{E}=\begin{bmatrix}0\\ 0.1\end{bmatrix},\boldsymbol{M}=\begin{bmatrix}0\\ 0.1\end{bmatrix},\boldsymbol{N}_a=[0.1\quad 0],\boldsymbol{N}_b=0.2$$

由特征值可知该系统是不稳定的,我们的目的是设计一个状态反馈控制器,使得该闭环系统是鲁棒指数均方稳定且具有给定的 H_∞ 性能指标 γ。两个采样周期发生的概率如式(2-64)所示。根据定理 2.4,得到下述矩阵:

$$\bar{\boldsymbol{P}}=\begin{bmatrix}5.5491 & -25.2007\\ -25.2007 & 178.2677\end{bmatrix}$$

$$\bar{\boldsymbol{K}}=[-752\quad 3686]$$

因此,根据式(2-61),状态反馈控制器的矩阵增益为

$$\boldsymbol{K}=[224.4603\quad 52.4074]$$

根据不等式(2-59),得到 H_∞ 扰动衰减性能指标的上界为 $\gamma^*=0.0112$。下面,我们通过仿真曲线来看稳定性结果。假设在零初始状态下,外部扰动的表达式为

$$\omega(t)=\begin{cases}\sin 0.2t, & 5\ \mathrm{s}\leqslant t<15\ \mathrm{s}\\ 0 & \text{其他}\end{cases}$$

图 2.7 给出了状态变量的响应曲线。可以看到，当干扰结束后，所有的状态变量趋近为零，说明了系统的稳定性能。通过计算，$\|\omega\|_2=80.5370$，$\|y\|_2=0.3686$，得到 $\|y\|_2/\|\omega\|_2=0.0046<\gamma^*=0.0112$，说明了所设计的 H_∞ 控制器的有效性。

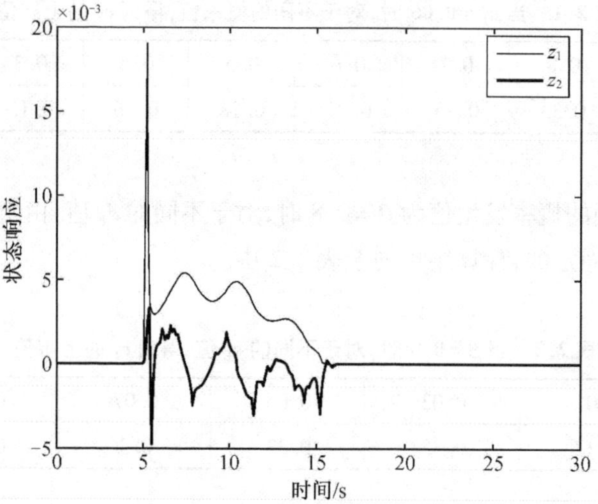

图 2.7 倒立摆的状态变量响应曲线

接下来，当在倒立摆系统中考虑随机采样时，会产生较小的保守性。先给定 H_∞ 性能指标为 $\gamma=0.55$，在单采样的时候，保证系统鲁棒稳定及 H_∞ 性能指标时，可得到最大采样周期为 0.11 s。然而，在考虑系统有两个采样周期以一定概率的形式出现时，采样周期 c_2 可以达到较大的值，依然保证系统鲁棒稳定及 H_∞ 性能指标。例如，当 $c_1=0.05$ s 和 $\beta=0.9$ 时，根据定理 2.4 所提出的方法，c_2 的最大值在保证系统的 H_∞ 性能指标时可以达到 0.5 s。更多的计算结果在表 2.3 ~ 2.6 中。

表 2.3 当 $c_1=0.05$，$\gamma=0.55$，概率 β 取不同的值时，采样周期 c_2 的最大值

β	0.9	0.8	0.7	0.6	0.5	0.4
c_2	0.5	0.34	0.27	0.23	0.20	0.18

表 2.4 当 $\beta=0.8$，$\gamma=0.55$，采样周期 c_1 取不同的值时，采样周期 c_2 的最大值

c_1	0.01	0.02	0.04	0.06	0.08	0.1	0.11
c_2	0.38	0.37	0.35	0.33	0.29	0.21	0.14

表 2.5　当 $c_1=0.05$，$\beta=0.8$，采样周期 c_2 取不同的值时，H_∞ 性能指标 γ 的最小值

c_2	0.1	0.15	0.2	0.25	0.3	0.34
γ	0.0047	0.0073	0.0112	0.0182	0.0354	0.1371

表 2.6　当 $c_1=0.05$，$c_2=0.2$，概率 β 取不同的值时，H_∞ 性能指标 γ 的最小值

β	0.9	0.8	0.7	0.6	0.5
γ	0.0085	0.0112	0.0164	0.0282	0.0923

2.6　本章小结

本章针对随机采样系统进行了其镇定及 H_∞ 控制问题的研究。用输入延时的方法处理采样系统，将其变成带有时变延时的连续系统。在该系统中，为了简单起见，采样周期只选择两个，通过引入一个满足伯努利分布的随机变量，建立了带有两个采样周期的闭环系统的数学模型。该建模思想可以进一步推广到具有多个采样周期的系统的建模。构建了新的二次型 Lyapunov 函数方程，引入了自由权矩阵的方法去除单积分项，从而降低了结果的保守性。在此基础上，得到了闭环系统的指数稳定性的充分条件。此外，还考虑了在工程中广泛出现的范数有界不确定性，建立了该系统的状态空间模型，对此进行了鲁棒 H_∞ 性能分析，提出了具有闭环系统 H_∞ 性能指标约束的状态反馈控制器的设计方法。倒立摆例子说明在考虑概率采样时，本章所提出的控制器设计方法的有效性和稳定性结果明显具有较小的保守性。

第3章 非线性不确定随机系统的采样控制

3.1 引　　言

伊藤随机系统是以日本数学家伊藤清(Itô)命名的。1951年,他引进了用于计算随机微分的伊藤积分,并推广成一般的变元替换公式,这是随机微分的基础定理[163]。现在,伊藤随机系统理论已经应用到股票分析、生态系统中人群数量的预测,以及其他各类随机系统之中。对伊藤随机微分方程的稳定性分析和控制问题得到国内外学者越来越多的关注。Mao等在文献[164]中研究了随机神经网络系统的指数均方稳定性问题,首次提出了该类系统的指数均方稳定条件,对此后的随机微分系统的指数均方稳定的研究做出了很大的贡献。Xu等在文献[34]中主要从离散系统方面,研究了带有时变延时和不确定性的随机系统的鲁棒镇定和鲁棒 H_∞ 控制问题,为此后的离散随机系统的分析和控制提供了借鉴。

本章主要研究了带有区间不确定性和非线性项的伊藤随机系统的采样控制问题。正是由于采用了输入延时的方法将采样系统转变为带有时变延时的连续系统,才使对上述系统的镇定问题的解决成为可能。本书对区间不确定性进行了数学描述并假设非线性函数满足一定的边界条件。在此基础上,构建Lyapunov泛函,建立该系统的指数均方稳定条件,并设计状态反馈控制器。最后,给出数值例子说明所提出的方法的有效性。

3.2 问题描述

考虑下列具有区间不确定性的随机非线性系统

$$
\begin{aligned}
&\mathrm{d}x(t)=[\boldsymbol{A}(t)x(t)+\boldsymbol{B}(t)u(t)+f(x(t))]\mathrm{d}t+[\boldsymbol{E}x(t)+\boldsymbol{E}_1x(t-\tau(t))]\mathrm{d}\omega(t)\\
&y(t)=\boldsymbol{C}x(t)\\
&x(t)=\phi(t),t\in[-2c,0]
\end{aligned}
\tag{3-1}
$$

其中,$x(t)\in\mathbb{R}^n$是状态变量;$u(t)\in\mathbb{R}^m$是控制输入;$f(\cdot)R^n\to\mathbb{R}^{n_f}$是未知的非线性函数;$\boldsymbol{E}$和$\boldsymbol{E}_1$是具有合适维数的常数矩阵;$\omega(t)$是零均值的维纳过程,满足$\mathbb{E}\{\mathrm{d}\omega(t)\}=0$和$\mathbb{E}\{\mathrm{d}\omega(t)^2\}=\mathrm{d}t$。$\tau(t)$是时变延时,且满足$0<\tau(t)\leqslant c$。对所有的$1\leqslant i,j\leqslant n,k\leqslant m$,$\underline{\boldsymbol{A}}=[\underline{a}_{ij}]$,$\overline{\boldsymbol{A}}=[\overline{a}_{ij}]$,$\underline{\boldsymbol{B}}=[\underline{b}_{ik}]$,$\overline{\boldsymbol{B}}=[\overline{b}_{ik}]$,定义如下区间不确定矩阵集合

$$\mathscr{A}=\{[\alpha_{ij}]_{n\times n}:\underline{a}_{ij}\leqslant\alpha_{ij}\leqslant\overline{a}_{ij},1\leqslant i,j\leqslant n\}$$

$$\mathscr{B} = \{[\beta_{ik}]_{n\times m}: \underline{b}_{ik} \leqslant \beta_{ik} \leqslant \overline{b}_{ik}, 1\leqslant i\leqslant n, 1\leqslant k\leqslant m\}$$

且令 $\boldsymbol{A}(t) \in \mathscr{A}$ 和 $\boldsymbol{B}(t) \in \mathscr{B}$。

定义

$$\boldsymbol{A} = \frac{1}{2}(\underline{\boldsymbol{A}} + \overline{\boldsymbol{A}}), \Delta\boldsymbol{A} = \frac{1}{2}(\overline{\boldsymbol{A}} - \underline{\boldsymbol{A}}) = \{\Delta\alpha_{ij}\}$$

$$\boldsymbol{B} = \frac{1}{2}(\underline{\boldsymbol{B}} + \overline{\boldsymbol{B}}), \Delta\boldsymbol{B} = \frac{1}{2}(\overline{\boldsymbol{B}} - \underline{\boldsymbol{B}}) = \{\Delta\beta_{ik}\}$$

注解 3.1　实际系统中的不确定性往往是在一个可能的范围内变化的，例如在冷连轧机系统中[165]，对张力形成的建模，其参数就是随着机架轧制速度的变化在一定的范围内变化。因此，在数学建模上，对区间不确定性[166]的描述具有实际意义。

显而易见，$\Delta\boldsymbol{A}$ 和 $\Delta\boldsymbol{B}$ 是非负的，那么可以令

$$\boldsymbol{F}_A = [\sqrt{\Delta\alpha_{11}}e_1 \cdots \sqrt{\Delta\alpha_{1n}}e_1 \cdots \sqrt{\Delta\alpha_{n1}}e_n \cdots \sqrt{\Delta\alpha_{nn}}e_n]_{n\times n^2}$$

$$\boldsymbol{F}_B = [\sqrt{\Delta\beta_{11}}e_1 \cdots \sqrt{\Delta\beta_{1m}}e_1 \cdots \sqrt{\Delta\beta_{n1}}e_n \cdots \sqrt{\Delta\beta_{nm}}e_n]_{n\times nm}$$

$$\boldsymbol{H}_A = [\sqrt{\Delta\alpha_{11}}e_1 \cdots \sqrt{\Delta\alpha_{1n}}e_n \cdots \sqrt{\Delta\alpha_{n1}}e_1 \cdots \sqrt{\Delta\alpha_{nn}}e_n]^{\mathrm{T}}_{n^2\times n}$$

$$\boldsymbol{H}_B = [\sqrt{\Delta\beta_{11}}e_1 \cdots \sqrt{\Delta\beta_{1m}}e_m \cdots \sqrt{\Delta\beta_{n1}}e_1 \cdots \sqrt{\Delta\beta_{nm}}e_m]^{\mathrm{T}}_{nm\times m}$$

其中 $e_i \in \mathbb{R}^n, i=1,\cdots,n$ 和 $e_j \in \mathbb{R}^m, j=1,\cdots,m$ 表示列向量的第 i 个和第 j 个元素为 1，其他的元素为 0。记作

$$\Delta = \{\Delta \in R^{n^2\times n^2} \mid \boldsymbol{\Delta} = \mathrm{diag}(\omega_{11},\cdots,\omega_{1n},\cdots,\omega_{n1},\cdots,\omega_{nn}), |\omega_{ij}| \leqslant 1, i,j=1,\cdots,n\}$$

$$\boldsymbol{\Lambda} = \{\boldsymbol{\Lambda} \in R^{nm\times nm} \mid \boldsymbol{\Lambda} = \mathrm{diag}(\omega_{11},\cdots,\omega_{1m},\cdots,\omega_{n1},\cdots,\omega_{nm}), |\omega_{ik}| \leqslant 1, i=1,\cdots,n, k=1,\cdots,m\}$$

那么 $\boldsymbol{A}(t)$ 和 $\boldsymbol{B}(t)$ 可以写成

$$\boldsymbol{A}(t) = \boldsymbol{A} + \boldsymbol{F}_A\boldsymbol{\Delta}_A\boldsymbol{H}_A, \quad \Delta_A \in \Delta$$

$$\boldsymbol{B}(t) = \boldsymbol{B} + \boldsymbol{F}_B\boldsymbol{\Lambda}_B\boldsymbol{H}_B, \quad \Lambda_B \in \Lambda$$

在控制器(2-2)作用下，闭环系统(3-1)变成

$$\mathrm{d}x(t) = [\boldsymbol{A}(t)x(t) + \boldsymbol{B}(t)\boldsymbol{K}x(t_k) + f(x(t))]\mathrm{d}t + [\boldsymbol{E}x(t) + \boldsymbol{E}_1x(t-\tau(t))]\mathrm{d}\omega(t)$$
$$t_k \leqslant t < t_{k+1} \tag{3-2}$$

同样用输入延时的方法，采样系统变成带时变延时的连续系统，如式(3-3)所示：

$$\mathrm{d}x(t) = [\boldsymbol{A}(t)x(t) + \boldsymbol{B}(t)\boldsymbol{K}x(t-\tau(t)) + f(x(t))]\mathrm{d}t + [\boldsymbol{E}x(t) + \boldsymbol{E}_1x(t-\tau(t))]\mathrm{d}\omega(t) \tag{3-3}$$

在给出主要结果之前，我们先给出以下假设。

假设 3.1　假设系统(3-1)是可观且可控的。

假设 3.2[167]　对一个随机系统模型，存在已知的实数常矩阵 $\boldsymbol{G} \in \mathbb{R}^{n\times n}$，使得未知的非线性向量函数 $f(\cdot)$ 满足下列有界条件：

$$|f(x(t))| \leqslant |Gx(t)|, \quad \forall x(t) \in \mathbb{R}^n \tag{3-4}$$

3.3 状态反馈控制

3.3.1 带有区间不确定性的随机系统的鲁棒稳定性分析

在本小节中，我们给出一个充分条件使得非线性随机系统是鲁棒指数均方稳定的，所得的条件在后面的推导中起到关键的作用。下面给出稳定性定理。

定理 3.1 带有区间不确定性的随机系统(3-3)是鲁棒指数均方稳定的充分条件是存在变量 $\varepsilon_i>0,(i=1,2,3)$ 和矩阵 $\boldsymbol{P}>0,\boldsymbol{Q}\geqslant 0,\boldsymbol{R}>0,\boldsymbol{S},\boldsymbol{U},\boldsymbol{V}$ 满足

$$\begin{bmatrix}\boldsymbol{\Theta} & \boldsymbol{\Phi}_1\\ * & \boldsymbol{\Phi}_2\end{bmatrix}<0 \tag{3-5}$$

其中

$$\begin{aligned}
\boldsymbol{\Theta}&=\boldsymbol{W}_P^{\mathrm{T}}\overline{\boldsymbol{P}}_0\boldsymbol{W}_P+\boldsymbol{W}_Q^{\mathrm{T}}\overline{\boldsymbol{Q}}_0\boldsymbol{W}_Q+\boldsymbol{W}_E^{\mathrm{T}}(\boldsymbol{P}+c\boldsymbol{R})\boldsymbol{W}_E+\mathrm{sym}(\boldsymbol{M}\boldsymbol{W}_M)+\varepsilon_1^{-1}\boldsymbol{W}_G^{\mathrm{T}}\boldsymbol{G}^{\mathrm{T}}\boldsymbol{G}\boldsymbol{W}_G+\\
&\quad\varepsilon_2^{-1}\boldsymbol{W}_G^{\mathrm{T}}\boldsymbol{H}_A^{\mathrm{T}}\boldsymbol{H}_A\boldsymbol{W}_G+\varepsilon_3^{-1}\boldsymbol{M}_H^{\mathrm{T}}\boldsymbol{K}^{\mathrm{T}}\boldsymbol{H}_B^{\mathrm{T}}\boldsymbol{H}_B\boldsymbol{K}\boldsymbol{M}_H\\
\overline{\boldsymbol{P}}_0&=\begin{bmatrix}0 & \boldsymbol{P}\\ \boldsymbol{P} & 0\end{bmatrix}\\
\boldsymbol{W}_P&=\left[\begin{array}{cc}\boldsymbol{I}_n & \boldsymbol{0}_{n,3n}\\ \hline \boldsymbol{0}_{n,3n} & \boldsymbol{I}_n\end{array}\right]\\
\overline{\boldsymbol{Q}}_0&=\begin{bmatrix}\boldsymbol{Q} & 0 & 0\\ * & -\boldsymbol{Q} & 0\\ * & * & \boldsymbol{R}\end{bmatrix}\\
\boldsymbol{W}_Q&=\left[\begin{array}{ccc}\boldsymbol{I}_n & \boldsymbol{0}_{n,3n} & \\ \hline \boldsymbol{0}_n & \boldsymbol{I}_n & \boldsymbol{0}_{2n}\\ \hline \boldsymbol{0}_{n,3n} & \sqrt{c}\boldsymbol{I}_n & \end{array}\right]\\
\boldsymbol{W}_M&=\left[\begin{array}{cccc}\boldsymbol{I}_n & \boldsymbol{0}_n & -\boldsymbol{I}_n & \boldsymbol{0}_n\\ \hline \boldsymbol{0}_n & -\boldsymbol{I}_n & \boldsymbol{I}_n & \boldsymbol{0}_n\\ \hline \boldsymbol{A} & \boldsymbol{0}_n & \boldsymbol{BK} & -\boldsymbol{I}_n\end{array}\right]\\
\boldsymbol{W}_E&=[\boldsymbol{E}\quad \boldsymbol{0}_n\quad \boldsymbol{E}_1\quad \boldsymbol{0}_n]\\
\boldsymbol{W}_G&=[\boldsymbol{I}_n\quad \boldsymbol{0}_{n,3n}]\\
\boldsymbol{\Phi}_1&=[\sqrt{c+1}\boldsymbol{S}\quad \sqrt{c+1}\boldsymbol{U}\quad \boldsymbol{V}\quad \boldsymbol{V}\boldsymbol{F}_A\quad \boldsymbol{V}\boldsymbol{F}_B]\\
\boldsymbol{M}&=[\boldsymbol{S}\quad \boldsymbol{U}\quad \boldsymbol{V}]\\
\boldsymbol{\Phi}_2&=\mathrm{diag}\{-\boldsymbol{R},-\boldsymbol{R},-\varepsilon_1^{-1},-\varepsilon_2^{-1},-\varepsilon_3^{-1}\}\\
\boldsymbol{M}_H&=[\boldsymbol{0}_{n,2n}\quad \boldsymbol{I}_n\quad \boldsymbol{0}_n]
\end{aligned} \tag{3-6}$$

证明　可以用下列形式描述闭环系统(3-3):

$$dx(t)=r(t)dt+g(t)d\omega(t) \tag{3-7}$$

其中

$$r(t)=\boldsymbol{A}(t)x(t)+\boldsymbol{B}(t)\boldsymbol{K}x(t-\tau(t))+f(x(t))$$
$$g(t)=\boldsymbol{E}x(t)+\boldsymbol{E}_1x(t-\tau(t))$$

定义如下 Lyapunov-Krasovskii 泛函:

$$V(t)=x^{\mathrm{T}}(t)\boldsymbol{P}x(t)+\int_{t-c}^{t}x^{\mathrm{T}}(s)\boldsymbol{Q}x(s)ds+\int_{t-c}^{t}\int_{s}^{t}r^{\mathrm{T}}(\theta)\boldsymbol{R}r(\theta)d\theta ds+\int_{t-c}^{t}\int_{s}^{t}g^{\mathrm{T}}(\theta)\boldsymbol{R}g(\theta)d\theta ds \tag{3-8}$$

其中 $\boldsymbol{P}>0,\boldsymbol{Q}>0,\boldsymbol{R}>0$ 是待确定的矩阵。

通过 Itô's 公式和式(3-8),得到下面随机微分方程

$$dV(t)=\mathcal{L}V(t)dt+2x(t)^{\mathrm{T}}\boldsymbol{P}g(t)d\omega(t)$$

其中

$$\mathcal{L}V(t)=2x^{\mathrm{T}}(t)\boldsymbol{P}r(t)+g(t)^{\mathrm{T}}\boldsymbol{P}g(t)+x^{\mathrm{T}}(t)\boldsymbol{Q}x(t)-x^{\mathrm{T}}(t-c)\boldsymbol{Q}x(t-c)+r^{\mathrm{T}}(t)c\boldsymbol{R}r(t)-\int_{t-c}^{t}r^{\mathrm{T}}(s)\boldsymbol{R}r(s)ds+g^{\mathrm{T}}(t)c\boldsymbol{R}g(t)-\int_{t-c}^{t}g^{\mathrm{T}}(s)\boldsymbol{R}g(s)ds$$

应用 Newton-Leibniz 公式和式(3-7),得到

$$X_1(t)=\xi^{\mathrm{T}}(t)\boldsymbol{S}\Big(x(t)-x(t-\tau(t))-\int_{t-\tau(t)}^{t}r(s)ds-\int_{t-\tau(t)}^{t}g(s)d\omega(s)\Big)=0$$

$$X_2(t)=\xi^{\mathrm{T}}(t)\boldsymbol{U}\Big(x(t-\tau(t))-x(t-c)-\int_{t-c}^{t-\tau(t)}r(s)ds-\int_{t-c}^{t-\tau(t)}g(s)d\omega(s)\Big)=0$$

$$X_3(t)=\xi^{\mathrm{T}}(t)\boldsymbol{V}[\boldsymbol{A}(t)x(t)+\boldsymbol{B}(t)\boldsymbol{K}x(t-\tau(t))+f(x(t))-r(t)]=0$$

其中

$$\xi^{\mathrm{T}}(t)=[x^{\mathrm{T}}(t)\quad x^{\mathrm{T}}(t-c)\quad x^{\mathrm{T}}(t-\tau(t))\quad r(t)]$$

根据引理 2.1,得到

$$-2\xi^{\mathrm{T}}(t)S\int_{t-\tau(t)}^{t}g(s)d\omega(s)\leqslant\xi^{\mathrm{T}}(t)\boldsymbol{S}\boldsymbol{R}^{-1}S^{\mathrm{T}}\xi(t)+\Big(\int_{t-\tau(t)}^{t}g(s)d\omega(s)\Big)^{\mathrm{T}}\boldsymbol{R}\Big(\int_{t-\tau(t)}^{t}g(s)d\omega(s)\Big)$$

$$-2\xi^{\mathrm{T}}(t)U\int_{t-c}^{t-\tau(t)}g(s)d\omega(s)\leqslant\xi^{\mathrm{T}}(t)\boldsymbol{U}\boldsymbol{R}^{-1}\boldsymbol{U}^{\mathrm{T}}\xi(t)+\Big(\int_{t-c}^{t-\tau(t)}g(s)d\omega(s)\Big)^{\mathrm{T}}\boldsymbol{R}\Big(\int_{t-c}^{t-\tau(t)}g(s)d\omega(s)\Big)$$

和

$$\begin{aligned}2\xi^{\mathrm{T}}(t)\boldsymbol{V}f(x(t))&\leqslant\varepsilon_1^{-1}f(x(t))^{\mathrm{T}}f(x(t))+\varepsilon_1\xi^{\mathrm{T}}(t)\boldsymbol{V}\boldsymbol{V}^{\mathrm{T}}\xi(t)\\&\leqslant\varepsilon_1^{-1}\|f(x(t))\|^2+\varepsilon_1\xi^{\mathrm{T}}(t)\boldsymbol{V}\boldsymbol{V}^{\mathrm{T}}\xi(t)\\&\leqslant\varepsilon_1^{-1}x^{\mathrm{T}}(t)\boldsymbol{G}^{\mathrm{T}}\boldsymbol{G}x(t)+\varepsilon_1\xi^{\mathrm{T}}(t)\boldsymbol{V}\boldsymbol{V}^{\mathrm{T}}\xi(t)\end{aligned}$$

相似的处理技术,可以得到

$$
\begin{aligned}
&2\xi^{\mathrm{T}}(t)\boldsymbol{V}[\Delta\boldsymbol{A}(t)x(t)+\Delta\boldsymbol{B}(t)\boldsymbol{K}x(t-\tau(t))]\\
&=2\xi^{\mathrm{T}}(t)\boldsymbol{V}[F_A\Delta\boldsymbol{A}\boldsymbol{H}_Ax(t)+\boldsymbol{F}_B\boldsymbol{\Lambda}_B\boldsymbol{H}_B\boldsymbol{K}x(t-\tau(t))]\\
&\leqslant\varepsilon_2\xi^{\mathrm{T}}(t)\boldsymbol{V}\boldsymbol{F}_A\boldsymbol{F}_A^{\mathrm{T}}\boldsymbol{V}^{\mathrm{T}}\xi(t)+\varepsilon_2^{-1}x^{\mathrm{T}}(t)\boldsymbol{H}_A^{\mathrm{T}}\boldsymbol{H}_Ax(t)+\varepsilon_3\xi^{\mathrm{T}}(t)\boldsymbol{V}\boldsymbol{F}_B\boldsymbol{F}_B^{\mathrm{F}}\boldsymbol{V}^{\mathrm{T}}\xi(t)+\\
&\quad\varepsilon_3^{-1}x^{\mathrm{T}}(t-\tau(t))\boldsymbol{K}^{\mathrm{T}}\boldsymbol{H}_B^{\mathrm{T}}\boldsymbol{H}_B\boldsymbol{K}x(t-\tau(t))
\end{aligned}
$$

利用上述结果,则得到

$$
\begin{aligned}
\mathcal{L}V(t)&=2x^{\mathrm{T}}(t)\boldsymbol{P}r(t)+g(t)^{\mathrm{T}}(\boldsymbol{P}+c\boldsymbol{R})g(t)+x^{\mathrm{T}}(t)\boldsymbol{Q}x(t)-x^{\mathrm{T}}(t-c)\boldsymbol{Q}x(t-c)+\\
&\quad r^{\mathrm{T}}(t)c\boldsymbol{R}r(t)-\int_{t-\tau(t)}^{t}r^{\mathrm{T}}(s)\boldsymbol{R}r(s)\mathrm{d}s-\int_{t-\tau(t)}^{t}g^{\mathrm{T}}(s)\boldsymbol{R}g(s)\mathrm{d}s-\int_{t-c}^{t-\tau(t)}r^{\mathrm{T}}(s)\boldsymbol{R}r(s)\mathrm{d}s-\\
&\quad\int_{t-c}^{t-\tau(t)}g^{\mathrm{T}}(s)\boldsymbol{R}g(s)\mathrm{d}s+2\sum_{i=1}^{3}X_i(t)\\
&\leqslant\xi^{\mathrm{T}}(t)[\boldsymbol{\Theta}+\boldsymbol{\Phi}_6]\xi(t)+\boldsymbol{\Phi}_7+\boldsymbol{\Phi}_8-\int_{t-\tau(t)}^{t}g^{\mathrm{T}}(s)\boldsymbol{R}g(s)\mathrm{d}s+\left(\int_{t-\tau(t)}^{t}g(s)\mathrm{d}\omega(s)\right)^{\mathrm{T}}\cdot\\
&\quad\boldsymbol{R}\left(\int_{t-\tau(t)}^{t}g(s)\mathrm{d}\omega(s)\right)-\int_{t-c}^{t-\tau(t)}g^{\mathrm{T}}(s)\boldsymbol{R}g(s)\mathrm{d}s+\left(\int_{t-c}^{t-\tau(t)}g(s)\mathrm{d}\omega(s)\right)^{\mathrm{T}}\cdot\\
&\quad\boldsymbol{R}\left(\int_{t-c}^{t-\tau(t)}g(s)\mathrm{d}\omega(s)\right)
\end{aligned}
\tag{3-9}
$$

其中

$$
\boldsymbol{\Phi}_6=(1+c)\boldsymbol{S}\boldsymbol{R}^{-1}\boldsymbol{S}^{\mathrm{T}}+(1+c)\boldsymbol{U}\boldsymbol{R}^{-1}\boldsymbol{U}^{\mathrm{T}}+\varepsilon_1\boldsymbol{V}\boldsymbol{V}^{\mathrm{T}}+\varepsilon_2\boldsymbol{V}\boldsymbol{F}_A\boldsymbol{F}_A^{\mathrm{T}}\boldsymbol{V}^{\mathrm{T}}+\varepsilon_3\boldsymbol{V}\boldsymbol{F}_B\boldsymbol{F}_B^{\mathrm{T}}\boldsymbol{V}^{\mathrm{T}}
$$

$$
\boldsymbol{\Phi}_7=-\int_{t-\tau(t)}^{t}[\xi^{\mathrm{T}}(t)\boldsymbol{S}+r(s)\boldsymbol{R}]\boldsymbol{R}^{-1}[\boldsymbol{S}^{\mathrm{T}}\xi(t)+\boldsymbol{R}r(s)]\mathrm{d}s
$$

$$
\boldsymbol{\Phi}_8=-\int_{t-c}^{t-\tau(t)}[\xi^{\mathrm{T}}(t)\boldsymbol{U}+r(s)\boldsymbol{R}]\boldsymbol{R}^{-1}[\boldsymbol{U}^{\mathrm{T}}\xi(t)+\boldsymbol{R}r(s)]\mathrm{d}s
$$

应用文献[91]的结果,则有

$$
\mathbb{E}\left\{\int_{t-\tau(t)}^{t}g^{\mathrm{T}}(s)\boldsymbol{R}g(s)\mathrm{d}s\right\}=\mathbb{E}\left\{\left(\int_{t-\tau(t)}^{t}g(s)\mathrm{d}\omega(s)\right)^{\mathrm{T}}\boldsymbol{R}\left(\int_{t-\tau(t)}^{t}g(s)\mathrm{d}\omega(s)\right)\right\}
$$

$$
\mathbb{E}\left\{\int_{t-c}^{t-\tau(t)}g^{\mathrm{T}}(s)\boldsymbol{R}g(s)\mathrm{d}s\right\}=\mathbb{E}\left\{\left(\int_{t-c}^{t-\tau(t)}g(s)\mathrm{d}\omega(s)\right)^{\mathrm{T}}\boldsymbol{R}\left(\int_{t-c}^{t-\tau(t)}g(s)\mathrm{d}\omega(s)\right)\right\}
$$

然后,在式(3-9)两边同时取期望,得到

$$
\mathbb{E}\{\mathcal{L}V(t)\}\leqslant\mathbb{E}\{\xi^{\mathrm{T}}(t)[\boldsymbol{\Theta}+\boldsymbol{\Phi}_6]\xi(t)\}+\boldsymbol{\Phi}_7+\boldsymbol{\Phi}_8 \tag{3-10}
$$

注意到 $\boldsymbol{R}>0$,因此 $\boldsymbol{\Phi}_7$ 和 $\boldsymbol{\Phi}_8$ 是非正定的,由 Schur 补引理,式(3-5)保证下式成立:

$$
\boldsymbol{\Theta}+\boldsymbol{\Phi}_6<0 \tag{3-11}
$$

和前述证明指数均方稳定性的方法一样,得到下述指数均方稳定性

$$
\mathbb{E}\{\mathrm{e}^{\varepsilon T}V(x_T)\}\leqslant\rho\sup_{-2c\leqslant\theta<0}\mathbb{E}\{\|\phi(\theta)\|^2\}+\int_0^{\mathrm{T}}\mathrm{e}^{\varepsilon t}\,\mathbb{E}\{\xi^{\mathrm{T}}(t)\Delta\xi(t)\}\mathrm{d}t
$$

其中

$$\rho = u[1 + c(1 + 9cw + 4cv) + \varepsilon c^2 e^{\varepsilon c}(1 + 4cv + 12w)]$$

$$\Delta = \mathrm{diag}\{\varepsilon u + \varepsilon uce^{\varepsilon c} + 2\varepsilon uc^2 ve^{\varepsilon c} - \lambda, -\lambda, 2\varepsilon uc^2 ve^{\varepsilon c} - \lambda, \varepsilon uc^2 e^{\varepsilon c} - \lambda\}$$

$$w = \max(\lambda_{\max}(\overline{\boldsymbol{A}}), \lambda_{\max}(\overline{\boldsymbol{B}}))$$

$$\overline{\boldsymbol{A}} = 2(\boldsymbol{A}^{\mathrm{T}}\boldsymbol{A} + \lambda_{\max}(\boldsymbol{F}_A^{\mathrm{T}}\boldsymbol{F}_A)\boldsymbol{H}_A^{\mathrm{T}}\boldsymbol{H}_A)$$

$$\overline{\boldsymbol{B}} = 2(\boldsymbol{K}^{\mathrm{T}}\boldsymbol{B}^{\mathrm{T}}\boldsymbol{B}\boldsymbol{K} + \lambda_{\max}(\boldsymbol{F}_B^{\mathrm{T}}\boldsymbol{F}_B)\boldsymbol{K}^{\mathrm{T}}\boldsymbol{H}_B^{\mathrm{T}}\boldsymbol{H}_B K)$$

因此,选取一个常数 $\varepsilon > 0$ 充分小,使得 $\varepsilon u + \varepsilon uce^{\varepsilon c} + 2\varepsilon uc^2 vc^{\varepsilon c} + \varepsilon uc^2 c^{\varepsilon c} - \lambda \leqslant 0$,得到

$$\mathbb{E}\{V(x_T)\} \leqslant \rho e^{-\varepsilon T} \sup_{-2c_2 \leqslant \theta \leqslant 0} \mathbb{E}\{\|\phi(\theta)\|^2\}$$

因为 $V(x_T) \geqslant \lambda_{\min}(P)\|x(T)\|^2$,所以得到

$$\mathbb{E}\{\|x(T)\|^2\} \leqslant \bar{\rho} e^{-\varepsilon T} \sup_{-2c_2 \leqslant \theta \leqslant 0} \mathbb{E}\{\|\phi(\theta)\|^2\} \tag{3-12}$$

其中

$$\bar{\rho} = \frac{\rho}{\lambda_{\min}(P)}$$

因此,通过定义 2.1,系统(3-3)是指数均方渐近稳定的。证明完毕。

3.3.2　状态反馈控制器设计

这一小节主要研究随机系统的镇定控制器的设计问题,在定理 3.1 得到的稳定性充分条件下,为系统(3-3)设计状态反馈控制器。

定理 3.2　给定带有区间不确定性的闭环系统(3-3),存在状态反馈控制器使闭环系统是鲁棒指数均方稳定的充分条件为存在常数 $\varepsilon_i > 0 (i = 1,2,3)$ 和矩阵 $\overline{\boldsymbol{P}} > 0, \overline{\boldsymbol{Q}} \geqslant 0, \overline{\boldsymbol{R}} > 0, \overline{\boldsymbol{K}}, \overline{\boldsymbol{S}}, \overline{\boldsymbol{U}}, \boldsymbol{X}$ 满足

$$\begin{bmatrix} \hat{\boldsymbol{\Theta}} & \hat{\boldsymbol{\Phi}}_1 & \hat{\boldsymbol{W}}_R^{\mathrm{T}} & \boldsymbol{W}_G^{\mathrm{T}}\boldsymbol{X}\boldsymbol{G}^{\mathrm{T}} & \boldsymbol{W}_G^{\mathrm{T}}\boldsymbol{X}\boldsymbol{H}_A^{\mathrm{T}} & \boldsymbol{M}_H^{\mathrm{T}}\overline{\boldsymbol{K}}^{\mathrm{T}}\boldsymbol{H}_B^{\mathrm{T}} \\ * & \hat{\boldsymbol{\Phi}}_2 & 0 & 0 & 0 & 0 \\ * & * & \hat{\boldsymbol{R}} & 0 & 0 & 0 \\ * & * & * & -\varepsilon_1\boldsymbol{I} & 0 & 0 \\ * & * & * & * & -\varepsilon_2\boldsymbol{I} & 0 \\ * & * & * & * & * & -\varepsilon_3\boldsymbol{I} \end{bmatrix} < 0 \tag{3-13}$$

其中

$$\hat{\boldsymbol{\Theta}} = \boldsymbol{W}_P^{\mathrm{T}}\hat{\boldsymbol{P}}\boldsymbol{W}_P + \boldsymbol{W}_Q^{\mathrm{T}}\hat{\boldsymbol{Q}}\boldsymbol{W}_Q + \mathrm{sym}(\hat{\boldsymbol{M}}\hat{\boldsymbol{W}}_M)$$

$$\hat{\boldsymbol{P}} = \begin{bmatrix} 0 & \overline{\boldsymbol{P}} \\ \overline{\boldsymbol{P}} & 0 \end{bmatrix}$$

$$\hat{Q}=\begin{bmatrix}\bar{Q} & 0 & 0\\ * & -\bar{Q} & 0\\ * & * & \bar{R}\end{bmatrix}$$

$$\hat{M}=[\bar{S}\quad \bar{U}\quad I_{4n,n}]$$

$$\hat{W}_M=\left[\begin{array}{cccc}I_n & 0_n & -I_n & 0_n\\ \hline 0_n & -I_n & I_n & 0_n\\ \hline \mu AX^{\mathrm{T}} & 0_n & \mu B\bar{K} & -\mu X^{\mathrm{T}}\end{array}\right]$$

$$\hat{W}_R^{\mathrm{T}}=\left[\begin{array}{cccc}EX^{\mathrm{T}} & 0_n & E_1X^{\mathrm{T}} & 0_n\\ \hline \sqrt{c}EX^{\mathrm{T}} & 0_n & \sqrt{c}E_1X^{\mathrm{T}} & 0_n\end{array}\right]^{\mathrm{T}}$$

$$\hat{\Phi}_1=[\sqrt{c+1}\bar{S}\quad \sqrt{c+1}\bar{U}\quad \varepsilon_1\mu I_{4n,n}\quad \varepsilon_2\mu I_{4n,n}F_A\quad \varepsilon_3\mu I_{4n,n}F_B]$$

$$\hat{\Phi}_2=\mathrm{diag}\{-\bar{R},-\bar{R},-\varepsilon_1,-\varepsilon_2,-\varepsilon_3\}$$

$$\hat{R}=\mathrm{diag}\{\bar{P}-2X,\bar{R}-2X\}$$

$$\mu=[\mu_1\quad \mu_2\quad \mu_3\quad \mu_4]^{\mathrm{T}}$$

若以上线性矩阵不等式组有解,则控制器增益矩阵为

$$K=\bar{K}X^{-\mathrm{T}} \tag{3-14}$$

证明 利用 Schur 补引理,式(3-5)等用于下式,即

$$\begin{bmatrix}\bar{\Theta} & \Phi_1 & W_R^{\mathrm{T}} & W_G^{\mathrm{T}}G^{\mathrm{T}} & W_G^{\mathrm{T}}H_A^{\mathrm{T}} & M_H^{\mathrm{T}}K^{\mathrm{T}}H_B^{\mathrm{T}}\\ * & \Phi_2 & 0 & 0 & 0 & 0\\ * & * & -R_c^{-1} & 0 & 0 & 0\\ * & * & * & -\varepsilon_1 I & 0 & 0\\ * & * & * & * & -\varepsilon_2 I & 0\\ * & * & * & * & * & -\varepsilon_3 I\end{bmatrix}<0 \tag{3-15}$$

其中

$$\bar{\Theta}=W_P^{\mathrm{T}}\bar{P}W_P+W_Q^{\mathrm{T}}\bar{Q}W_Q+\mathrm{sym}(MW_M)$$

$$R_c=\begin{bmatrix}P & 0\\ 0 & R\end{bmatrix},W_R=\left[\begin{array}{cccc}E & 0_n & E_1 & 0_n\\ \hline \sqrt{c}E & 0_n & \sqrt{c}E_1 & 0_n\end{array}\right]$$

假设存在非奇异矩阵 X 满足 $V_1=X^{-1}$,矩阵 V 满足

$$V=[\mu_1V_1^{\mathrm{T}}\quad \mu_2V_1^{\mathrm{T}}\quad \mu_3V_1^{\mathrm{T}}\quad \mu_4V_1^{\mathrm{T}}]^{\mathrm{T}}$$

定义下列矩阵变量

$$J=\mathrm{diag}\{J_1,J_2,I_n,I_n,I_n,I_n,I_n\}$$

$$J_1=\mathrm{diag}\{X_n,X_n,X_n,X_n\}$$

$$J_2=\mathrm{diag}\{X_n,X_n,\varepsilon_1,\varepsilon_2,\varepsilon_3\}$$

用 J 对式(3－15)进行合同变换,得到

$$\begin{bmatrix} J_1\overline{\Theta}J_1^{\mathrm{T}} & J_1\Phi_1J_2^{\mathrm{T}} & J_1W_R^{\mathrm{T}} & J_1W_G^{\mathrm{T}}G^{\mathrm{T}} & J_1W_G^{\mathrm{T}}H_A^{\mathrm{T}} & J_1M_H^{\mathrm{T}}K^{\mathrm{T}}H_B^{\mathrm{T}} \\ * & J_2\Phi_2J_2^{\mathrm{T}} & 0 & 0 & 0 & 0 \\ * & * & -R_c^{-1} & 0 & 0 & 0 \\ * & * & * & -\varepsilon_1 I & 0 & 0 \\ * & * & * & * & -\varepsilon_2 I & 0 \\ * & * & * & * & * & -\varepsilon_3 I \end{bmatrix}<0$$

其中

$$\begin{aligned} J_1\overline{\Theta}J_1^{\mathrm{T}} &= J_1(W_P^{\mathrm{T}}\overline{P}W_P + W_Q^{\mathrm{T}}\overline{Q}W_Q + \mathrm{sym}(MW_M))J_1^{\mathrm{T}} \\ &= W_P^{\mathrm{T}}J_3\overline{P}J_3^{\mathrm{T}}W_P + W_Q^{\mathrm{T}}J_4\overline{Q}J_4^{\mathrm{T}}W_Q + \mathrm{sym}(J_1MW_MJ_1^{\mathrm{T}}) \\ J_1\Phi_1J_2^{\mathrm{T}} &= J_1[\sqrt{c+1}S \quad \sqrt{c+1}U \quad V \quad VF_A \quad VF_B]J_2^{\mathrm{T}} \\ &= [\sqrt{c+1}J_1SX^{\mathrm{T}} \quad \sqrt{c+1}J_1UX^{\mathrm{T}} \quad \varepsilon_1\mu I_{4n,n} \quad \varepsilon_1\mu I_{4n,n}F_A \quad \varepsilon_1\mu I_{4n,n}F_B] \end{aligned}$$

$$J_1W_R^{\mathrm{T}} = \left[\frac{EX^{\mathrm{T}} \quad 0_n \quad E_1X^{\mathrm{T}} \quad 0_n}{\sqrt{c}EX^{\mathrm{T}} \quad 0_n \quad \sqrt{c}E_1X^{\mathrm{T}} \quad 0_n}\right]^{\mathrm{T}}$$

$$J_1W_G^{\mathrm{T}}G^{\mathrm{T}} = W_G^{\mathrm{T}}XG^{\mathrm{T}}$$

$$J_1^{\mathrm{T}}W_G^{\mathrm{T}}H_A^{\mathrm{T}} = W_G^{\mathrm{T}}XH_A^{\mathrm{T}}$$

$$J_1M_H^{\mathrm{T}}K^{\mathrm{T}}H_B^{\mathrm{T}} = M_H^{\mathrm{T}}XK^{\mathrm{T}}H_B^{\mathrm{T}}$$

$$J_3 = \mathrm{diag}\{X_n, X_n\}$$

$$J_4 = \mathrm{diag}\{X_n, X_n, X_n\}$$

定义如下矩阵变量

$$\overline{P} = XPX^{\mathrm{T}}, \overline{Q} = XQX^{\mathrm{T}}, \overline{R} = XRX^{\mathrm{T}}, \overline{K} = KX^{\mathrm{T}}, [\overline{S} \quad \overline{U}] = J_1[S \quad U]J_1^{\mathrm{T}}$$

注意到 $P>0$ 和 $R>0$,可以得到

$$(P^{-1}-X)P(P^{-1}-X)\geqslant 0, (R^{-1}-X)R(R^{-1}-X)\geqslant 0$$

上式分别和下式等同

$$-P^{-1}\leqslant\overline{P}-2X, \ -R^{-1}\leqslant\overline{R}-2X \tag{3-16}$$

那么,可以得到式(3－13),定理 3.2 证明完毕。

3.4 数值例子

本小节,我们将利用数值例子来说明我们提出的理论结果的有效性。

例 3.1 考虑如下采样控制系统:

$$\overline{A} = \begin{bmatrix} 0.2 & 0.2 \\ 0.1 & -0.1 \end{bmatrix} + \begin{bmatrix} 0.01 & 0 \\ 0 & 0.01 \end{bmatrix}$$

$$\underline{A}=\begin{bmatrix}0.2 & 0.2\\0.1 & -0.1\end{bmatrix}-\begin{bmatrix}0.01 & 0\\0 & 0.01\end{bmatrix}$$

$$\overline{B}=\begin{bmatrix}-0.2\\0.1\end{bmatrix}+\begin{bmatrix}0.01\\0\end{bmatrix},\underline{B}=\begin{bmatrix}-0.2\\0.1\end{bmatrix}-\begin{bmatrix}0.01\\0\end{bmatrix}$$

$$E=\begin{bmatrix}0.1 & 0\\0 & 0\end{bmatrix},E_1=\begin{bmatrix}0 & 0\\0 & 0.03\end{bmatrix},G=\begin{bmatrix}0.05 & 0\\0 & 0.05\end{bmatrix}$$

$$\Delta_A=\begin{bmatrix}0.1 & 0 & 0 & 0\\0 & 0.5 & 0 & 0\\0 & 0 & 0.9 & 0\\0 & 0 & 0 & 0.3\end{bmatrix},\Lambda_B=\begin{bmatrix}0.2 & 0\\0 & 0.7\end{bmatrix},C=\begin{bmatrix}0.5 & 1\\-0.2 & 0.6\end{bmatrix}$$

$$f(x(t))=[0.001\times\sin(0.5t)\quad 0.001\times\sin(0.2t)]^{\mathrm{T}}$$

系统矩阵 A 的特征值是 0.2562，−0.1562，因此该系统是不稳定的。现在我们首先设计一个状态反馈控制器使得该系统是指数均方稳定的。在这里，使用免疫基因算法去优化参数：μ_1，μ_2，μ_3和 μ_4。当选择采样周期为 $c=0.1$ 和 $\mu_1=1$ 时，得到 $\mu_2=0.7165$，$\mu_3=0.7327$ 和 $\mu_4=0.8121$。然后利用定理 3.2 所提出的方法，得到下列系数矩阵：

$$X=\begin{bmatrix}427.5383 & -414.4004\\-425.2689 & 534.2220\end{bmatrix},\overline{K}=1.0^3\times[1.4084\quad -0.4039]$$

因此根据式(3－14)，状态反馈控制器的增益矩阵为

$$K=[11.2141\quad 8.1711]$$

假设初始条件为$[0.5\quad -0.3]^{\mathrm{T}}$，2 个系统状态变量曲线如图 3.1 所示，从图中可以看出，在给定的初始条件下，系统状态变量均收敛于零点，说明闭环系统是稳定的。

从仿真结果可以看出，所提出的状态反馈控制器能使随机系统稳定。状态反馈可以完全反馈系统结构信息，在解决系统的各类性能指标时间域综合问题上，具有很大优势。

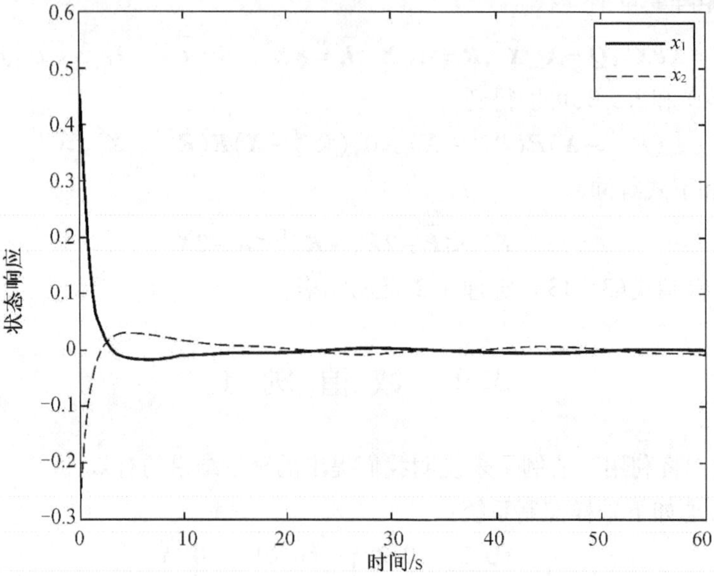

图 3.1　状态变量响应曲线

3.5　本章小结

本章研究了带有区间不确定性和非线性项的随机系统的镇定性问题,设计了状态反馈控制器。采用输入延时的方法,随机采样系统变成了随机连续时滞系统,在系统指数均方稳定的基础上,设计了状态反馈控制器。最后,给出一个例子说明所提出的方法的有效性。

第4章 随机采样离散系统的镇定控制

4.1 引 言

当系统的输入变量、状态变量和输出变量只取值于离散的时间点,反映变量间因果关系的动态过程为时间的不连续系统,称这样的系统为离散时间系统。离散时间系统和连续时间系统在状态空间描述存在基本区别。对于连续时间系统,状态方程为微分方程,输出方程为连续变换方程;对于离散系统,状态方程为差分方程,输出方程为离散变换方程。尽管自然界和工程界中的几乎所有系统都毫不例外地归属于连续时间系统的范畴,但是,离散时间系统是对实际问题因需要和简单而导出的一类"等价性"系统[168]。近年来,很多学者在离散系统领域研究了稳定性分析[74,169]、鲁棒控制[55,66]、H_∞控制[170,171]、滤波[172]、随机控制[173]、保性能控制[174,175]、滑膜控制[176,177]、模糊控制[178,179]和神经网络[180,181]控制等问题。

对具有随机采样系统的分析与综合主要是基于连续时间域的,然而社会、经济和工程等很多领域的离散动态问题的数学模型都离不开离散时间系统,因此在离散时间系统对随机采样的研究也得到了学者们的大量关注。Doucet 等在文献[182]中针对离散 Markov 跳跃线性系统,提出了基于随机采样方法的三个全局收敛算法来计算系统的条件均值估计和最大后验状态估计。Nagy 在文献[183]中研究了线性系统的随机采样控制,得到了满意的控制效果。

本章针对存在随机采样的离散时间系统,研究了该系统的镇定问题。控制对象是离散系统,控制器的输入端存在两个成整数倍数关系的采样频率,对这样的系统进行了稳定性分析,提出了状态反馈控制器的设计方法。本章的研究,使随机采样在连续和离散系统都得到了应用。最后通过一个算例说明了当系统考虑以一定概率随机出现的两个采样间隔时,稳定性分析结果比单周期采样系统的保守性小。

4.2 问题描述

考虑下述离散系统,如图4.1所示。

$$x(k+1)=\boldsymbol{A}x(k)+\boldsymbol{B}u(k) \tag{4-1}$$

其中，$x(k)\in\mathbb{R}^n$ 为状态变量；$u(k)\in\mathbb{R}^q$ 为输入信号。$\boldsymbol{A}$ 和 $\boldsymbol{B}$ 为已知实数常数矩阵。控制器采用状态反馈控制器。

$$u(k)=\boldsymbol{K}x(k) \tag{4-2}$$

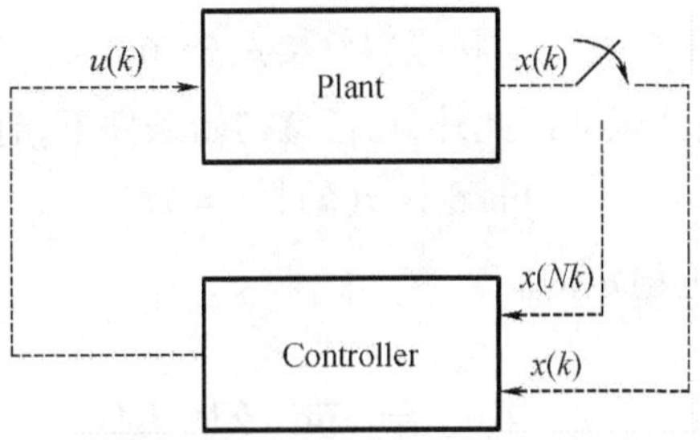

图 4.1　有两个采样率的离散系统框图

在控制器(4-2)作用下，形成的闭环系统为

$$x(k+1)=\boldsymbol{A}x(k)+\boldsymbol{BK}x(k) \tag{4-3}$$

假设该系统有两个采样周期，记为 T 和 NT，N 为正整数且大于 1。引入变量 c 代表采样周期，二者发生的概率分布已知，如下所示：

$$\text{Prob}\{c=T\}=\bar{\alpha},\text{Prob}\{c=NT\}=1-\bar{\alpha}$$

当采样周期为 NT 时，系统输入为

$$u(k)=\boldsymbol{K}x(k-d_k)$$

其中，$d_k=\text{mod}(k/N)$，函数 mod(·)表示两个数值表达式作除法运算后的余数。

形如 2.2 节变采样的思想，可得到

$$\text{Prob}\{\alpha(t)=1\}=\text{Prob}\{d_k=0\}=\bar{\alpha}+\frac{1}{N}(1-\bar{\alpha})\triangleq\alpha$$

$$\text{Prob}\{\alpha(t)=0\}=\text{Prob}\{0<d_k<N\}=\frac{N-1}{N}(1-\bar{\alpha})\triangleq 1-\alpha \tag{4-4}$$

其中随机变量 $\alpha(t)$ 满足 Bernoulli 分布，具有式(2-9)的性质。

由此闭环系统(4-3)在两个采样周期情况下，可以表达为

$$x(k+1)=\boldsymbol{A}x(k)+\alpha(t)\boldsymbol{BK}x(k)+(1-\alpha(t))\boldsymbol{BK}x(k-d_k) \tag{4-5}$$

由于 d_k 和随机变量有关，会导致对系统(4-5)稳定性分析的困难，为了克服这个困难，我们引入了时变延时 τ_k，满足：

$$0\leqslant\tau_k<NT$$

系统(4-5)变换为

$$x(k+1)=\boldsymbol{A}x(k)+\alpha\boldsymbol{BK}x(k)+(1-\alpha)\boldsymbol{BK}x(k-\tau_k)+(\alpha(t)-\alpha)\cdot$$
$$[\boldsymbol{BK}x(k)-\boldsymbol{BK}x(k-\tau_k)] \tag{4-6}$$

其中 τ_k 是被作为时变的、不可微的并且独立于采样点概率的变量，因此闭环系统(4-6)代表了比闭环系统(4-5)更普遍的形式，则如果闭环系统(4-6)稳定，那么闭环系统(4-5)

一定稳定。下面我们将给出闭环系统(4-6)的稳定性条件。

定义 4.1 随机系统(4-6)是渐近均方稳定的,如果存在标量 $\varepsilon>0$ 和 $\delta(\varepsilon)>0$ 使得当 $\sup_{-c_2\leqslant s\leqslant 0}\mathbb{E}\{\|\phi(s)\|^2\}<\delta(\varepsilon)$ 时,有

$$\mathbb{E}\{\|x(k)\|^2\}<\varepsilon, k>0$$

其中 $x(k)=\phi(k)$ 是初始条件函数。此外,在任意初始条件下,有

$$\lim_{k\to\infty}\mathbb{E}\{\|x(k)\|^2\}=0 \tag{4-7}$$

则称系统(4-6)是均方渐近稳定的。

4.3 主要结果

4.3.1 稳定性分析

本小节考虑随机采样离散系统的稳定性分析问题,假设控制器增益矩阵 $\boldsymbol{K}$ 已知,下面的定理将给出闭环系统(4-6)为均方渐近稳定的充分条件是满足一定的线性矩阵不等式。

定理 4.1 考虑系统(4-6)是均方渐近稳定的充分条件是存在矩阵 $\boldsymbol{P}>0,\boldsymbol{Q}>0,\boldsymbol{Z}>0$,和 $\boldsymbol{M},\boldsymbol{N}$ 满足:

$$\begin{bmatrix}\boldsymbol{\Phi}_1+\boldsymbol{\Phi}_2+\boldsymbol{\Phi}_2^{\mathrm{T}}+\boldsymbol{\Phi}_3^{\mathrm{T}}\boldsymbol{P}\boldsymbol{\Phi}_3+\boldsymbol{\Phi}_4^{\mathrm{T}}\boldsymbol{Z}\boldsymbol{\Phi}_4+\boldsymbol{\Phi}_5^{\mathrm{T}}\boldsymbol{Z}\boldsymbol{\Phi}_5 & \boldsymbol{\Phi}_6\\ * & \boldsymbol{\Phi}_7\end{bmatrix}<0 \tag{4-8}$$

其中

$$\boldsymbol{\Phi}_1=\begin{bmatrix}\boldsymbol{N}\boldsymbol{Q}-\boldsymbol{P} & 0 & 0\\ * & -\boldsymbol{Q} & 0\\ * & * & 0\end{bmatrix}$$

$$\boldsymbol{\Phi}_2=[\boldsymbol{M}\quad \boldsymbol{S}-\boldsymbol{M}\quad -\boldsymbol{S}]$$

$$\boldsymbol{\Phi}_3=[\boldsymbol{A}+\alpha\boldsymbol{B}\boldsymbol{K}\quad (1-\alpha)\boldsymbol{B}\boldsymbol{K}\quad 0]$$

$$\boldsymbol{\Phi}_4=[\sqrt{N-1}(\boldsymbol{A}+\alpha\boldsymbol{B}\boldsymbol{K}-\boldsymbol{I})\quad \sqrt{N-1}(1-\alpha)\boldsymbol{B}\boldsymbol{K}\quad 0]$$

$$\boldsymbol{\Phi}_5=[\sqrt{d}\boldsymbol{B}\boldsymbol{K}\quad -\sqrt{d}\boldsymbol{B}\boldsymbol{K}\quad 0]$$

$$\boldsymbol{\Phi}_6=[\sqrt{N-1}\boldsymbol{M}\quad \sqrt{N-1}\boldsymbol{S}]$$

$$\boldsymbol{\Phi}_7=\mathrm{diag}\{-\boldsymbol{Z},-\boldsymbol{Z}\}, d=\alpha(1-\alpha)(N-1) \tag{4-9}$$

证明 为了技术上的方便,我们把式(4-6)写成如下形式:

$$x(k+1)=r(k)+(\alpha(k)-\alpha)g(k) \tag{4-10}$$

其中

$$r(k)=\boldsymbol{A}x(k)+\alpha\boldsymbol{B}\boldsymbol{K}x(k-\tau_k)+(1-\alpha)\boldsymbol{B}\boldsymbol{K}x(k-\tau_k)$$

$$g(k)=\boldsymbol{B}\boldsymbol{K}x(k-\tau_k)-\boldsymbol{B}\boldsymbol{K}x(k-\tau_k)$$

令 $\chi_k\triangleq\{x(k-N+1),x(k-N+2),\cdots,x(k)\}$,构造下列 Lyapunov - Krasovskii 泛函:

$$V(\chi_k,k) = V_1 + V_2 + V_3 + V_4$$
$$V_1 = x^{\mathrm{T}}(k)\boldsymbol{P}x(k)$$
$$V_2 = \sum_{i=k-\tau_k}^{k-1} x^{\mathrm{T}}(i)\boldsymbol{Q}x(i)$$
$$V_3 = \sum_{j=-N+1}^{1}\sum_{i=k+j-1}^{k-1} x^{\mathrm{T}}(i)\boldsymbol{Q}x(i)$$
$$V_4 = \sum_{i=-N+1}^{-1}\sum_{m=k+i}^{k-1}\boldsymbol{\eta}^{\mathrm{T}}(i)\boldsymbol{Z}\boldsymbol{\eta}(i) \tag{4-11}$$

其中，$\eta(k)=x(k+1)-x(k)$；$\boldsymbol{P}>0$ 和 $\boldsymbol{Q}>0,\boldsymbol{Z}>0$ 是待确定的矩阵。然后，得到

$$\mathbb{E}\{\Delta V|\chi_k\} = \mathbb{E}\{V(\chi_{k+1},k+1)|\chi_k\} - V(\chi_k,k) = \mathbb{E}\{\Delta V_1|\chi_k\} + \mathbb{E}\{\Delta V_2|\chi_k\} + E\{\Delta V_3|\chi_k\} + E\{\Delta V_4|\chi_k\} \tag{4-12}$$

其中

$$\begin{aligned}\mathbb{E}\{\Delta V_1|\chi_k\} &= \mathbb{E}\{[r(k)+(\alpha(k)-\alpha)g(k)]^{\mathrm{T}}\boldsymbol{P}[r(k)+(\alpha(k)-\alpha)g(k)] - x^{\mathrm{T}}(k)\boldsymbol{P}x(k)|\chi_k\}\\ &= r^{\mathrm{T}}(k)\boldsymbol{P}r(k) - x^{\mathrm{T}}(k)\boldsymbol{P}x(k)\end{aligned}$$

$$\begin{aligned}\mathbb{E}\{\Delta V_2|\chi_k\} &= x^{\mathrm{T}}(k)\boldsymbol{Q}x(k) - x^{\mathrm{T}}(k-\tau_k)\boldsymbol{Q}x(k-\tau_k) + \sum_{i=k-\tau_{k+1}+1}^{k-1} x^{\mathrm{T}}(i)\boldsymbol{Q}x(i) - \sum_{i=k-\tau_k+1}^{k-1} x^{\mathrm{T}}(i)\boldsymbol{Q}x(i)\\ &\leqslant x^{\mathrm{T}}(k)\boldsymbol{Q}x(k) - x^{\mathrm{T}}(k-\tau_k)\boldsymbol{Q}x(k-\tau_k) + \sum_{i=k-N+2}^{k} x^{\mathrm{T}}(i)\boldsymbol{Q}x(i)\end{aligned}$$

$$\begin{aligned}\mathbb{E}\{\Delta V_3|\chi_k\} &= \mathbb{E}\Big\{\sum_{j=-N+3}^{1}(x^{\mathrm{T}}(k)\boldsymbol{Q}x(k) - x^{\mathrm{T}}(k+j-1)\boldsymbol{Q}x(k+j-1))\Big|\chi_k\Big\}\\ &= (N-1)x^{\mathrm{T}}(k)\boldsymbol{Q}x(k) - \sum_{i=k-N+2}^{k} x^{\mathrm{T}}(i)\boldsymbol{Q}x(i)\end{aligned}$$

$$\begin{aligned}\mathbb{E}\{\Delta V_4|\chi_k\} &= \mathbb{E}\Big\{\sum_{j=-N+1}^{-1}(\boldsymbol{\eta}^{\mathrm{T}}(k)\boldsymbol{Z}\boldsymbol{\eta}(k) - \boldsymbol{\eta}^{\mathrm{T}}(k+j)\boldsymbol{Z}\boldsymbol{\eta}(k+j))\Big|\chi_k\Big\}\\ &= (N-1)\boldsymbol{\eta}^{\mathrm{T}}(k)\boldsymbol{Z}\boldsymbol{\eta}(k) - \sum_{j=k-N+1}^{k-1}\boldsymbol{\eta}^{\mathrm{T}}(j)\boldsymbol{Z}\boldsymbol{\eta}(j)\end{aligned}$$

由 Newton - Leibniz 公式，对于任意合适矩阵 $\boldsymbol{M},\boldsymbol{S}$ 可得

$$X_1(k) = \xi^{\mathrm{T}}(k)\boldsymbol{M}\Big(x(k) - x(k-\tau_k) - \sum_{l=k-\tau_k}^{k-1}\eta(l)\Big) = 0$$
$$X_2(k) = \xi^{\mathrm{T}}(k)\boldsymbol{S}\Big(x(k-\tau_k) - x(k-N+1) - \sum_{l=k-N+1}^{k-\tau_k-1}\eta(l)\Big) = 0 \tag{4-13}$$

其中

$$\xi^{\mathrm{T}}(k) = [x^{\mathrm{T}}(k) \quad x^{\mathrm{T}}(k-\tau_k) \quad x^{\mathrm{T}}(k-N+1)]$$

那么由式(4 - 11) ~ 式(4 - 13)，可得

$$\begin{aligned}\mathbb{E}\{\Delta V|\chi_k\} &= r^{\mathrm{T}}(k)\boldsymbol{P}r(k) - x^{\mathrm{T}}(k)\boldsymbol{P}x(k) + x^{\mathrm{T}}(k)\boldsymbol{Q}x(k) - x^{\mathrm{T}}(k-\tau_k)\boldsymbol{Q}x(k-\tau_k) + \\ &\quad (N-1)x^{\mathrm{T}}(k)\boldsymbol{Q}x(k) - (N-1)\eta^{\mathrm{T}}(k)\boldsymbol{Z}\eta(k) - \sum_{j=k-N+1}^{k-1}\eta^{\mathrm{T}}(i)\boldsymbol{Z}\eta(i) + X_1 + X_2 \\ &\leqslant \xi^{\mathrm{T}}(k)(\boldsymbol{\Phi}_1 + \boldsymbol{\Phi}_2 + \boldsymbol{\Phi}_2^{\mathrm{T}} + \boldsymbol{\Phi}_3^{\mathrm{T}}\boldsymbol{P}\boldsymbol{\Phi}_3 + (N-1)\boldsymbol{\Phi}_4^{\mathrm{T}}\boldsymbol{Z}\boldsymbol{\Phi}_4 + d\Phi_5^{\mathrm{T}}Z\Phi_5 + \\ &\quad (N-1)\boldsymbol{M}\boldsymbol{Z}^{-1}\boldsymbol{M}^{\mathrm{T}} + (N-1)\boldsymbol{S}\boldsymbol{Z}^{-1}\boldsymbol{S}^{\mathrm{T}})\xi(k) - \boldsymbol{\Phi}_8 - \boldsymbol{\Phi}_9\end{aligned}$$

其中

$$\boldsymbol{\Phi}_8 = \sum_{l=k-\tau_k}^{k-1}(\xi^{\mathrm{T}}(k)\boldsymbol{M} + \eta^{\mathrm{T}}(l)\boldsymbol{Z})\boldsymbol{Z}^{-1}(\boldsymbol{M}^{\mathrm{T}}\xi(k) + \boldsymbol{Z}\eta(l))$$

$$\boldsymbol{\Phi}_9 = \sum_{l=k-\tau_M}^{k-\tau_k-1}(\xi^{\mathrm{T}}(k)\boldsymbol{S} + \eta^{\mathrm{T}}(l)\boldsymbol{Z})\boldsymbol{Z}^{-1}(\boldsymbol{S}^{\mathrm{T}}\xi(k) + \boldsymbol{Z}\eta(l))$$

注意到 $\boldsymbol{Z}>0$,因此 $\Phi_i(i=8,9)$ 都是非负的。由 Schur 补引理,式(4-8)保证 $\boldsymbol{\Phi}_1 + \boldsymbol{\Phi}_2 + \boldsymbol{\Phi}_2^{\mathrm{T}} + \boldsymbol{\Phi}_3^{\mathrm{T}}\boldsymbol{P}\boldsymbol{\Phi}_3 + (N-1)\boldsymbol{\Phi}_4^{\mathrm{T}}\boldsymbol{Z}\boldsymbol{\Phi}_4 + d\boldsymbol{\Phi}_5^{\mathrm{T}}\boldsymbol{Z}\boldsymbol{\Phi}_5 + (N-1)\boldsymbol{M}\boldsymbol{Z}^{-1}\boldsymbol{M}^{\mathrm{T}} + (N-1)\boldsymbol{S}\boldsymbol{Z}^{-1}\boldsymbol{S}^{\mathrm{T}} < 0$。因此,对于所有的 $\chi_k \neq 0$,则有 $\mathbb{E}\{V(\chi_{k+1},k+1)|\chi_k\} < V(\chi_k,k)$ 成立,也就是存在一个正常数 $0<\gamma<1$ 使得

$$\mathbb{E}\{V(\chi_{k+1},k+1)|\chi_k\} \leqslant \gamma V(\chi_k,k)$$

利用递归算法,得

$$\mathbb{E}\{V(\chi_k,k)|\chi_0\} \leqslant \gamma^k V(\chi_0,0)$$

那么,我们有

$$\mathbb{E}\{\sum_{k=0}^{N}[V(\chi_k,k)|\chi_0]\} \leqslant (1+\gamma+\cdots+\gamma^N)V(\chi_0,0) = \frac{1-\gamma^{N+1}}{1-\gamma}V(\chi_0,0)$$

由于 $V(\chi_k,k) \geqslant \lambda_{\min}(P)\|x(k)\|^2$,可以得到

$$\lim_{N\to\infty}\mathbb{E}\{\sum_{k=0}^{N}[x(k)^{\mathrm{T}}x(k)\mid\chi_0]\} \leqslant \frac{1}{(1-\gamma)\lambda_{\min}(P)}V(\chi_0,0)$$

因此,当 $k\to\infty$ 时,$\mathbb{E}\{\|x(k)\|^2\}\to 0$,由定义 4.1 可知,系统(4-6)是均方渐近稳定的。证明完毕。

4.3.2 控制器设计

本小节在定理 4.1 得到的稳定性充分条件下,将设计一个状态反馈控制器,使得闭环系统(4-6)是均方渐近稳定的。

定理 4.2 存在一个状态反馈控制器使得闭环系统(4-6)是均方渐近稳定的,如果存在矩阵 $\overline{\boldsymbol{P}}>0,\overline{\boldsymbol{Q}}\geqslant 0,\overline{\boldsymbol{Z}}\geqslant 0,\overline{\boldsymbol{K}},\overline{\boldsymbol{M}},\overline{\boldsymbol{S}}$,满足

$$\begin{bmatrix} \boldsymbol{F}_1+\boldsymbol{F}_2+\boldsymbol{F}_2^{\mathrm{T}} & \boldsymbol{F}_6 & \boldsymbol{F}_3^{\mathrm{T}} & \boldsymbol{F}_4^{\mathrm{T}} & \boldsymbol{F}_5^{\mathrm{T}} \\ * & \boldsymbol{F}_7 & 0 & 0 & 0 \\ * & * & -\boldsymbol{P}^{-1} & 0 & 0 \\ * & * & * & -\boldsymbol{Z}^{-1} & 0 \\ * & * & * & * & -\boldsymbol{Z}^{-1} \end{bmatrix} < 0 \tag{4-14}$$

其中

$$F_1 = \begin{bmatrix} N\overline{Q} - \overline{P} & 0 & 0 \\ * & -\overline{Q} & 0 \\ * & * & 0 \end{bmatrix}$$

$$F_2 = \begin{bmatrix} \overline{M} & \overline{S} - \overline{M} & -\overline{S} \end{bmatrix}$$

$$F_3 = \begin{bmatrix} A\overline{P} + \alpha B\overline{K} & (1-\alpha)B\overline{K} & 0 \end{bmatrix}$$

$$F_4 = \begin{bmatrix} \sqrt{N-1}(A\overline{P} + \alpha B\overline{K} - \overline{P}) & \sqrt{N-1}(1-\alpha)B\overline{K} & 0 \end{bmatrix}$$

$$F_5 = \begin{bmatrix} \sqrt{d}B\overline{K} & -\sqrt{d}B\overline{K} & 0 \end{bmatrix}$$

$$F_6 = \begin{bmatrix} \sqrt{N-1}\overline{M} & \sqrt{N-1}\overline{S} \end{bmatrix}$$

$$F_7 = \mathrm{diag}\{\overline{Z} - 2\overline{P}, \overline{Z} - 2\overline{P}\} \qquad (4-15)$$

另外,如果上述条件满足,则设计的控制器增益为

$$K = \overline{K}\overline{P}^{-1} \qquad (4-16)$$

证明　用 Schur 补引理,对式(4-8)做同等变换。

$$\begin{bmatrix} \boldsymbol{\Phi}_1 + \boldsymbol{\Phi}_2 + \boldsymbol{\Phi}_2^{\mathrm{T}} & \boldsymbol{\Phi}_6 & \boldsymbol{\Phi}_3^{\mathrm{T}} & \boldsymbol{\Phi}_4^{\mathrm{T}} & \boldsymbol{\Phi}_5^{\mathrm{T}} \\ * & \boldsymbol{\Phi}_7 & 0 & 0 & 0 \\ * & * & -P^{-1} & 0 & 0 \\ * & * & * & -Z^{-1} & 0 \\ * & * & * & * & -Z^{-1} \end{bmatrix} < 0 \qquad (4-17)$$

其中 $\boldsymbol{\Phi}_i(i=1,\cdots,7)$,由式(4-9)给出。

定义

$$J = \mathrm{diag}\{J_1, J_2, I, I, I\}$$
$$J_1 = \mathrm{diag}\{P^{-1}, P^{-1}, P^{-1}\}$$
$$J_2 = \mathrm{diag}\{P^{-1}, P^{-1}\}$$

对式(4-17)用 J 进行合同变换,且定义如下矩阵变量:

$$\overline{P} = P^{-1}, \overline{K} = KP^{-1}, \overline{Q}_1 = P^{-1}Q_1P^{-1}$$

$$\overline{Z} = R^{-1}, \begin{bmatrix} \overline{M} & \overline{S} \end{bmatrix} = J_1\begin{bmatrix} M & S \end{bmatrix}J_2$$

由于存在非线性项 $\overline{P}\overline{Z}^{-1}\overline{P}$,不能由软件得到解,可以通过如下变换,将 $(\overline{Z} - \overline{P})\overline{Z}^{-1}$ $(\overline{Z} - \overline{P}) \geq 0$,得到 $-\overline{P}\overline{Z}^{-1}\overline{P} \leq \overline{Z} - 2\overline{P}$,由上述的变换,可以得到式(4-14)。定理 4.2 证明完毕。

4.4 应用算例

本节,我们将利用文献[184]中的潜艇系统例子来说明我们提出的理论结果的应用。

例 4.1 下面给出系统系数矩阵:

$$\dot{x} = \begin{bmatrix} 0 & 1 & 0 \\ -0.0071 & -0.111 & 0.12 \\ 0 & 0.07 & -0.3 \end{bmatrix} x + \begin{bmatrix} 0 \\ -0.095 \\ 0.072 \end{bmatrix} u(t) \tag{4-18}$$

假设较小的采样周期为 $c_1 = 3$ s,将上式(4-18)离散化,得到

$$x(k+1) = \begin{bmatrix} 0.9713 & 2.55 & 0.3641 \\ -0.01811 & 0.7137 & 0.1968 \\ -0.001508 & 0.1148 & 0.4253 \end{bmatrix} x(k) + \begin{bmatrix} -0.3548 \\ -0.2161 \\ 0.1239 \end{bmatrix} u(k) \tag{4-19}$$

系统的特征值为 $0.8718 \pm 0.1859i$ 和 0.3668,因此该系统是不稳定的。现在我们设计一个状态反馈控制器使得闭环系统是均方渐近稳定的。假设有两个采样周期,其发生的概率如下:

$$\mathrm{Prob}\{c_1 = 3\ \mathrm{s}\} = 0.8, \mathrm{Prob}\{c_2 = 4c_1\} = 0.2$$

由定理 4.2,得到下列矩阵:

$$\overline{\boldsymbol{P}} = \begin{bmatrix} 75.4082 & -9.3347 & 6.3721 \\ -9.3347 & 4.6777 & -3.7158 \\ 6.3721 & -3.7158 & 27.8487 \end{bmatrix}$$

$$\overline{\boldsymbol{K}} = [\,-3.5538 \quad 2.5328 \quad 14.1258\,]$$

因此根据式(4-16),得到状态反馈控制器的增益矩阵为

$$\boldsymbol{K} = [\,0.0384 \quad 1.1342 \quad 0.6498\,]$$

下面,通过仿真曲线来看稳定性结果。假设初始条件为 $[\,-0.8 \quad 0.4 \quad 0.3\,]^{\mathrm{T}}$,状态变量的响应曲线如图 4.2 所示,可以看出在非零初始条件下,经过一段时间,所有的系统变量均收敛于零点,说明了所设计的状态反馈控制器的有效性。

接下来,当考虑该系统在随机采样条件下,设计状态反馈控制器,可以得到比在单采样条件下保守性小的结果。从表 4.1 可以看出,在保持系统稳定的前提下,当概率 α 取不同的值时,得到了不同的 N 值,N 为采样周期 c_2 对单采样周期的倍数,即采样周期 c_2 取到比单采样周期大的值时,系统依然稳定。因此当考虑两个采样周期时,得到了比单采样周期的保守性小的结果。

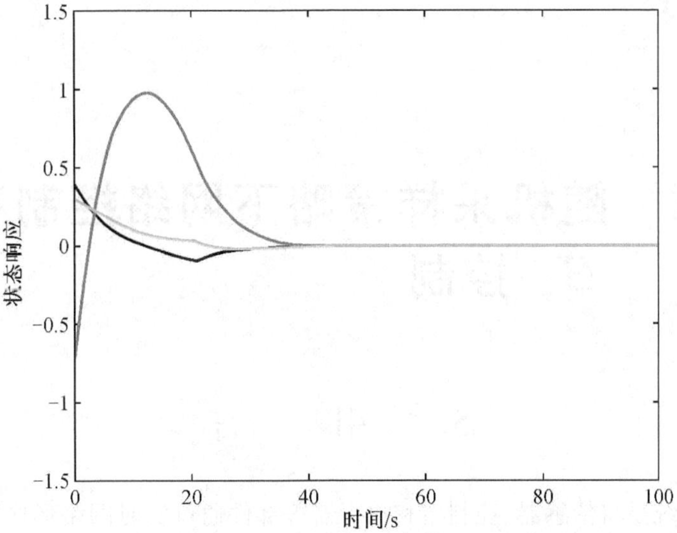

图4.2　状态变量响应曲线

表4.1　当概率 α 取不同的值时,周期倍数 N 的最大值

α	0.9	0.8	0.7	0.6	0.5	0.4
N	9	8	7	7	7	6

4.5　本章小结

本章针对离散系统,基于自由权矩阵的思想,利用线性矩阵不等式方法研究该离散系统在两个采样周期的作用下的状态反馈控制器的设计问题。假设两个采样周期以已知的概率发生,概率分布为伯努利分布。首先给出该系统在状态反馈控制器作用下的稳定条件,在此基础上,利用线性矩阵不等式的方法,得到控制器设计的定理。最后通过一个算例来说明本章方法的有效性。

第 5 章　随机采样策略下网络控制系统的 H_∞ 控制

5.1 引　　言

网络控制系统是将传感器、控制器和执行器等部件通过实时网络形成闭环的反馈控制系统，它的优势是资源共享、远程控制、成本低、维护方便和易扩展等。然而，由于网络的带宽有限，当传感器、控制器和执行器通过网络交换数据时，往往出现数据碰撞和网络拥塞等现象，这使得网络不可避免地出现传输延时、数据包丢失等问题。随机早期检测算法是一种避免网络拥塞的有效方法，以一定的概率丢弃一些数据包以减轻网络负担，RED 标记包的概率依赖于拥塞水平。RED 算法通过监控路由器端口队列的平均长度，以检测网络拥塞的早期征兆。得知拥塞的早期征兆后，路由器将随机地选择需要退避的 TCP 连接，并使它们逐个减小拥塞窗口，降低数据发送速率，从而避免网络拥塞。在网络控制中采用随机采样的调控方法，可以通过减少数据传输来降低网络拥塞，即当检测到网络轻度拥塞的时候，将采样周期变大，从而缓解网络传输压力，保证网络环境的良好状态。薛燕等在文献[185]中建立了变采样网络控制系统，根据预测控制值和预测反馈值给出该系统在变时延下所对应的状态转移矩阵，给出了满足变采样网络控制系统稳定的预测误差和预测时间的条件。蔡骅在文献[186]中针对 CAN 网下的网络控制系统，提出了一种基于网络运行状态的动态调度策略，通过在线调整控制系统的采样周期以适应网络中信息流的变化。

网络流量在一段时间内处于忙或闲状态的概率分布是可以计算出来的。黄晓璐在文献[152]中研究了网络流量的关键随机特性，建立了网络流量的半马尔科夫模型。通过设定两个阈值将网络流量划分为四个状态：空闲、上升、下降和忙状态，处于这四个状态的分布时间的概率由下式给出，即

$$P_k = \frac{\pi_k \mu_k}{\sum_{h=1}^{4} \pi_h \mu_h}, k = 1, \cdots, 4$$

其中，π_k 为网络流量半马尔柯夫模型嵌入马尔柯夫链的平稳分布；μ_k 为此网络流速率半马尔柯夫模型在状态 k 保持时间的期望值。

在网络控制系统中，控制网络节点（传感器节点、控制器节点和执行器节点）有两种驱动方式：时钟驱动和事件驱动。时钟驱动是指网络节点在一个事先确定的时间点开始它的

动作；事件驱动是指节点在一个特定的事件发生时便开始它的动作。在设计 NCS 时，传感器、控制器、执行器要选择合适的驱动方式，驱动方式选择不当，系统的性能也将产生极大的影响。如果环境中存在许多突发性信号需要传输，此时采用事件驱动方式将会取得更好的性能；反之，如果环境中存在周期性信号进行交换，那么采用时间驱动方式取得的效果更好。通常，采用 CSMA 协议的网络支持事件驱动，如 Ethernet，CAN 和 LonWorks；采用 TP 协议的网络支持时钟驱动，如 Profibus 和 WorldFIP。

综上所述，在网络控制系统中采用随机采样调度策略是可行的。随机采样调度策略主要思想是，从文献[152]中的建模方法可知，可以设定一个流量阈值，将网络分为两个状态：忙碌状态和非忙碌状态，并且可以得到两种状态在一段时间内发生的概率。监测流量，当检测到网络为非忙碌状态，则只有一个采样周期，采样频率的大小根据实际情况选择；当检测网络为忙碌状态时，就采用随机采样的调度。即，考虑网络有两个采样频率，一个采样频率的值和单采样频率值相同，另一个采样频率的值比单采样频率的值小，给定它们的发生概率，这样配合其他的调度方法，可以更好地缓解网络的拥塞。

在本章中，主要研究了含有随机采样的网络控制系统的 H_∞ 控制问题。所选择的网络拓扑结构为 CAN 网络，它的网络诱导延时一般小于系统的采样周期，并且 CAN 网络支持事件驱动。选择一个由两个小车、弹簧和阻尼器组成的机械系统为网络中的控制对象，考虑了在网络的环境下，根据前述的 H_∞ 控制器设计的思想，对其进行 H_∞ 性能的分析，在此基础上给出了系统的 H_∞ 控制器的设计方法。仿真表明所提出的控制器的有效性且稳定性结果具有较小的保守性。这一部分内容是随机采样策略向实际工程的探索性应用，不仅拓展了随机系统理论，也为网络控制系统研究提供了可以借鉴的设计思想。

5.2　网络控制系统的数学描述

考虑如图 1.3 所示的网络控制系统，控制对象是下述线性系统：

$$\begin{aligned}\dot{x}(t) &= \boldsymbol{A}x(t) + \boldsymbol{B}u(t) + \boldsymbol{E}\omega(t)\\ y(t) &= \boldsymbol{C}x(t) + \boldsymbol{D}u(t)\end{aligned}\tag{5-1}$$

其中，$x(t) \in \mathbb{R}^n$ 是系统的状态；$u(t) \in \mathbb{R}^p$ 是系统的控制输入；$y(t) \in \mathbb{R}^q$ 是系统的控制输出；$\omega(t) \in \mathbb{R}^l$ 是属于 $L_2[0,\infty)$ 的干扰输入；$\boldsymbol{A},\boldsymbol{B},\boldsymbol{C},\boldsymbol{D}$ 和 $\boldsymbol{E}$ 是具有适当维数的常矩阵。

我们选择对传感器采用时钟驱动，控制器采用事件驱动，执行器采用时钟驱动。延时包括从传感器到控制器，控制器到执行器的和小于一个周期，不考虑丢包，其时序如图 5.1 所示。

控制器采用如下形式：

$$u(t) = u_d(t_k) = \boldsymbol{K}x(t_{k-1}),\ t_k \leqslant t < t_{k+1},\ k = 1,\cdots,\infty \tag{5-2}$$

利用输入延时方法，闭环系统(5-1)变成如下形式，即

$$\dot{x}(t) = \boldsymbol{A}x(t) + \boldsymbol{BK}x(t_{k-1}) + \boldsymbol{E}\omega(t)$$

$$y(t)=\boldsymbol{C}x(t)+\boldsymbol{DK}x(t_{k-1}) \tag{5-3}$$

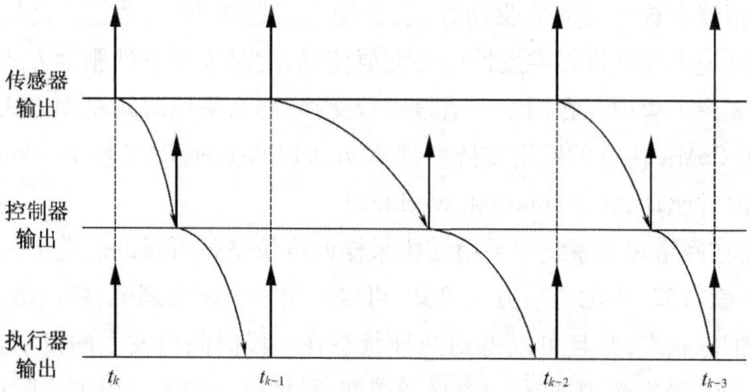

图 5.1 网络控制系统的信息传输时序图

根据网络系统的实际情况，引入一个随机变量 $\kappa(t)$ 表示网络状态，如下所示：

$$\kappa(t)=\begin{cases}1 & 0\leqslant S(t)<s\\ 0 & s\leqslant S(t)\end{cases}$$

其中，$S(t)$ 表示网络流量；s 为大于零的常数，表示流量阈值。当 $\kappa(t)=1$ 时代表网络不忙，则采样为单速率采样；当 $\kappa(t)=0$ 时代表网络忙，则采取随机采样策略。两个采样率以已知概率交替出现，假设其发生的概率为

$$\begin{aligned}&\mathrm{Prob}\{\kappa(t)=1\}\triangleq\kappa\\ &\mathrm{Prob}\{\kappa(t)=0\}\triangleq 1-\kappa\end{aligned} \tag{5-4}$$

所以在 NCS 环境下，我们得到了如下闭环系统，即

$$\begin{aligned}\dot{x}(t)&=\boldsymbol{A}x(t)+\kappa(t)\boldsymbol{BK}x(t_{k_1-1})+\boldsymbol{E}\omega(t)+(1-\kappa(t))\boldsymbol{BK}(\beta(t)x(t_{k_1-1})+\\ &\quad(1-\beta(t))x(t_{k_2-1}))\\ &=\boldsymbol{A}x(t)+(\kappa(t)+\beta(t)-\kappa(t)\beta(t))\boldsymbol{BK}x(t_{k_1-1})+(1-\kappa(t))(1-\beta(t))\times\\ &\quad x(t_{k_2-1})+\boldsymbol{E}\omega(t)\end{aligned}$$

其中，t_{k_1-1} 表示当采样周期为 c_1 时，第 $k-1$ 个采样时刻；t_{k_2-1} 表示当采样周期为 c_2 时，第 $k-1$ 个采样时刻；$\beta(t)$ 是满足伯努利分布的随机变量。假设当采样周期为 c_1 时，$\beta(t)=1$；当采样周期为 c_2 时，$\beta(t)=0$。为了方便起见，将上式写成下列形式，即

$$\dot{x}(t)=\boldsymbol{A}x(t)+\eta(t)\boldsymbol{BK}x(t_{k_1-1})+(1-\eta(t))\boldsymbol{BK}x(t_{k_2-1})+\boldsymbol{E}\omega(t) \tag{5-5}$$

其中，$\eta(t)=\kappa(t)+\beta(t)-\kappa(t)\beta(t)$，其发生概率为

$$\begin{aligned}\mathrm{Prob}\{\eta(t)=1\}&=\mathrm{Prob}\{\kappa(t)=1\}+\mathrm{Prob}\{\beta(t)=1\}-\mathrm{Prob}\{\kappa(t)\beta(t)=1\}\\ &=\kappa+\beta-\kappa*\beta\triangleq\eta\end{aligned}$$

$$\mathrm{Prob}\{\eta(t)=0\}=1-\eta$$

根据式(2-4)，上式可变为

$$u(t)=\boldsymbol{K}x(t-d(t)) \tag{5-6}$$

其中，$d(t)$ 是由 $d_k(t), k=1,\cdots,\infty$ 组成，且是时变不可微的。考虑在 t_{k-1} 和 t_k 两个时刻的采样周期的发生概率相互独立，则有如下概率分布：

$$
\begin{aligned}
&\text{Prob}\{c_1 \leqslant d(t) < 2c_1 \mid t_{k+1}-t_k=c_1, t_k-t_{k-1}=c_1\} = \eta^2 \\
&\text{Prob}\{c_1 \leqslant d(t) < c_1+c_2 \mid t_{k+1}-t_k=c_2, t_k-t_{k-1}=c_1\} = \eta(1-\eta) \\
&\text{Prob}\{c_2 \leqslant d(t) < c_1+c_2 \mid t_{k+1}-t_k=c_1, t_k-t_{k-1}=c_2\} = \eta(1-\eta) \\
&\text{Prob}\{c_2 \leqslant d(t) < 2c_2 \mid t_{k+1}-t_k=c_2, t_k-t_{k-1}=c_2\} = (1-\eta)^2
\end{aligned}
\tag{5-7}
$$

将延时 $d(t)$ 分为 $c_1<d(t)<2c_1$ 和 $2c_1<d(t)<2c_2$ 两段。那么当 $c_2>2c_1$ 时，时延 $d(t)$ 在这两段之间的发生概率为

$$
\begin{aligned}
&\text{Prob}\{c_1 \leqslant d(t) < 2c_1\} = \eta^2 + \eta(1-\eta)\frac{c_1}{c_2} \\
&\text{Prob}\{2c_1 \leqslant d(t) < 2c_2\} = \eta(1-\eta)\frac{c_2-c_1}{c_2} + \eta(1-\eta) + (1-\eta)^2
\end{aligned}
\tag{5-8}
$$

当 $c_1<c_2\leqslant 2c_1$ 时，延时 $d(t)$ 在这两段之间的发生概率为

$$
\begin{aligned}
&\text{Prob}\{c_1 \leqslant d(t) < 2c_1\} = \eta^2 + \eta(1-\eta)\frac{c_1}{c_2} + \eta(1-\eta)\frac{2c_1-c_2}{c_1} + (1-\eta)^2\frac{2c_1-c_2}{c_2} \\
&\text{Prob}\{2c_1 \leqslant d(t) < 2c_2\} = \eta(1-\eta)\frac{c_2-c_1}{c_2} + \eta(1-\eta)\frac{c_2-c_1}{c_1} + (1-\eta)^2\frac{2(c_2-c_1)}{c_2}
\end{aligned}
\tag{5-9}
$$

根据式(2-6)，(5-8)和(5-9)，可以得到如下系统：

$$
\begin{aligned}
&\dot{x}(t) = \boldsymbol{A}x(t) + \alpha(t)\boldsymbol{BK}x(t-d_1(t)) + (1-\alpha(t))x(t-d_2(t)) + \boldsymbol{E}w(t) \\
&y(t) = \boldsymbol{C}x(t) + \alpha(t)\boldsymbol{DK}x(t-d_1(t)) + (1-\alpha(t))\boldsymbol{DK}x(t-d_2(t))
\end{aligned}
\tag{5-10}
$$

其中，$c_1<d_1(t)<2c_1$；$2c_1<d_2(t)<2c_2$；$\alpha(t)$ 在 $c_2>2c_1$ 时的发生概率为

$$
\begin{aligned}
&\text{Prob}\{\alpha(t)=1\} = \text{Prob}\{c_1 \leqslant d(t) < 2c_1\} = \eta^2 + \eta(1-\eta)\frac{c_1}{c_2} \triangleq \alpha \\
&\text{Prob}\{\alpha(t)=0\} = \text{Prob}\{c_1+c_2 \leqslant d(t) < 2c_2\} = \eta(1-\eta)\frac{2c_2-c_1}{c_2} + (1-\eta)^2 \triangleq 1-\alpha
\end{aligned}
\tag{5-11}
$$

$\alpha(t)$ 在 $c_1<c_2\leqslant 2c_1$ 时的发生概率为

$$
\begin{aligned}
\text{Prob}\{\alpha(t)=1\} &= \text{Prob}\{c_1 \leqslant d(t) < 2c_1\} \\
&= \eta^2 + \eta(1-\eta)\frac{c_1}{c_2} + \eta(1-\eta)\frac{2c_1-c_2}{c_1} + (1-\eta)^2\frac{2c_1-c_2}{c_2} \triangleq \alpha \\
\text{Prob}\{\alpha(t)=0\} &= \text{Prob}\{2c_1 \leqslant d(t) < 2c_2\} \\
&= \eta(1-\eta)\frac{c_2-c_1}{c_2} + \eta(1-\eta)\frac{c_2-c_1}{c_1} + (1-\eta)^2\frac{2(c_2-c_1)}{c_2} \triangleq 1-\alpha
\end{aligned}
\tag{5-12}
$$

如第 2 章所述，由于 $d_1(t)$ 和 $d_2(t)$ 与随机变量有关，会导致对系统的稳定性分析的困难，为了克服这个困难，引入随机变量 $\tau_1(t)$ 和 $\tau_2(t)$，满足

$$c_1 \leqslant \tau_1(t) < 2c_1, 2c_1 \leqslant \tau_2(t) < 2c_2$$

那么闭环系统(5-10)转变为如下形式：

$$\begin{aligned}\dot{x}(t) &= \boldsymbol{A}x(t) + \alpha(t)\boldsymbol{BK}x(t-\tau_1(t)) + (1-\alpha(t))x(t-\tau_2(t)) + \boldsymbol{E}w(t)\\ y(t) &= \boldsymbol{C}x(t) + \alpha(t)\boldsymbol{DK}x(t-\tau_1(t)) + (1-\alpha(t))\boldsymbol{DK}x(t-\tau_2(t))\end{aligned} \quad (5-13)$$

5.3 H_∞ 控 制

本节考虑在网络环境下对控制对象的 H_∞ 控制器设计问题。假设系统(5-1)中系统矩阵 $\boldsymbol{A},\boldsymbol{B},\boldsymbol{C},\boldsymbol{D},\boldsymbol{E}$ 和控制器增益矩阵 $\boldsymbol{K}$ 是已知的，下面定理给出该系统是指数稳定的充分条件且具有给定的 H_∞ 性能。

定理 5.1 给定控制器增益矩阵 $\boldsymbol{K}$ 和正的常数 γ，则系统(5-13)是指数均方渐近稳定的且具有给定的 H_∞ 干扰抑制度 γ 的充分条件是存在正定矩阵 $\boldsymbol{P},\boldsymbol{Q}_i,\boldsymbol{R}_i(i=1,2,3),\boldsymbol{S},\boldsymbol{W},\boldsymbol{U},\boldsymbol{V}$ 和 $\boldsymbol{Z}$ 满足

$$\begin{bmatrix}\boldsymbol{\Theta} & \boldsymbol{\Pi}_3\\ * & \boldsymbol{\Pi}_4\end{bmatrix}<0 \quad (5-14)$$

其中

$$\boldsymbol{\Theta} = \boldsymbol{\Pi}_1 + \boldsymbol{\Pi}_2 + \boldsymbol{\Pi}_2^{\mathrm{T}} + \boldsymbol{\Pi}_7 + \boldsymbol{\Sigma}_1\boldsymbol{\Sigma}_2\boldsymbol{\Sigma}_1^{\mathrm{T}} + \boldsymbol{\Sigma}_3\boldsymbol{\Sigma}_2\boldsymbol{\Sigma}_3^{\mathrm{T}} + \boldsymbol{\Sigma}_5^{\mathrm{T}}\boldsymbol{\Sigma}_5 + \boldsymbol{\Sigma}_6^{\mathrm{T}}\boldsymbol{\Sigma}_6$$

$$\boldsymbol{\Pi}_1 = \begin{bmatrix}\boldsymbol{PA}+\boldsymbol{A}^{\mathrm{T}}\boldsymbol{P}+\boldsymbol{Q}_1 & 0 & \alpha\boldsymbol{PBK} & 0 & (1-\alpha)\boldsymbol{PBK} & 0 & \boldsymbol{PE}\\ * & \boldsymbol{Q}_2-\boldsymbol{Q}_1 & 0 & 0 & 0 & 0 & 0\\ * & * & 0 & 0 & 0 & 0 & 0\\ * & * & * & \boldsymbol{Q}_3-\boldsymbol{Q}_2 & 0 & 0 & 0\\ * & * & * & * & 0 & 0 & 0\\ * & * & * & * & * & -\boldsymbol{Q}_3 & 0\\ * & * & * & * & * & * & 0\end{bmatrix}$$

$$\boldsymbol{\Pi}_2 = [\boldsymbol{S}\quad \boldsymbol{W}-\boldsymbol{S}\quad \boldsymbol{U}-\boldsymbol{W}\quad \boldsymbol{V}-\boldsymbol{U}\quad \boldsymbol{Z}-\boldsymbol{V}\quad -\boldsymbol{Z}\quad 0]$$

$$\boldsymbol{\Pi}_3 = [\sqrt{c_1}\boldsymbol{S}\quad \sqrt{c_1}\boldsymbol{W}\quad \sqrt{c_1}\boldsymbol{U}\quad \sqrt{2(c_2-c_1)}\boldsymbol{V}\quad \sqrt{2(c_2-c_1)}\boldsymbol{Z}]$$

$$\boldsymbol{\Pi}_4 = \mathrm{diag}\{-\boldsymbol{R}_1^{-1}, -\boldsymbol{R}_2^{-1}, -\boldsymbol{R}_2^{-1}, -\boldsymbol{R}_3^{-1}, -\boldsymbol{R}_3^{-1}\}$$

$$\boldsymbol{\Pi}_5 = [\boldsymbol{A}\quad 0\quad \alpha\boldsymbol{BK}\quad 0\quad (1-\alpha)\boldsymbol{BK}\quad 0\quad \boldsymbol{E}]$$

$$\boldsymbol{\Pi}_6 = [0\quad 0\quad f\boldsymbol{BK}\quad 0\quad -f\boldsymbol{BK}\quad 0\quad 0\quad]$$

$$f = \sqrt{\alpha(1-\alpha)}$$

$$\boldsymbol{\Sigma}_1 = [\sqrt{c_1}\boldsymbol{\Pi}_5^{\mathrm{T}}\quad \sqrt{c_1}\boldsymbol{\Pi}_5^{\mathrm{T}}\quad \sqrt{2(c_2-c_1)}\boldsymbol{\Pi}_5^{\mathrm{T}}]$$

$$\boldsymbol{\Sigma}_2 = \mathrm{diag}\{\boldsymbol{R}_1, \boldsymbol{R}_2, \boldsymbol{R}_3\}$$

$$\boldsymbol{\Sigma}_3 = [\sqrt{c_1}\boldsymbol{\Pi}_6^{\mathrm{T}}\quad \sqrt{c_1}\boldsymbol{\Pi}_6^{\mathrm{T}}\quad \sqrt{2(c_2-c_1)}\boldsymbol{\Pi}_6^{\mathrm{T}}]$$

$$\boldsymbol{\Pi}_7 = \mathrm{diag}\{0,0,0,0,0,0,-\gamma^2\boldsymbol{I}\}$$

$$\boldsymbol{\Sigma}_5=[\boldsymbol{C}\quad 0\quad \alpha\boldsymbol{DK}\quad 0\quad (1-\alpha)\boldsymbol{DK}\quad 0\quad 0]$$

$$\boldsymbol{\Sigma}_6=[0\quad 0\quad f\boldsymbol{DK}\quad 0\quad -f\boldsymbol{DK}\quad 0\quad 0] \tag{5-15}$$

证明　选择如下 Lyapunov 泛函：

$$V(x_t)=V_1(x_t)+V_2(x_t)+V_3(x_t)$$

$$V_1(x_t)=x^{\mathrm{T}}(t)\boldsymbol{P}x(t)$$

$$V_2(x_t)=\int_{t-c_1}^{t}x^{\mathrm{T}}(s)\boldsymbol{Q}_1x(s)\mathrm{d}s+\int_{t-2c_1}^{t-c_1}x^{\mathrm{T}}(s)\boldsymbol{Q}_2x(s)\mathrm{d}s+\int_{t-2c_2}^{t-2c_1}x^{\mathrm{T}}(s)\boldsymbol{Q}_3x(s)\mathrm{d}s$$

$$\begin{aligned}V_3(x_t)=&\int_{t-c_1}^{t}\int_{s}^{t}r^{\mathrm{T}}(\theta)\boldsymbol{R}_1r(\theta)\mathrm{d}\theta\mathrm{d}s+\int_{t-2c_1}^{t-c_1}\int_{s}^{t}r^{\mathrm{T}}(\theta)\boldsymbol{R}_2r(\theta)\mathrm{d}\theta\mathrm{d}s+\int_{t-2c_2}^{t-2c_1}\int_{s}^{t}r^{\mathrm{T}}(\theta)\boldsymbol{R}_3r(\theta)\mathrm{d}\theta\mathrm{d}s+\\&\alpha(1-\alpha)\int_{t-c_1}^{t}\int_{s}^{t}g^{\mathrm{T}}(\theta)\boldsymbol{R}_1g(\theta)\mathrm{d}\theta\mathrm{d}s+\alpha(1-\alpha)\Big(\int_{t-2c_1}^{t-c_1}\int_{s}^{t}g^{\mathrm{T}}(\theta)\boldsymbol{R}_2g(\theta)\mathrm{d}\theta\mathrm{d}s+\\&\int_{t-2c_2}^{t-2c_1}\int_{s}^{t}g^{\mathrm{T}}(\theta)\boldsymbol{R}_3g(\theta)\mathrm{d}\theta\mathrm{d}s\Big)\end{aligned}$$

其中

$$r(t)=\boldsymbol{A}x(t)+\alpha\boldsymbol{BK}x(t-\tau_1(t))+(1-\alpha)\boldsymbol{BK}x(t-\tau_2(t))+\boldsymbol{E}\omega(t)$$

$$g(t)=\boldsymbol{BK}x(t-\tau_1(t))-\boldsymbol{BK}x(t-\tau_2(t))$$

$\boldsymbol{P},\boldsymbol{Q}_i,\boldsymbol{R}_i(i=1,2,3)$是待定的正定矩阵。利用与定理 2.3 相似的技术，得到 $V(x_t)$的无穷小算子，此处过程省略。

注意到$\mathbb{E}\{y^{\mathrm{T}}(t)y(t)\}=\xi^{\mathrm{T}}(t)(\boldsymbol{\Sigma}_5^{\mathrm{T}}\boldsymbol{\Sigma}_5+\boldsymbol{\Sigma}_6^{\mathrm{T}}\boldsymbol{\Sigma}_6)\xi(t)$和$\gamma^2\omega^{\mathrm{T}}(t)\omega(t)=-\xi^{\mathrm{T}}(t)\boldsymbol{\Pi}_7\xi(t)$，因此，可以得到

$$\begin{aligned}&\mathbb{E}\{y^{\mathrm{T}}(t)y(t)\}-\gamma^2\,\mathbb{E}\{\omega^{\mathrm{T}}(t)\omega(t)\}+\mathbb{E}\{\mathcal{L}V(x_t)\}\\\leqslant&\mathbb{E}\{\xi^{\mathrm{T}}(t)[\boldsymbol{\Pi}_1+\boldsymbol{\Pi}_2+\boldsymbol{\Pi}_2^{\mathrm{T}}+\boldsymbol{\Pi}_7+\boldsymbol{\Pi}_8+\boldsymbol{\Sigma}_1\boldsymbol{\Sigma}_2\boldsymbol{\Sigma}_1^{\mathrm{T}}+\boldsymbol{\Sigma}_3\boldsymbol{\Sigma}_2\boldsymbol{\Sigma}_3^{\mathrm{T}}]\xi(t)\}\end{aligned}$$

其中

$$\boldsymbol{\Pi}_8=c_1\boldsymbol{SR}_1\boldsymbol{S}^{\mathrm{T}}+c_1\boldsymbol{WR}_2\boldsymbol{W}^{\mathrm{T}}+c_1\boldsymbol{UR}_2\boldsymbol{U}^{\mathrm{T}}+2(c_2-c_1)\boldsymbol{VR}_3\boldsymbol{V}^{\mathrm{T}}+2(c_2-c_1)\boldsymbol{ZR}_3\boldsymbol{Z}^{\mathrm{T}}$$

$$\xi^{\mathrm{T}}(t)=[x^{\mathrm{T}}(t)\quad x^{\mathrm{T}}(t-c_1)\quad x^{\mathrm{T}}(t-\tau_1(t))\quad x^{\mathrm{T}}(t-2c_1)\quad x^{\mathrm{T}}(t-\tau_2(t))\quad x^{\mathrm{T}}(t-2c_2)\quad \omega^{\mathrm{T}}(t)]$$

通过 Schur 补引理，式(5-14)保证$\boldsymbol{\Pi}_1+\boldsymbol{\Pi}_2+\boldsymbol{\Pi}_2^{\mathrm{T}}+\boldsymbol{\Pi}_7+\boldsymbol{\Pi}_8+\boldsymbol{\Sigma}_1\boldsymbol{\Sigma}_2\boldsymbol{\Sigma}_1^{\mathrm{T}}+\boldsymbol{\Sigma}_3\boldsymbol{\Sigma}_2\boldsymbol{\Sigma}_3^{\mathrm{T}}<0$成立。因此，对于所有的非零 $\omega\in L_2[0,\infty)$可以得到

$$\mathbb{E}\{y^{\mathrm{T}}(t)y(t)\}-\gamma^2\,\mathbb{E}\{\omega^{\mathrm{T}}(t)\omega(t)\}+\mathbb{E}\{\mathcal{L}V(xt)\}<0 \tag{5-16}$$

在零初始条件下，有 $V(0)=0$ 和 $V(\infty)\geqslant 0$。对式(5-16)两边同时积分，对于所有的非零 $\omega\in L_2[0,\infty)$，得到$\mathbb{E}\{\|y\|_2\}<\gamma\|\omega\|_2$。指数均方稳定性的证明方法与定理 2.2$H_\infty$ 性能分析的方法类似，此处省略。

在定理 5.1 的基础上，下面的定理给出 H_∞ 控制器的设计方法。

定理 5.2　给定标量常数 $\gamma>0$，系统(5-13)是指数均方稳定的且具有给定的 H_∞ 干扰抑制度 γ，如果存在正定矩阵 $\overline{\boldsymbol{P}},\overline{\boldsymbol{Q}}_i,\overline{\boldsymbol{R}}_i(i=1,2,3)$，$\overline{\boldsymbol{K}},\overline{\boldsymbol{S}},\overline{\boldsymbol{W}},\overline{\boldsymbol{U}},\overline{\boldsymbol{V}}$ 和 $\overline{\boldsymbol{Z}}$满足下面的 LMI

$$
\begin{bmatrix}
\overline{\boldsymbol{\Pi}}_1 + \overline{\boldsymbol{\Pi}}_2 + \overline{\boldsymbol{\Pi}}_2^{\mathrm{T}} & \overline{\boldsymbol{\Pi}}_3 & \overline{\boldsymbol{\Sigma}}_1 & \overline{\boldsymbol{\Sigma}}_3 & \overline{\boldsymbol{\Sigma}}_5^{\mathrm{T}} & \overline{\boldsymbol{\Sigma}}_6^{\mathrm{T}} \\
* & \overline{\boldsymbol{\Pi}}_4 & 0 & 0 & 0 & 0 \\
* & * & \overline{\boldsymbol{\Sigma}}_2 & 0 & 0 & 0 \\
* & * & * & \overline{\boldsymbol{\Sigma}}_2 & 0 & 0 \\
* & * & * & * & -\boldsymbol{I} & 0 \\
* & * & * & * & * & -\boldsymbol{I}
\end{bmatrix} < 0 \tag{5-17}
$$

其中

$$
\overline{\boldsymbol{\Pi}}_1 = \begin{bmatrix}
A\overline{P} + \overline{P}A^{\mathrm{T}} + \overline{Q}_1 & 0 & \alpha B\overline{K} & 0 & (1-\alpha)B\overline{K} & 0 & E \\
* & \overline{Q}_2 - \overline{Q}_1 & 0 & 0 & 0 & 0 & 0 \\
* & * & 0 & 0 & 0 & 0 & 0 \\
* & * & * & \overline{Q}_3 - \overline{Q}_2 & 0 & 0 & 0 \\
* & * & * & * & 0 & 0 & 0 \\
* & * & * & * & * & -\overline{Q}_3 & 0 \\
* & * & * & * & * & * & -\gamma^2 \boldsymbol{I}
\end{bmatrix}
$$

$$
\overline{\boldsymbol{\Pi}}_2 = \begin{bmatrix} \overline{S} & \overline{W} - \overline{S} & \overline{U} - \overline{W} & \overline{V} - \overline{U} & \overline{Z} - \overline{V} & -\overline{Z} & 0 \end{bmatrix}
$$

$$
\overline{\boldsymbol{\Pi}}_3 = \begin{bmatrix} \sqrt{c_1}\overline{S} & \sqrt{c_1}\overline{W} & \sqrt{c_1}\overline{U} & \sqrt{2(c_2 - c_1)}\overline{V} & \sqrt{2(c_2 - c_1)}\overline{Z} \end{bmatrix}
$$

$$
\overline{\boldsymbol{\Pi}}_4 = \mathrm{diag}\{\overline{R}_1 - 2\overline{P}, \overline{R}_2 - 2\overline{P}, \overline{R}_2 - 2\overline{P}, \overline{R}_3 - 2\overline{P}, \overline{R}_3 - 2\overline{P}\}
$$

$$
\boldsymbol{\Pi}_5 = \begin{bmatrix} A\overline{P} & 0 & \alpha B\overline{K} & 0 & (1-\alpha)B\overline{K} & 0 & E \end{bmatrix}
$$

$$
\overline{\boldsymbol{\Pi}}_6 = \begin{bmatrix} 0 & 0 & fB\overline{K} & 0 & -fB\overline{K} & 0 & 0 \end{bmatrix}
$$

$$
\overline{\boldsymbol{\Sigma}}_1 = \begin{bmatrix} \sqrt{c_1}\overline{\boldsymbol{\Pi}}_5^{\mathrm{T}} & \sqrt{c_1}\overline{\boldsymbol{\Pi}}_5^{\mathrm{T}} & \sqrt{2(c_2 - c_1)}\overline{\boldsymbol{\Pi}}_5^{\mathrm{T}} \end{bmatrix}
$$

$$
\overline{\boldsymbol{\Sigma}}_2 = \mathrm{diag}\{-\overline{R}_1, -\overline{R}_2, -\overline{R}_3\}
$$

$$
\overline{\boldsymbol{\Sigma}}_3 = \begin{bmatrix} \sqrt{c_1}\overline{\boldsymbol{\Pi}}_6^{\mathrm{T}} & \sqrt{c_1}\overline{\boldsymbol{\Pi}}_6^{\mathrm{T}} & \sqrt{2(c_2 - c_1)}\overline{\boldsymbol{\Pi}}_6^{\mathrm{T}} \end{bmatrix}
$$

$$
\overline{\boldsymbol{\Sigma}}_5 = \begin{bmatrix} C\overline{P} & 0 & \alpha D\overline{K} & 0 & (1-\alpha)D\overline{K} & 0 & 0 \end{bmatrix}
$$

$$
\overline{\boldsymbol{\Sigma}}_6 = \begin{bmatrix} 0 & 0 & fD\overline{K} & 0 & -fD\overline{K} & 0 & 0 \end{bmatrix} \tag{5-18}
$$

如果上述不等式有解,则控制器增益为

$$
\boldsymbol{K} = \overline{K}\overline{P}^{-1} \tag{5-19}
$$

证明过程与定理 2.4 类似,此处省略。

5.4 设计实例

例 5.1 很多机械系统的特性可以由弹簧、质量块和阻尼器组成的模型来表示。在本章就利用由两个小车、弹簧和阻尼器组成的机械系统为例，作为网络本地端的控制对象，该机械系统如图 5.2 所示。控制目的是设计一个控制器，使该系统在扰动消失后，能保持原位置不变(即 $y_1 - 0, y_2 - 0$)。M_1, M_2 分别为两个小车质量；k 为弹簧弹性系数；b 为黏性阻尼系数；u 为控制输入；y_1, y_2 分别为两个小车的位移。取向右为力和位移的正方向。当 $u=0$ 时物体的平衡位置为位移 y_1, y_2 的零点。由牛顿第二定律，得到该系统的微分方程为

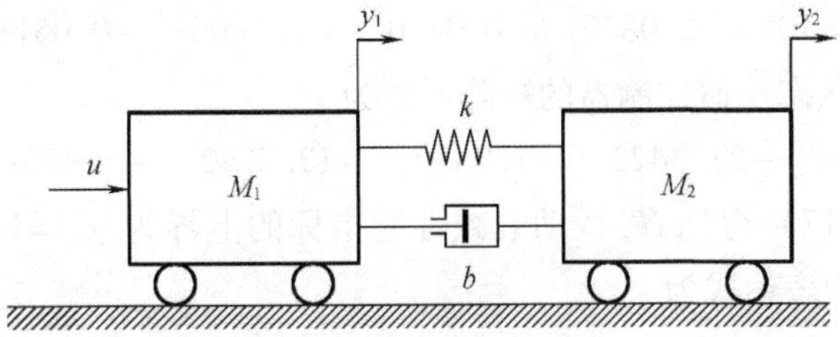

图 5.2　机械系统结构图

$$m_1\ddot{y}_1 = k(y_2 - y_1) + b(\dot{y}_2 - \dot{y}_1) + u$$
$$m_2\ddot{y}_2 = k(y_1 - y_2) + b(\dot{y}_1 - \dot{y}_2)$$

选择状态变量为 $\boldsymbol{x} = [x_1 \quad x_2 \quad x_3 \quad x_4]^{\mathrm{T}} = [y_1 \quad y_2 \quad \dot{y}_1 \quad \dot{y}_2]$。得到下列状态空间模型：

$$\dot{\boldsymbol{x}}(t) = \begin{bmatrix} 0 & 0 & 1 & 0 \\ 0 & 0 & 0 & 1 \\ -\dfrac{k}{m_1} & \dfrac{k}{m_1} & -\dfrac{b}{m_1} & \dfrac{b}{m_1} \\ \dfrac{k}{m_2} & -\dfrac{k}{m_2} & \dfrac{b}{m_2} & -\dfrac{b}{m_2} \end{bmatrix} + \begin{bmatrix} 0 \\ 0 \\ \dfrac{1}{m_1} \\ 0 \end{bmatrix} u(t) + \boldsymbol{E\omega}(t)$$

$$\boldsymbol{y}(t) = \begin{bmatrix} 1 & 0 & 0 & 0 \\ 0 & 1 & 0 & 0 \end{bmatrix} x(t) + \boldsymbol{D}u(t) \tag{5-20}$$

选择参数：$m_1 - 1$ kg，$m_2 = 2$ kg，$k = 36$ N/m，$b = 0.6$ N·s/m，则系统常数矩阵为

$$\boldsymbol{A} = \begin{bmatrix} 0 & 0 & 1 & 0 \\ 0 & 0 & 0 & 1 \\ -36 & 36 & -0.6 & 0.6 \\ 18 & -18 & 0.3 & -0.3 \end{bmatrix}, \boldsymbol{B} = \begin{bmatrix} 0 \\ 0 \\ 1 \\ 0 \end{bmatrix}$$

$$\boldsymbol{C} = \begin{bmatrix} 1 & 0 & 0 & 0 \\ 0 & 1 & 0 & 0 \end{bmatrix}, \boldsymbol{D} = 0, \boldsymbol{E} = [0 \quad 0 \quad 0.1 \quad 0]^{\mathrm{T}}$$

系统矩阵 $\boldsymbol{A}$ 的特征值为 $-0.4500 \pm 7.3347i,0,0$，因此该系统是不稳定的。我们的目的是设计一个状态反馈控制器，使得该系统是指数均方稳定的，并且具有给定的 H_∞ 性能指标 γ。假设网络流量空闲的发生概率和两个采样周期发生的概率如下：

$$\mathrm{Prob}\{\kappa(t)=1\}=0.6;\mathrm{Prob}\{c_1=0.01\}=0.8,\mathrm{Prob}\{c_2=0.1\}=0.2$$

根据定理5.2，得到下述矩阵：

$$\overline{\boldsymbol{P}}=\begin{bmatrix} 3.0015 & 1.0525 & -11.3070 & -6.0413 \\ 1.0525 & 1.8837 & 1.0228 & -3.1611 \\ -11.3070 & 1.0228 & 116.1922 & 6.6240 \\ -6.0413 & -3.1611 & 6.6240 & 30.5720 \end{bmatrix}$$

$$\overline{\boldsymbol{K}}=10^3\times[0.0876 \quad -0.0310 \quad -1.2066 \quad -0.0511]$$

根据式(5-19)状态反馈控制器的矩阵增益为

$$\boldsymbol{K}=[-27.3422 \quad -1.7539 \quad -12.7742 \quad -4.4869]$$

根据不等式(5-17)，得到 H_∞ 扰动衰减性能指标的上界为 $\gamma^*=0.0089$。假设在零初始条件下，外部扰动的表达式为

$$\omega(t)=\begin{cases} 5 & 10\text{ s}\leqslant t<20\text{ s} \\ -5 & 20\text{ s}\leqslant t<30\text{ s} \\ 0 & \text{其他} \end{cases}$$

系统的状态曲线图和控制器输出如图5.3和图5.4所示，该网络控制系统在零初始条件下，遇到扰动，能在扰动消失后，状态变量收敛到零，显示所设计的控制器的有效性。通过计算，$\|\omega\|_2=22.3601$，$\|y\|_2=0.0026$，得到 $\|y\|_2/\|\omega\|_2=0.0002<\gamma^*=0.0089$，说明了所设计的 H_∞ 控制器的有效性。接下来，当在网络控制系统中考虑随机采样时，所得到的结果比单采样周期系统的结果具有更低的保守性。先给定 H_∞ 性能指标为 $\gamma=0.7$，在单采样的时候，保证系统稳定及 H_∞ 性能指标时，可得到最大采样周期为0.05 s。然而，在考虑系统有两个采样周期以一定概率的形式出现时，采样周期 c_2 可以达到较大的值，依然保证系统稳定及 H_∞ 性能指标。例如，当 $c_1=0.01$s 和 $\beta=0.9$ 时，根据定理5.2所提出的方法，c_2 的最大值在保证系统的 H_∞ 性能指标时可以达到0.14 s。更多的计算结果列于表5.1至表5.4中。

表5.1 当 $c_1=0.01,\gamma=0.7$，概率 β 取不同的值时，采样周期 c_2 的最大值

β	0.9	0.8	0.7	0.6	0.5	0.4
c_2	0.14	0.11	0.1	0.09	0.08	0.07

表5.2 当 $\beta=0.8,\gamma=0.7$，采样周期 c_1 取不同的值时，采样周期 c_2 的最大值

c_1	0.001	0.005	0.01	0.02	0.04	0.05
c_2	0.12	0.11	0.11	0.1	0.07	0.06

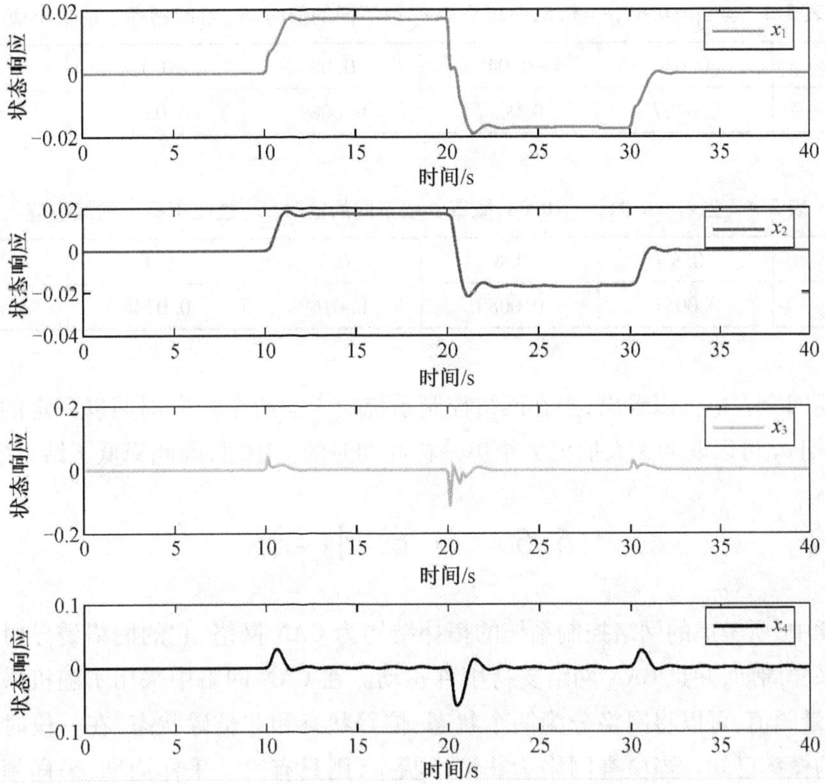

图 5.3　状态变量响应曲线

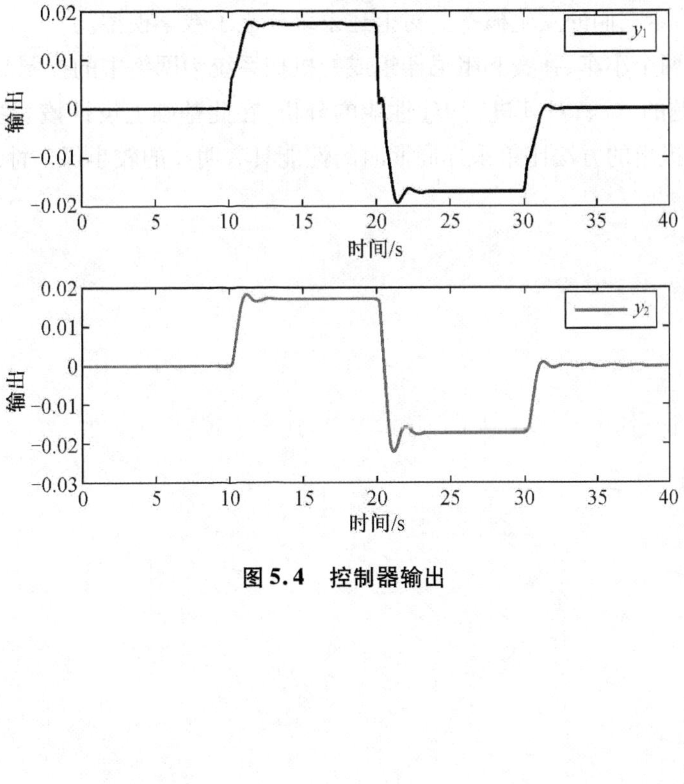

图 5.4　控制器输出

表 5.3 当 $c_1=0.01$，$\beta=0.8$，采样周期 c_2 取不同的值时，H_∞ 性能指标 γ 的最小值

c_2	0.02	0.04	0.08	0.1	0.11
γ	0.0007	0.0017	0.0089	0.0381	0.1444

表 5.4 当 $c_1=0.01$，$c_2=0.08$，概率 β 取不同的值时，H_∞ 性能指标 γ 的最小值

β	0.9	0.8	0.7	0.6	0.5
γ	0.0051	0.0089	0.0169	0.0348	0.0871

从上述四个表中可以看出，当在网络控制系统中考虑两个采样周期以一定的概率发生时，采样周期 c_2 可以取的最大值要大于单采样周期时的上限值，因此降低了结果的保守性。

5.5 本章小结

在本章中，所考虑的网络控制系统的拓扑结构为 CAN 网络，它的网络诱导时延一般小于系统的采样周期，并且 CAN 网络支持事件驱动。在 CAN 网络中采用了随机采样调度方法，设定流量阈值，可以将网络分为两个状态：忙碌状态和非忙碌状态，在一段时间内两个状态发生的概率已知。当检查网络为非忙碌状态，则只有一个采样周期，采样频率的大小根据 NCS 系统实际情况选择，当监测网络为忙碌状态时，就发生变采样的调度。即，考虑网络有两个采样频率，一个采样频率的值和单采样频率值相同；另一个采样频率的值比单采样频率的值小，给定它们的发生概率。对上述系统建立了数学模型。

选择一个由两个小车、弹簧和阻尼器组成的机械系统为网络中的控制对象，按照第 2 章处理 H_∞ 控制问题的方法，对其进行 H_∞ 性能的分析，在此基础上设计该系统的 H_∞ 控制器。仿真表明本章所提出的方法比单采样周期时的性能具有明显的较小保守性。

第6章 网络化随机系统的镇定及性能分析

6.1 引　　言

众所周知,随机变量普遍存在于实际动态系统中,如网络控制系统、宏观经济学系统、人口动态和化学反应系统等。随机系统则是指那些含有随机变量的系统,随机变量如内部随机参数、外部随机干扰、随机观测噪声、随机延时、随机丢包、测量丢失和随机动态过程等[187-190]。20世纪50年代伊藤清提出了Itô随机微分方程的概念,随后,对随机微分方程的研究受到了广泛重视,并渗透到很多领域。在文献[191]中,Mao提出了对随机微分方程的综合性结果。在文献[86]中,Xu等针对带有时变延时的不确定随机系统,研究了H_∞输出反馈控制问题,采用了自由权矩阵的方法,有效地降低了结果的保守性。最近,国内外学者对于随机系统主要研究该系统的性能分析问题[192,193]和状态估计问题[194]等。

在相关的文献中,通常假设网络控制系统中控制对象是确定性系统。很多学者开始研究网络控制系统中的对象是随机系统时对系统的性能分析的研究,并得到了很多的相关报道。在文献[195]中,Zhou等针对带有网络诱导延时和数据包丢失的一类不确定随机系统,研究了其基于网络的H_∞控制问题。在上述文献中,通常假设系统中的状态变量是全部可测的和状态反馈控制可以实现的。然而,在实际应用中,不可避免地存在状态变量不完全可测。对此类系统的控制器设计主要有两种方法:第一种方法是设计输出反馈控制器,这是由于在很多的系统中输出信号是直接可测的;第二种方法是设计基于观测器的控制器[196],通过观测器可以产生逼近于被观测系统的观测变量。在文献[197]中,研究了对带有随机测量丢失的连续系统的NCS设计问题。现存的文献中,对于网络化随机系统进行基于观测器的控制器设计,并满足一定的鲁棒性和H_∞性能等,研究结果还很少,这促进了现在的研究。

本章主要研究了在通信受限情形下非线性随机系统的镇定和基于观测器的输出反馈控制问题。考虑随机系统的输出信号和控制器之间的数据传输经过网络完成,网络环境下存在网络诱导延迟、数据丢包和量化误差等问题。首先对该系统进行了稳定性分析,构建了新的二次型Lyapunov函数方程,引入了自由权矩阵的方法去除单积分项,从而降低了结果的保守性,得到了闭环系统的均方渐近稳定的充分条件。进一步考虑在工程中广泛出现的范数有界不确定性,得到了满足H_∞性能的闭环系统的鲁棒均方渐近稳定的充分条件。

最后,在此基础上,利用 LMI 技术,解决了网络化随机系统具有闭环系统 H_∞ 性能指标约束的基于观测器的输出反馈控制器的设计问题。

6.2 问题描述

网络环境下基于观测器的随机系统如图 6.1 所示。为了方便起见,假设从控制对象到控制器数据传输是通过网络完成的,从控制器到控制对象的数据传输是正常传输。控制对象通过网络连续给控制器发送输出信号 $y(t)$。$y(t)$ 首先被采样器采样,假设采样器为时钟驱动。然后,$y(t_k)$,其中 t_k表示采样时刻,$k=0,1,2,\cdots$,由量化装置来编码和解码并传输给零阶保持器(ZOH),假设 ZOH 为事件驱动。$\hat{y}(t)$ 和 $u(t)$ 是基于观测器的控制器的输入;$\hat{x}(t)$ 是其输出。

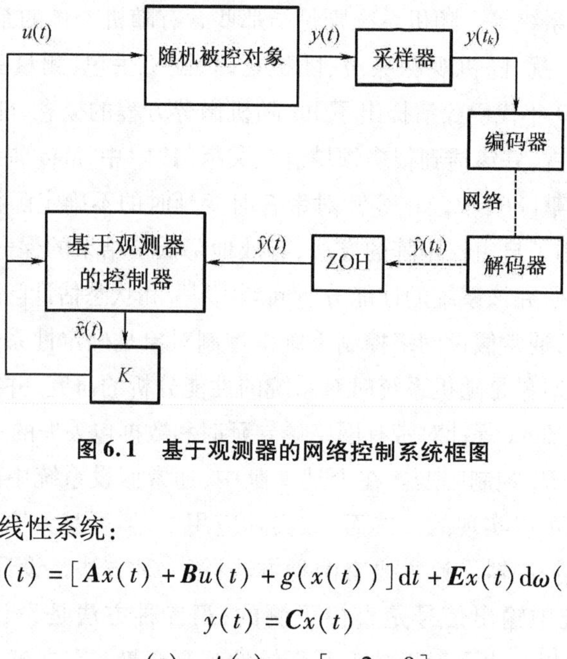

图 6.1 基于观测器的网络控制系统框图

考虑如下随机非线性系统:

$$\begin{aligned} dx(t) &= [\boldsymbol{A}x(t)+\boldsymbol{B}u(t)+g(x(t))]dt+\boldsymbol{E}x(t)d\omega(t) \\ y(t) &= \boldsymbol{C}x(t) \\ x(t) &= \phi(t), t\in[-2\kappa,0] \end{aligned} \tag{6-1}$$

其中,$x(t)\in\mathbb{R}^n$ 为状态变量;$u(t)\in\mathbb{R}^p$ 为控制输入;$y(t)\in\mathbb{R}^p$ 为控制输出;$g(\cdot):\mathbb{R}^n\rightarrow\mathbb{R}^{n_f}$ 是未知的非线性函数;$\boldsymbol{C}$ 和 $\boldsymbol{E}$ 表示维数适当的定常矩阵;κ 为最大延时;$\omega(t)$ 是零均值的维纳过程,满足$\mathbb{E}\{d\omega(t)\}=0$ 和$\mathbb{E}\{d\omega(t)^2\}=dt$。

对于系统(6-1),假设状态变量非完全可测的,因此我们考虑如下基于观测器的控制器:

$$\begin{aligned} d\hat{x}(t) &= [\boldsymbol{A}\hat{x}(t)+\boldsymbol{B}u(t)+g(\hat{x}(t))+\boldsymbol{L}(\hat{y}(t)-\boldsymbol{C}\hat{x}(t))]dt \\ u(t) &= \boldsymbol{K}\hat{x}(t) \end{aligned} \tag{6-2}$$

其中,$\hat{x}(t)\in\mathbb{R}^n$是状态变量 $x(t)$ 的估计值;$\hat{y}(t)\in\mathbb{R}^p$表示 ZOH 的输出信号;$\boldsymbol{K}$ 和 $\boldsymbol{L}$ 分别是控制器增益和观测器增益。

在控制器(6-2)作用下，得到系统(6-1)的闭环形式如下：

$$dx(t)=[\boldsymbol{A}x(t)+\boldsymbol{BK}\hat{x}(t)+g(x(t))]dt+\boldsymbol{E}x(t)d\omega(t) \tag{6-3}$$

本书中，选择量化装置为对数量化器。量化层的集合描述如下：

$$U_i=\{\pm u_i^{(j)},u_i^{(j)}=\rho_j^i u_0^{(j)},i=\pm 1,\pm 2,\cdots\}\cup\{\pm u_0^{(j)}\}\cup\{0\},0<\rho_j<1,u_0^{(j)}>0 \tag{6-4}$$

每一个量化层 $u_i^{(j)}$ 对应一个段，这样量化器就能覆盖整个量化层。对于对数量化装置，相应的量化器 $f_i(\cdot)$ 定义如下：

$$f_i(v)=\begin{cases} u_i^{(j)} & \dfrac{1}{1+\sigma_j}u_i^{(j)}<v\leqslant\dfrac{1}{1-\sigma_j}u_i^{(j)},v>0 \\ 0 & v=0 \\ -f_j(-v) & v<0 \end{cases} \tag{6-5}$$

其中，$\sigma_j=\dfrac{1-\rho_j}{1+\rho_j}$。

当考虑从采样器到零阶保持器的网络通信延时 η_k 时，量化器输出信号描述如下：

$$\hat{y}(t_k)=f(y(t_k-\eta_k))=[f_1(y_1(t_k-\eta_k))\quad f_2(y_2(t_k-\eta_k))\quad\cdots\quad f_n(y_n(t_k-\eta_k))]^{\mathrm{T}} \tag{6-6}$$

考虑零阶保持器，得到

$$\hat{y}(t)=f(y(t_k-\eta_k)),\quad t_k\leqslant t<t_{k+1} \tag{6-7}$$

其中，t_{k+1} 是 t_k 时刻后的下一个更新信号。

网络诱导延时 η_k 满足：

$$0\leqslant\eta_k\leqslant\bar{\eta} \tag{6-8}$$

其中，$\bar{\eta}$ 表示最大延时值。此外，从上个更新时刻 t_k 到下一个更新时刻 t_{k+1}，丢包数的累加和标记为 δ_{k+1}。假设最大丢包数值为 $\bar{\delta}$，即

$$\delta_{k+1}\leqslant\bar{\delta} \tag{6-9}$$

然后，从式(6-8)和式(6-9)可以得到

$$t_{k+1}-t_k=(\delta_{k+1}+1)h+\eta_{k+1}-\eta_k \tag{6-10}$$

其中，h 表示采样周期。

现在，对式(6-7)中的 $t_k-\eta_k$ 用如下形式表示：

$$t_k-\eta_k=t-\eta(t) \tag{6-11}$$

其中

$$\eta(t)=t-t_k+\eta_k \tag{6-12}$$

那么，从式(6-10)得到

$$0\leqslant\eta(t)\leqslant\kappa \tag{6-13}$$

其中

$$\kappa=\bar{\eta}+(\bar{\delta}+1)h \tag{6-14}$$

考虑式(6-5)中的量化,并将式(6-11)带入式(6-7)中,式(6-2)可以表达为

$$
\begin{aligned}
\mathrm{d}\hat{x}(t) &= [\boldsymbol{A}\hat{x}(t)+\boldsymbol{B}u(t)+g(\hat{x}(t))+\boldsymbol{L}((\boldsymbol{I}+\boldsymbol{\Lambda}(t))y(t-\eta(t))-\boldsymbol{C}\hat{x}(t))]\mathrm{d}t\\
u(t) &= \boldsymbol{K}\hat{x}(t)
\end{aligned}
\tag{6-15}
$$

其中

$$
\boldsymbol{\Lambda}(t)=\mathrm{diag}\{\Lambda_1(t),\Lambda_2(t),\cdots,\Lambda_n(t)\},\Lambda_j(t)\in[-\sigma_j,\sigma_j],j=1,\cdots,n
$$

定义估计误差向量 $e(t)=x(t)-\hat{x}(t)$,得到

$$
\begin{aligned}
\mathrm{d}x(t) &= [(\boldsymbol{A}+\boldsymbol{BK})x(t)-\boldsymbol{BK}e(t)+g(x(t))]\mathrm{d}t+\boldsymbol{E}x(t)\mathrm{d}\omega(t)\\
\mathrm{d}e(t) &= [\boldsymbol{LC}x(t)+(\boldsymbol{A}-\boldsymbol{LC})e(t)+g(x(t))-g(x(t)-e(t))-\boldsymbol{L}(I+\boldsymbol{\Lambda}(t))\times\\
&\quad \boldsymbol{C}x(t-\eta(t))]\mathrm{d}t+\boldsymbol{E}x(t)\mathrm{d}\omega(t)
\end{aligned}
\tag{6-16}
$$

在给出主要结果之前,我们先给出以下假设和引理。

假设 6.1 假设系统(6-1)是可观且可控的。

非线性向量函数 $g(x(t))$ 满足**假设 3.2**。

引理 6.1[198] 给定适当维数的矩阵 $\boldsymbol{\Sigma}_1,\boldsymbol{\Sigma}_2$ 和 $\boldsymbol{\Sigma}_3$,且 $\boldsymbol{\Sigma}_1^{\mathrm{T}}=\boldsymbol{\Sigma}_1$,那么对于所有满足 $\boldsymbol{H}^{\mathrm{T}}(t)\boldsymbol{H}(t)\leqslant\boldsymbol{I}$ 的 $\boldsymbol{H}(t)$,则有

$$
\boldsymbol{\Sigma}_1+\boldsymbol{\Sigma}_3\boldsymbol{H}(t)\boldsymbol{\Sigma}_2+\boldsymbol{\Sigma}_2^{\mathrm{T}}\boldsymbol{H}^{\mathrm{T}}(t)\boldsymbol{\Sigma}_3^{\mathrm{T}}<0 \tag{6-17}
$$

成立,当且仅当存在标量 $\varepsilon>0$ 使下式成立:

$$
\boldsymbol{\Sigma}_1+\varepsilon^{-1}\boldsymbol{\Sigma}_3\boldsymbol{\Sigma}_3^{\mathrm{T}}+\varepsilon\boldsymbol{\Sigma}_2^{\mathrm{T}}\boldsymbol{\Sigma}_2<0 \tag{6-18}
$$

引理 6.2[196] 假设存在矩阵

$$
\boldsymbol{A}=\begin{bmatrix} a_{11} & a_{12} & \cdots & a_{1n}\\ a_{21} & a_{22} & \cdots & a_{2n}\\ \vdots & \vdots & & \vdots\\ a_{n1} & a_{n2} & \cdots & a_{nn}\end{bmatrix}<0
$$

和

$$
\boldsymbol{B}=\begin{bmatrix} b_{11} & b_{12} & \cdots & b_{1m}\\ b_{21} & b_{22} & \cdots & b_{2m}\\ \vdots & \vdots & & \vdots\\ b_{m1} & b_{m2} & \cdots & b_{mm}\end{bmatrix}<0
$$

则有

$$
\boldsymbol{C}=\begin{bmatrix} \boldsymbol{A} & \boldsymbol{0}_{n\times k}\\ \boldsymbol{0}_{k\times n} & \boldsymbol{0}_{k\times k}\end{bmatrix}+\begin{bmatrix} \boldsymbol{0}_{l\times l} & \boldsymbol{0}_{l\times m}\\ \boldsymbol{0}_{m\times l} & \boldsymbol{B}\end{bmatrix}<0 \tag{6-19}
$$

其中 $a_{ij}\in\mathbb{R}$, $i,j=1,2,\cdots,n$ 和 $b_{ij}\in\mathbb{R}$, $i,j=1,2,\cdots,m$, $k\leqslant n$, $l\leqslant m$, $s=\min\{k,l\}$ 和 $n+k=l+m$.

6.3　网络化随机系统的稳定性分析及镇定

6.3.1　随机系统的稳定性分析

在本小节，考虑了在通信受限情形下，对随机系统的均方渐近稳定性分析问题。下面的定理给出：如果存在一些矩阵满足一定的 LMI，则能保证闭环系统（6-16）是均方渐近稳定的。

定理 6.1　考虑如图 6.1 所示的网络化控制系统。随机系统（6-16）是均方渐近稳定的充分条件为存在标量 $\varepsilon_i>0,(i=1,2,3)$ 和矩阵 $\boldsymbol{P}_j>0,\boldsymbol{R}_j>0,\boldsymbol{S}_j,\boldsymbol{U}_j(j=1,2)$ 满足以下不等式

$$\begin{bmatrix} \boldsymbol{\Pi}_1+\varepsilon_3\boldsymbol{\Pi}_4^{\mathrm{T}}\boldsymbol{\Pi}_4 & \sqrt{\kappa+1}\boldsymbol{V} & \boldsymbol{\Pi}_2^{\mathrm{T}} & \boldsymbol{\Pi}_3^{\mathrm{T}} & \boldsymbol{\Pi}_5^{\mathrm{T}} \\ * & \boldsymbol{\Pi}_6 & 0 & 0 & 0 \\ * & * & -\boldsymbol{R}_1^{-1} & 0 & 0 \\ * & * & * & -\boldsymbol{R}_2^{-1} & -\boldsymbol{L} \\ * & * & * & * & -\varepsilon_3\boldsymbol{I} \end{bmatrix}<0 \tag{6-20}$$

其中

$$\boldsymbol{\Pi}_1=\mathrm{sym}(\boldsymbol{W}_x^{\mathrm{T}}\boldsymbol{P}_1\boldsymbol{W}_{r_1}+\boldsymbol{W}_e^{\mathrm{T}}\boldsymbol{P}_2\boldsymbol{W}_{r_2}+\boldsymbol{V}\boldsymbol{W}_v-\boldsymbol{W}_x^{\mathrm{T}}(\varepsilon_2\boldsymbol{G}^{\mathrm{T}}\boldsymbol{G})\boldsymbol{W}_e)+\boldsymbol{W}_g^{\mathrm{T}}\boldsymbol{\Psi}_1\boldsymbol{W}_g+\boldsymbol{W}_x^{\mathrm{T}}\boldsymbol{E}^{\mathrm{T}}(\boldsymbol{P}_1+\kappa\boldsymbol{R}_1+\boldsymbol{P}_2+\kappa\boldsymbol{R}_2)\boldsymbol{W}_x$$

$$\boldsymbol{W}_x=[\boldsymbol{I}_n\quad \boldsymbol{0}_{n,5n}]$$

$$\boldsymbol{W}_e=[\boldsymbol{0}_{n,2n}\quad \boldsymbol{I}_n\quad \boldsymbol{0}_{n,3n}]$$

$$\boldsymbol{V}=[\widetilde{\boldsymbol{S}}\quad \widetilde{\boldsymbol{U}}]$$

$$\boldsymbol{\Psi}_1=\mathrm{diag}\{(\varepsilon_1+\varepsilon_2)\boldsymbol{G}^{\mathrm{T}}\boldsymbol{G},\varepsilon_2\boldsymbol{G}^{\mathrm{T}}\boldsymbol{G},-\varepsilon_1\boldsymbol{I},-\varepsilon_2\boldsymbol{I}\}$$

$$\widetilde{\boldsymbol{S}}=[\boldsymbol{S}_1^{\mathrm{T}}\quad \boldsymbol{S}_2^{\mathrm{T}}\quad \boldsymbol{0}_n\quad \boldsymbol{0}_n\quad \boldsymbol{0}_n\quad \boldsymbol{0}_n]^{\mathrm{T}}$$

$$\widetilde{\boldsymbol{U}}=[\boldsymbol{0}_n\quad \boldsymbol{0}_n\quad \boldsymbol{U}_1^{\mathrm{T}}\quad \boldsymbol{U}_2^{\mathrm{T}}\quad \boldsymbol{0}_n\quad \boldsymbol{0}_n]^{\mathrm{T}}$$

$$\boldsymbol{W}_v=\left[\begin{array}{cccc} \boldsymbol{I}_n & -\boldsymbol{I}_n & \boldsymbol{0}_{n,4n} & \\ \hline \boldsymbol{0}_{n,2n} & \boldsymbol{I}_n & -\boldsymbol{I}_n & \boldsymbol{0}_{n,2n} \end{array}\right]$$

$$\boldsymbol{W}_g=\left[\begin{array}{ccc} \boldsymbol{I}_n & \boldsymbol{0}_{n,5n} & \\ \hline \boldsymbol{0}_{n,2n} & \boldsymbol{I}_n & \boldsymbol{0}_{n,3n} \\ \hline \boldsymbol{0}_{n,4n} & \boldsymbol{I}_n & \boldsymbol{0}_n \\ \hline \boldsymbol{0}_{n,5n} & \boldsymbol{I}_n & \end{array}\right]$$

$$\boldsymbol{\Pi}_2=\sqrt{\kappa}\boldsymbol{W}_{r_1}$$

$$\boldsymbol{\Pi}_3=\sqrt{\kappa}\boldsymbol{W}_{r_2}$$

$$\boldsymbol{\Pi}_4=[\boldsymbol{0}_n\quad \boldsymbol{\Lambda C}\quad \boldsymbol{0}_n\quad \boldsymbol{0}_n\quad \boldsymbol{0}_n\quad \boldsymbol{0}_n]$$

$$\boldsymbol{\Pi}_5=[\boldsymbol{0}_{n,p}\quad \boldsymbol{0}_{n,p}\quad -\boldsymbol{L}^{\mathrm{T}}\boldsymbol{P}_2\quad \boldsymbol{0}_{n,p}\quad \boldsymbol{0}_{n,p}\quad \boldsymbol{0}_{n,p}]$$

$$\boldsymbol{\Pi}_6=\mathrm{diag}\{-\boldsymbol{R}_1,-\boldsymbol{R}_2\}$$

$$\boldsymbol{W}_{r_1}=[\boldsymbol{A}+\boldsymbol{BK}\quad \boldsymbol{0}_n\quad -\boldsymbol{BK}\quad \boldsymbol{0}_n\quad \boldsymbol{I}_n\quad \boldsymbol{0}_n]$$

$$\boldsymbol{W}_{r_2}=[\boldsymbol{LC}\quad -\boldsymbol{LC}\quad \boldsymbol{A}-\boldsymbol{LC}\quad \boldsymbol{0}_n\quad \boldsymbol{I}_n\quad -\boldsymbol{I}_n]$$

$$\boldsymbol{\Lambda}=\mathrm{diag}\{\boldsymbol{\Lambda}_1,\boldsymbol{\Lambda}_2,\cdots,\boldsymbol{\Lambda}_n\} \tag{6-21}$$

证明 为了技术上的方便，我们把式(6-16)写成

$$\mathrm{d}x(t)=r_1(t)\mathrm{d}t+\boldsymbol{E}x(t)\mathrm{d}\omega(t)$$

$$\mathrm{d}e(t)=r_2(t)\mathrm{d}t+\boldsymbol{E}x(t)\mathrm{d}\omega(t)$$

其中

$$r_1(t)=(\boldsymbol{A}+\boldsymbol{BK})x(t)-\boldsymbol{BK}e(t)+g(x(t))$$

$$r_2(t)=\boldsymbol{LC}x(t)+(\boldsymbol{A}-\boldsymbol{LC})e(t)+g(x(t))-g(x(t)-e(t))-\boldsymbol{L}(\boldsymbol{I}+\boldsymbol{\Lambda}(t))\boldsymbol{C}x(t-\eta(t)) \tag{6-22}$$

选取如下 Lyapunov－Krasovskii 泛函：

$$\begin{aligned}V(t)&=x^{\mathrm{T}}(t)\boldsymbol{P}_1x(t)+\int_{t-\kappa}^{t}\int_{s}^{t}r_1^{\mathrm{T}}(\theta)\boldsymbol{R}_1r_1(\theta)\mathrm{d}\theta\mathrm{d}s+\int_{t-\kappa}^{t}\int_{s}^{t}x^{\mathrm{T}}(\theta)\boldsymbol{E}^{\mathrm{T}}\boldsymbol{R}_1\boldsymbol{E}x(\theta)\mathrm{d}\theta\mathrm{d}s+\\&\quad e^{\mathrm{T}}(t)\boldsymbol{P}_2e(t)+\int_{t-\kappa}^{t}\int_{s}^{t}r_2^{\mathrm{T}}(\theta)\boldsymbol{R}_2r_2(\theta)\mathrm{d}\theta\mathrm{d}s+\int_{t-\kappa}^{t}\int_{s}^{t}x^{\mathrm{T}}(\theta)\boldsymbol{E}^{\mathrm{T}}\boldsymbol{R}_2\boldsymbol{E}x(\theta)\mathrm{d}\theta\mathrm{d}s\end{aligned} \tag{6-23}$$

其中，$\boldsymbol{P}_j>0,\boldsymbol{R}_j>0,(j=1,2)$是待选择的矩阵。通过 Itô's 公式和式(6-23)，得到下面随机微分方程

$$\mathrm{d}V(t)=\mathcal{L}V(t)\mathrm{d}t+2(x^{\mathrm{T}}(t)\boldsymbol{P}_1\boldsymbol{E}x(t)+e^{\mathrm{T}}(t)\boldsymbol{P}_2\boldsymbol{E}x(t))\mathrm{d}\omega(t)$$

和

$$\begin{aligned}\mathcal{L}V(t)&=2x^{\mathrm{T}}(t)\boldsymbol{P}_1r_1(t)+r_1^{\mathrm{T}}(t)\kappa\boldsymbol{R}_1r_1(t)-\int_{t-\kappa}^{t}r_1^{\mathrm{T}}(s)\boldsymbol{R}_1r_1(s)\mathrm{d}s+\\&\quad x^{\mathrm{T}}(t)\boldsymbol{E}^{\mathrm{T}}(\boldsymbol{P}_1+\kappa\boldsymbol{R}_1)\boldsymbol{E}x(t)-\int_{t-\kappa}^{t}x^{\mathrm{T}}(s)\boldsymbol{E}^{\mathrm{T}}\boldsymbol{R}_1\boldsymbol{E}x(s)\mathrm{d}s+2e^{\mathrm{T}}(t)\boldsymbol{P}_2r_2(t)+\\&\quad r_2^{\mathrm{T}}(t)\kappa\boldsymbol{R}_2r_2(t)-\int_{t-\kappa}^{t}r_2^{\mathrm{T}}(s)\boldsymbol{R}_2r_2(s)\mathrm{d}s+x(t)^{\mathrm{T}}\boldsymbol{E}^{\mathrm{T}}(\boldsymbol{P}_2+\kappa\boldsymbol{R}_2)\boldsymbol{E}x(t)-\\&\quad \int_{t-\kappa}^{t}x^{\mathrm{T}}(s)\boldsymbol{E}^{\mathrm{T}}\boldsymbol{R}_2\boldsymbol{E}x(s)\mathrm{d}s\\&\leqslant 2x^{\mathrm{T}}(t)\boldsymbol{P}_1r_1(t)+r_1^{\mathrm{T}}(t)\kappa\boldsymbol{R}_1r_1(t)+x(t)^{\mathrm{T}}\boldsymbol{E}^{\mathrm{T}}(\boldsymbol{P}_1+\kappa\boldsymbol{R}_1+\boldsymbol{P}_2+\kappa\boldsymbol{R}_2)\boldsymbol{E}x(t)-\\&\quad \int_{t-\eta(t)}^{t}r_1^{\mathrm{T}}(s)\boldsymbol{R}_1r_1(s)\mathrm{d}s-\int_{t-\eta(t)}^{t}x^{\mathrm{T}}(s)\boldsymbol{E}^{\mathrm{T}}\boldsymbol{R}_1\boldsymbol{E}x(s)\mathrm{d}s+2e^{\mathrm{T}}(t)\boldsymbol{P}_2r_2(t)+\\&\quad r_2^{\mathrm{T}}(t)\kappa\boldsymbol{R}_2r_2(t)-\int_{t-\eta(t)}^{t}r_2^{\mathrm{T}}(s)\boldsymbol{R}_2r_2(s)\mathrm{d}s-\int_{t-\eta(t)}^{t}x^{\mathrm{T}}(s)\boldsymbol{E}^{\mathrm{T}}\boldsymbol{R}_2\boldsymbol{E}x(s)\mathrm{d}s+2X_1(t)+\\&\quad 2X_2(t)\end{aligned} \tag{6-24}$$

其中

$$X_1(t) = \xi_1^{\mathrm{T}}(t)\boldsymbol{S}\Big(x(t) - x(t-\eta(t)) - \int_{t-\eta(t)}^{t} r_1(s)\,\mathrm{d}s - \int_{t-\eta(t)}^{t} \boldsymbol{E}x(s)\,\mathrm{d}\omega(s)\Big) = 0$$

$$X_2(t) = \xi_2^{\mathrm{T}}(t)\boldsymbol{U}\Big(e(t) - e(t-\eta(t)) - \int_{t-\eta(t)}^{t} r_2(s)\,\mathrm{d}s - \int_{t-\eta(t)}^{t} \boldsymbol{E}x(s)\,\mathrm{d}\omega(s)\Big) = 0$$

$$\xi_1^{\mathrm{T}}(t) = [x^{\mathrm{T}}(t) \quad x^{\mathrm{T}}(t-\eta(t))]$$

$$\xi_2^{\mathrm{T}}(t) = [e^{\mathrm{T}}(t) \quad e^{\mathrm{T}}(t-\eta(t))]$$

$$\boldsymbol{S} = [\boldsymbol{S}_1^{\mathrm{T}} \quad \boldsymbol{S}_2^{\mathrm{T}}]^{\mathrm{T}}$$

$$\boldsymbol{U} = [\boldsymbol{U}_1^{\mathrm{T}} \quad \boldsymbol{U}_2^{\mathrm{T}}]^{\mathrm{T}}$$

从式(3-4)得到

$$Y_1(t) = \varepsilon_1 x^{\mathrm{T}}(t)\boldsymbol{G}^{\mathrm{T}}\boldsymbol{G}x(t) - \varepsilon_1 g^{\mathrm{T}}(x(t))g(x(t)) \geqslant 0$$

$$Y_2(t) = \varepsilon_2(x(t)-e(t))^{\mathrm{T}}\boldsymbol{G}^{\mathrm{T}}\boldsymbol{G}(x(t)-e(t)) - \varepsilon_2 g^{\mathrm{T}}(x(t)-e(t))g(x(t)-e(t)) \geqslant 0 \tag{6-25}$$

其中 ε_1 和 ε_2 是正标量。然后,在式(6-24)两边同时取期望,得到

$$\mathbb{E}\{\mathcal{L}V(t)\} + Y_1(t) + Y_2(t) \leqslant \mathbb{E}\{\boldsymbol{\xi}^{\mathrm{T}}(t)[\overline{\boldsymbol{\Pi}}_6 + \boldsymbol{\Sigma}_4 + \boldsymbol{\Sigma}_5]\boldsymbol{\xi}(t)\} + \boldsymbol{\Sigma}_6 + \boldsymbol{\Sigma}_7 \tag{6-26}$$

其中

$$\overline{\boldsymbol{\Pi}}_1 = \mathrm{sym}(\boldsymbol{W}_x^{\mathrm{T}}\boldsymbol{P}_1\boldsymbol{W}_{r_1} + \boldsymbol{W}_e^{\mathrm{T}}\boldsymbol{P}_2\boldsymbol{W}_{\check{r}_2} + \boldsymbol{V}\boldsymbol{W}_v) + \boldsymbol{W}_g^{\mathrm{T}}\boldsymbol{\Psi}_1\boldsymbol{W}_g + \boldsymbol{W}_x^{\mathrm{T}}\boldsymbol{E}^{\mathrm{T}}(\boldsymbol{P}_1 + \kappa\boldsymbol{R}_1 + \boldsymbol{P}_2 + \kappa\boldsymbol{R}_2)\boldsymbol{W}_x$$

$$\boldsymbol{\Sigma}_4 = \kappa\boldsymbol{W}_{r_1}^{\mathrm{T}}\boldsymbol{R}_1\boldsymbol{W}_{r_1} + \kappa\boldsymbol{W}_{\check{r}_2}^{\mathrm{T}}\boldsymbol{R}_2\boldsymbol{W}_{\check{r}_2}$$

$$\boldsymbol{\Sigma}_5 = (\kappa+1)\widetilde{\boldsymbol{S}}\boldsymbol{R}_1^{-1}\widetilde{\boldsymbol{S}}^{\mathrm{T}} + (\kappa+1)\widetilde{\boldsymbol{U}}\boldsymbol{R}_2^{-1}\widetilde{\boldsymbol{U}}^{\mathrm{T}}$$

$$\boldsymbol{W}_{\check{r}_2} = [\boldsymbol{LC} \quad -\boldsymbol{L}(\boldsymbol{I}+\boldsymbol{\Lambda}(t))\boldsymbol{C} \quad \boldsymbol{A}-\boldsymbol{LC} \quad 0 \quad \boldsymbol{I} \quad -\boldsymbol{I}]$$

$$\boldsymbol{\Sigma}_6 = -\int_{t-\eta(t)}^{t} [\xi_1^{\mathrm{T}}(t)\boldsymbol{S} + r_1(s)\boldsymbol{R}_1]\boldsymbol{R}_1^{-1}[\boldsymbol{S}^{\mathrm{T}}\xi_1(t) + \boldsymbol{R}_1 r_1(s)]\,\mathrm{d}s$$

$$\boldsymbol{\Sigma}_7 = -\int_{t-\eta(t)}^{t} [\xi_2^{\mathrm{T}}(t)\boldsymbol{U} + r_2(s)\boldsymbol{R}_2]\boldsymbol{R}_2^{-1}[\boldsymbol{U}^{\mathrm{T}}\xi_2(t) + \boldsymbol{R}_2 r_2(s)]\,\mathrm{d}s$$

$$\boldsymbol{\xi}^{\mathrm{T}}(t) = [\xi_1^{\mathrm{T}}(t) \quad \xi_2^{\mathrm{T}}(t) \quad g^{\mathrm{T}}(x(t)) \quad g^{\mathrm{T}}(x(t)-e(t))]$$

注意到 $\boldsymbol{R}_1 > 0$ 和 $\boldsymbol{R}_2 > 0$,因此 Σ_6 和 Σ_7 是非正定的。因此,从式(6-26)可知,$\mathbb{E}\{\mathcal{L}V(t)\} + Y_1(t) + Y_2(t) < 0$ 成立,如果下式成立

$$\overline{\boldsymbol{\Pi}}_1 + \boldsymbol{\Sigma}_4 + \boldsymbol{\Sigma}_5 < 0$$

由 Schur 补引理,上式等同于

$$\begin{bmatrix} \overline{\boldsymbol{\Pi}}_1 & \sqrt{\kappa+1}\boldsymbol{V} & \boldsymbol{\Pi}_2^{\mathrm{T}} & \overline{\boldsymbol{\Pi}}_7^{\mathrm{T}} \\ * & \boldsymbol{\Pi}_6 & 0 & 0 \\ * & * & -\boldsymbol{R}_1^{-1} & 0 \\ * & * & * & -\boldsymbol{R}_2^{-1} \end{bmatrix} < 0 \tag{6-27}$$

其中 $\overline{\Pi}_7=\sqrt{\kappa}W_{\tilde{r}_2}$。以式(6-18)的形式将式(6-27)写作

$$\boldsymbol{\Sigma}_1=\begin{bmatrix}\boldsymbol{\Pi}_1 & \sqrt{\kappa+1}\boldsymbol{V} & \boldsymbol{\Pi}_2^{\mathrm{T}} & \boldsymbol{\Pi}_3^{\mathrm{T}}\\ * & \boldsymbol{\Pi}_6 & 0 & 0\\ * & * & -\boldsymbol{R}_1^{-1} & 0\\ * & * & * & -\boldsymbol{R}_2^{-1}\end{bmatrix}$$

$$\boldsymbol{\Sigma}_2=[\boldsymbol{\Pi}_4\quad 0\quad 0\quad 0]$$

$$\boldsymbol{\Sigma}_3=[\boldsymbol{\Pi}_5\quad 0\quad 0\quad -\boldsymbol{L}^{\mathrm{T}}]^{\mathrm{T}}$$

$$\boldsymbol{H}(t)=\boldsymbol{\Lambda}(t)\boldsymbol{\Lambda}^{-1}$$

通过引理6.1和Schur补引理,如果存在标量 $\varepsilon>0$ 使式(6-27)成立,则式(6-20)成立。因此,得到

$$\mathbb{E}\{\mathcal{L}V(t)\}<0$$

根据文献[199],上式保证了闭环系统(6-16)是均方渐近稳定的。证明完毕。

6.3.2 镇定控制器设计

因为我们的目的是设计 K 和 L 来使系统(6-16)镇定,式(6-20)实际上是非线性矩阵不等式。下面,我们将其转换为线性矩阵不等式,由此来解决控制器设计问题。

定理6.2 考虑如图6.1所示的网络化控制系统。存在基于观测器的控制器使闭环系统(6-16)是均方渐近稳定的充分条件为存在标量 $\varepsilon_i>0(i=1,2,3)$ 和矩阵 $\overline{\boldsymbol{P}}_1>0,\boldsymbol{P}_2\geqslant 0$, $\boldsymbol{R}_1>0,\boldsymbol{R}_2>0,\boldsymbol{Z}_i>0,\boldsymbol{Q}_i>0$ 和 $\boldsymbol{S},\boldsymbol{U},\overline{\boldsymbol{K}},\overline{\boldsymbol{L}}$,满足

$$\begin{bmatrix}\boldsymbol{\Xi}_1 & \boldsymbol{\Xi}_2\\ * & \boldsymbol{\Xi}_3\end{bmatrix}<0 \tag{6-28}$$

$$\begin{bmatrix}\boldsymbol{\Phi}_1 & \boldsymbol{\Phi}_2\\ * & \boldsymbol{\Phi}_3\end{bmatrix}<0 \tag{6-29}$$

$$\begin{bmatrix}\boldsymbol{Z}_1 & \boldsymbol{I}\\ * & \boldsymbol{Q}_1\end{bmatrix}>0,\begin{bmatrix}\boldsymbol{Z}_3 & \boldsymbol{I}\\ * & \boldsymbol{Q}_2\end{bmatrix}>0,\begin{bmatrix}\boldsymbol{R}_1 & \boldsymbol{I}\\ * & \boldsymbol{Q}_3\end{bmatrix}>0 \tag{6-30}$$

$$\boldsymbol{\Xi}_1=\mathrm{sym}(\boldsymbol{W}_e^{\mathrm{T}}\boldsymbol{P}_2\boldsymbol{W}_{\bar{r}_2}+\overline{\boldsymbol{V}}\boldsymbol{W}_{\bar{v}}-\boldsymbol{W}_{\hat{x}}^{\mathrm{T}}(\varepsilon_2\boldsymbol{G}^{\mathrm{T}}\boldsymbol{G})\boldsymbol{W}_{\bar{e}})+\boldsymbol{W}_g^{\mathrm{T}}\boldsymbol{\Psi}_1\boldsymbol{W}_{\bar{g}}+\boldsymbol{W}_z^{\mathrm{T}}\boldsymbol{Z}\boldsymbol{W}_z$$

$$\boldsymbol{\Xi}_2=[\sqrt{\kappa}\boldsymbol{Y}_1^{\mathrm{T}}\quad \sqrt{\kappa+1}\overline{\boldsymbol{V}}\quad \boldsymbol{Y}_2^{\mathrm{T}}\quad \boldsymbol{Y}_3^{\mathrm{T}}]$$

$$\boldsymbol{Z}=\mathrm{diag}\{-\boldsymbol{Z}_1,\boldsymbol{Z}_2,\boldsymbol{Z}_3\}$$

$$\boldsymbol{\Xi}_3=\mathrm{diag}\{\boldsymbol{R}_2-2\boldsymbol{P}_2,-\boldsymbol{R}_1,-\boldsymbol{R}_2,-\boldsymbol{P}_2,-\boldsymbol{R}_2,-\varepsilon_3\boldsymbol{I}\}$$

$$\boldsymbol{\Phi}_1=\mathrm{sym}(\boldsymbol{W}_x^{\mathrm{T}}\boldsymbol{W}_{\bar{r}_1})-\boldsymbol{W}_y^{\mathrm{T}}\overline{\boldsymbol{Z}}\boldsymbol{W}_y$$

$$\overline{\boldsymbol{Z}}=\mathrm{diag}\{\boldsymbol{Z}_2,2\overline{\boldsymbol{P}}_1-\overline{\boldsymbol{Q}}_2\}$$

$$\boldsymbol{\Phi}_2=\begin{bmatrix}\sqrt{\kappa}(\bar{\boldsymbol{P}}_1\boldsymbol{A}^{\mathrm{T}}+\bar{\boldsymbol{K}}^{\mathrm{T}}\boldsymbol{B}^{\mathrm{T}}) & \bar{\boldsymbol{P}}_1\boldsymbol{E}^{\mathrm{T}} & \sqrt{\kappa}\bar{\boldsymbol{P}}_1\boldsymbol{E}^{\mathrm{T}} & \bar{\boldsymbol{P}}_1\\ \sqrt{\kappa}\boldsymbol{I} & 0 & 0 & 0\\ -\sqrt{\kappa}\bar{\boldsymbol{K}}^{\mathrm{T}}\boldsymbol{B}^{\mathrm{T}} & 0 & 0 & 0\end{bmatrix}$$

$$\boldsymbol{\Phi}_3=\mathrm{diag}\{-\boldsymbol{Q}_3,-\bar{\boldsymbol{P}}_1,-\boldsymbol{Q}_3,-\boldsymbol{Q}_1\}$$

$$\bar{\boldsymbol{V}}=[\bar{\boldsymbol{S}}\quad \bar{\boldsymbol{U}}]$$

$$\boldsymbol{W}_{\hat{x}}=[\boldsymbol{0}_{n,3n}\quad \boldsymbol{I}_n\quad \boldsymbol{0}_{n,2n}]$$

$$\bar{\boldsymbol{S}}=[\boldsymbol{0}_n\quad \boldsymbol{S}_2^{\mathrm{T}}\quad \boldsymbol{0}_n\quad \boldsymbol{S}_1^{\mathrm{T}}\quad \boldsymbol{0}_n\quad \boldsymbol{0}_n]^{\mathrm{T}}$$

$$\bar{\boldsymbol{U}}=[\boldsymbol{U}_2^{\mathrm{T}}\quad \boldsymbol{0}_{n,4n}\quad \boldsymbol{U}_1^{\mathrm{T}}]^{\mathrm{T}}$$

$$\boldsymbol{W}_{\bar{x}}=[\boldsymbol{I}_n\quad \boldsymbol{0}_{n,2n}]$$

$$\boldsymbol{W}_{\bar{r}_1}=[\boldsymbol{A}\bar{\boldsymbol{P}}+\boldsymbol{B}\bar{\boldsymbol{K}}\quad \boldsymbol{I}_n\quad -\boldsymbol{B}\bar{\boldsymbol{K}}]$$

$$\boldsymbol{W}_{\bar{e}}=[\boldsymbol{0}_{n,5n}\quad \boldsymbol{I}_n]$$

$$\boldsymbol{W}_{\bar{r}_2}=[\boldsymbol{0}_n\quad -\bar{\boldsymbol{L}}\boldsymbol{C}\quad -\boldsymbol{I}_n\quad \bar{\boldsymbol{L}}\boldsymbol{C}\quad \boldsymbol{I}_n\quad \boldsymbol{A}-\bar{\boldsymbol{L}}\boldsymbol{C}]$$

$$\boldsymbol{Y}_1=[\boldsymbol{0}_n\quad -\bar{\boldsymbol{L}}\boldsymbol{C}\quad -\boldsymbol{P}_2\quad \bar{\boldsymbol{L}}\boldsymbol{C}\quad \boldsymbol{P}_2\quad \boldsymbol{P}_2\boldsymbol{A}-\bar{\boldsymbol{L}}\boldsymbol{C}]$$

$$\boldsymbol{Y}_2=\begin{bmatrix}0 & 0 & 0 & \boldsymbol{P}_2\boldsymbol{E} & 0 & 0\\ 0 & 0 & 0 & \sqrt{\kappa}\boldsymbol{R}_2\boldsymbol{E} & 0 & 0\end{bmatrix}$$

$$\boldsymbol{Y}_3=[0\quad 0\quad 0\quad 0\quad 0\quad -\bar{\boldsymbol{L}}^{\mathrm{T}}]$$

$$\boldsymbol{W}_{\bar{v}}=\left[\begin{array}{ccccc}\boldsymbol{0}_n & -\boldsymbol{I}_n & \boldsymbol{0}_n & \boldsymbol{I}_n & \boldsymbol{0}_{n,2n}\\ \hline -\boldsymbol{I}_n & -\boldsymbol{0}_{n,4n} & \boldsymbol{I}_n & & \end{array}\right]$$

$$\boldsymbol{W}_y=\left[\begin{array}{ccc}\boldsymbol{0}_n & \boldsymbol{I}_n & \boldsymbol{0}_n\\ \hline \boldsymbol{0}_{n,2n} & \boldsymbol{I}_n & \end{array}\right]$$

$$\boldsymbol{W}_{\bar{g}}=\left[\begin{array}{ccc}\boldsymbol{0}_{n,3n} & \boldsymbol{I}_n & \boldsymbol{0}_{n,2n}\\ \hline \boldsymbol{0}_{n,5n} & \boldsymbol{I}_n & \\ \hline \boldsymbol{0}_{n,4n} & \boldsymbol{I}_n & \boldsymbol{0}_n\\ \hline \boldsymbol{0}_{n,2n} & \boldsymbol{I}_n & \boldsymbol{0}_{n,3n}\end{array}\right]$$

$$\boldsymbol{W}_z=\left[\begin{array}{ccc}\boldsymbol{0}_{n,3n} & \boldsymbol{I}_n & \boldsymbol{0}_{n,2n}\\ \hline \boldsymbol{0}_{n,4n} & \boldsymbol{I}_n & \boldsymbol{0}_n\\ \hline \boldsymbol{0}_{n,5n} & \boldsymbol{I}_n & \end{array}\right]$$

若以上线性矩阵不等式有解，则控制器和观测器增益矩阵分别为

$$\boldsymbol{K}=\bar{\boldsymbol{K}}\bar{\boldsymbol{P}}_1^{-1},\boldsymbol{L}=\bar{\boldsymbol{P}}_2^{-1}\bar{\boldsymbol{L}}\tag{6-31}$$

证明　定义

$$W=\begin{bmatrix} \mathbf{0}_{n,3n} & \boldsymbol{I}_n & \mathbf{0}_{n,2n} \\ \hline \mathbf{0}_n & \boldsymbol{I}_n & \mathbf{0}_{n,4n} \\ \hline \mathbf{0}_{n,5n} & \boldsymbol{I}_n & \\ \hline \boldsymbol{I}_n & \mathbf{0}_{n,5n} & \\ \hline \mathbf{0}_{n,4n} & \boldsymbol{I}_n & \mathbf{0}_n \\ \hline \mathbf{0}_{n,2n} & \boldsymbol{I}_n & \mathbf{0}_{n,3n} \end{bmatrix}$$

用 $\boldsymbol{W}_1=\mathrm{diag}\{\boldsymbol{W},\boldsymbol{I},\boldsymbol{I},\boldsymbol{I},\boldsymbol{I},\boldsymbol{I}\}$ 对式(6-20)进行合同变换。将第1,4行分别和第3,6行交换,再将第1,4列分别和第3,6列交换,最后根据引理6.2,得到下式:

$$\begin{bmatrix} \overline{\boldsymbol{\Xi}}_1 & \overline{\boldsymbol{\Xi}}_2 \\ * & \overline{\boldsymbol{\Xi}}_3 \end{bmatrix}<0 \tag{6-32}$$

$$\begin{bmatrix} \overline{\boldsymbol{\Phi}}_1 & \overline{\boldsymbol{\Phi}}_2 \\ * & \overline{\boldsymbol{\Phi}}_3 \end{bmatrix}<0 \tag{6-33}$$

其中

$$\overline{\boldsymbol{\Xi}}_1=\mathrm{sym}(\boldsymbol{W}_e^{\mathrm{T}}\boldsymbol{P}_2\boldsymbol{W}_{\bar{r}_2}+\overline{\boldsymbol{V}}\boldsymbol{W}_{\bar{v}}-\boldsymbol{W}_{\bar{x}}^{t}(\varepsilon_2\boldsymbol{G}^{\mathrm{T}}\boldsymbol{G})\boldsymbol{W}_{\bar{e}})+\boldsymbol{W}_{\bar{g}}^{\mathrm{T}}\boldsymbol{\Psi}_1\boldsymbol{W}_{\bar{g}}+\boldsymbol{W}_z^{\mathrm{T}}\boldsymbol{Z}\boldsymbol{W}_z$$

$$\overline{\boldsymbol{\Xi}}_2=[\overline{\boldsymbol{Y}}_1^{\mathrm{T}}\quad \sqrt{\kappa+1}\,\overline{\boldsymbol{V}}\quad \overline{\boldsymbol{Y}}_2^{\mathrm{T}}\quad \overline{\boldsymbol{Y}}_3^{\mathrm{T}}]$$

$$\overline{\boldsymbol{\Xi}}_3=\mathrm{diag}\{-\boldsymbol{R}_2^{-1},-\boldsymbol{R}_1,-\boldsymbol{R}_2,-\boldsymbol{P}_2^{-1},-\boldsymbol{R}_2^{-1},-\varepsilon_3\boldsymbol{I}\}$$

$$\overline{\boldsymbol{Y}}_1=\sqrt{\kappa}\boldsymbol{W}_{\bar{r}_2}$$

$$\boldsymbol{W}_{\bar{r}_2}=[\mathbf{0}_n\quad -\boldsymbol{LC}\quad -\boldsymbol{I}_n\quad \boldsymbol{LC}\quad \boldsymbol{I}_n\quad \boldsymbol{A}-\boldsymbol{LC}]$$

$$\overline{\boldsymbol{Y}}_2=\begin{bmatrix} 0 & 0 & 0 & \boldsymbol{E} & 0 & 0 \\ 0 & 0 & 0 & \sqrt{\kappa}\boldsymbol{E} & 0 & 0 \end{bmatrix}$$

$$\overline{\boldsymbol{Y}}_3=[0\quad 0\quad 0\quad 0\quad 0\quad -\boldsymbol{L}^{\mathrm{T}}\boldsymbol{P}_2]$$

$$\overline{\boldsymbol{\Phi}}_1=\mathrm{sym}(\boldsymbol{W}_{\bar{x}}^{\mathrm{T}}\boldsymbol{P}_1\boldsymbol{W}_{\bar{r}_1})-\boldsymbol{W}_{\bar{y}}^{\mathrm{T}}\boldsymbol{Z}\boldsymbol{W}_{\bar{y}}$$

$$\boldsymbol{W}_{\bar{r}_1}=[\boldsymbol{A}+\boldsymbol{BK}\quad \boldsymbol{I}_n\quad -\boldsymbol{BK}]$$

$$\overline{\boldsymbol{\Phi}}_2=\begin{bmatrix} \sqrt{\kappa}(\boldsymbol{A}^{\mathrm{T}}+\boldsymbol{K}^{\mathrm{T}}\boldsymbol{B}^{\mathrm{T}}) & \boldsymbol{E}^{\mathrm{T}} & \sqrt{\kappa}\boldsymbol{E}^{\mathrm{T}} \\ \sqrt{\kappa}\boldsymbol{I} & 0 & 0 \\ -\sqrt{\kappa}\boldsymbol{K}^{\mathrm{T}}\boldsymbol{B}^{\mathrm{T}} & 0 & 0 \end{bmatrix}$$

$$\boldsymbol{W}_{\bar{y}}=\begin{bmatrix} \boldsymbol{I}_n & \mathbf{0}_{n,2n} & \\ \hline \mathbf{0}_n & \boldsymbol{I}_n & \mathbf{0}_n \\ \hline \mathbf{0}_{n,2n} & \boldsymbol{I}_n & \end{bmatrix}$$

$$\overline{\boldsymbol{\Phi}}_3=\mathrm{diag}\{-\boldsymbol{R}_1^{-1},-\boldsymbol{P}_1^{-1},-\boldsymbol{R}_1^{-1}\}$$

用 $\boldsymbol{J}_2=\mathrm{diag}\{\boldsymbol{I}_{6n},\boldsymbol{J}_1\}$，其中 $\boldsymbol{J}_1=\mathrm{diag}\{\boldsymbol{P}_2,\boldsymbol{I}_{2n},\boldsymbol{P}_2,\boldsymbol{R}_2,\boldsymbol{I}_n\}$，对式(6-32)进行全等变换，且定义 $\overline{\boldsymbol{L}}=\boldsymbol{P}_2\boldsymbol{L}$，得到式(6-28)。用 $\boldsymbol{J}_4=\mathrm{diag}\{\boldsymbol{J}_3,\boldsymbol{I}_{3n}\}$ 和 $\boldsymbol{J}_3=\mathrm{diag}\{\boldsymbol{P}_1^{-1},\boldsymbol{I},\boldsymbol{P}_1^{-1}\}$ 对式(6-33)进行全等变换且定义 $\overline{\boldsymbol{P}}_1=\boldsymbol{P}_1^{-1}$，$\overline{\boldsymbol{K}}=\boldsymbol{K}\boldsymbol{P}_1^{-1}$，$\boldsymbol{Q}_1=\boldsymbol{Z}_1^{-1}$，$\boldsymbol{Q}_2=\boldsymbol{Z}_3^{-1}$，$\boldsymbol{Q}_3=\boldsymbol{R}_1^{-1}$，$-\boldsymbol{P}_1^{-1}\boldsymbol{Z}_3\boldsymbol{P}_1^{-1}\leqslant\boldsymbol{Z}_3^{-1}-2\boldsymbol{P}_1^{-1}$ 和 $-\boldsymbol{P}_2\boldsymbol{R}_2^{-1}\boldsymbol{P}_2\leqslant\boldsymbol{R}_2-2\boldsymbol{P}_2$，得到式(6-29)。用锥补线性化(CCL)算法[200]解决不等式(6-30)。证明完毕。

6.4　网络化随机系统的鲁棒 H_∞ 控制

本节将研究通信受限情形下不确定随机系统的鲁棒 H_∞ 控制问题。H_∞ 控制理论的研究已成为鲁棒控制理论中相当活跃的领域之一。最近，鲁棒 H_∞ 控制问题已经被应用到很多动态复杂系统中去，如网络控制系统[201]、非线性系统[202]和随机降阶系统[203]等。

6.4.1　随机系统的鲁棒 H_∞ 性能分析

考虑如图 6.2 所示的基于观测器的网络控制系统，该系统考虑了双边网络进行数据传输，即控制对象的输出信号经网络传输到控制器和控制器的输出信号经网络传输到控制对象。网络控制系统的特点如 6.2 节所述。控制对象为下述非线性不确定 Itô 随机系统：

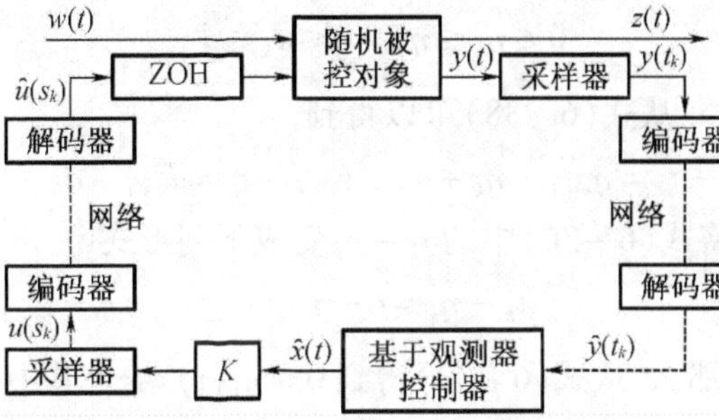

图 6.2　基于观测器的网络控制框图

$$\begin{aligned}\mathrm{d}x(t)&=[\boldsymbol{A}(t)x(t)+\boldsymbol{B}(t)u(t)+g(x(t))+\boldsymbol{B}_w w(t)]\mathrm{d}t+\boldsymbol{E}x(t)\mathrm{d}\omega(t)\\ y(t)&=\boldsymbol{C}_1x(t)\\ z(t)&=\boldsymbol{C}_2x(t)+\boldsymbol{D}u(t)\\ x(t)&=\phi(t),t\subset[-\tau,0]\end{aligned}\tag{6-34}$$

其中，$x(t)\in\mathbb{R}^n$ 是系统的状态；$u(t)\in\mathbb{R}^m$ 是系统的控制输入；$y(t)\in\mathbb{R}^p$ 是系统的测量输出；$z(t)\in\mathbb{R}^q$ 是系统的控制输出；$\omega(t)\in\mathbb{R}^l$ 是零均值的维纳过程变量，满足$\mathbb{E}\{\mathrm{d}\omega(t)\}=0$ 和 $\mathbb{E}\{\mathrm{d}\omega(t)^2\}=\mathrm{d}t$；$g(\cdot)$：$\mathbb{R}^n\to\mathbb{R}^{n_f}$ 是未知非线性函数；$\boldsymbol{B}_w$，$\boldsymbol{C}_1$，$\boldsymbol{C}_2$，$\boldsymbol{D}$ 和 $\boldsymbol{E}$ 是具有适当维数的常矩阵；τ 是延时上限；时变矩阵 $\boldsymbol{A}(t)$ 和 $\boldsymbol{B}(t)$ 分别定义如下：

$$\boldsymbol{A}(t)=\boldsymbol{A}+\Delta\boldsymbol{A}(t),\boldsymbol{B}(t)=\boldsymbol{B}+\Delta\boldsymbol{B}(t)$$

其中，$\boldsymbol{A}$ 和 $\boldsymbol{B}$ 是具有适当维数的常矩阵；$\Delta\boldsymbol{A}(t)$ 和 $\Delta\boldsymbol{B}(t)$ 为范数有界不确定性，具有如下形

式，即

$$[\Delta \boldsymbol{A}(t) \quad \Delta \boldsymbol{B}(t)] = \boldsymbol{M}\boldsymbol{F}(t)[\boldsymbol{N}_a \quad \boldsymbol{N}_b] \tag{6-35}$$

其中，$\boldsymbol{M}$，$\boldsymbol{N}_a$ 和 $\boldsymbol{N}_b$ 是已知的常矩阵；$F(\cdot): \mathbb{R} \to \mathbb{R}^{k\times l}$ 是满足 $F(t)^{\mathrm{T}}F(t) \leqslant I$ 的未知时变矩阵函数，假设 $\boldsymbol{F}(t)$ 的元素是勒贝格可测的。

考虑如下基于观测器的控制器：

$$\begin{aligned} \mathrm{d}\hat{x}(t) &= [\boldsymbol{A}\hat{x}(t) + \boldsymbol{B}u(t-\eta_2(t)) + g(\hat{x}(t)) + \boldsymbol{L}(f_1(y(t_k-\eta_k)) - \boldsymbol{C}_1\hat{x}(t))]\mathrm{d}t \\ u(t) &= \boldsymbol{K}\hat{x}(t), \quad t_k \leqslant t < t_{k+1} \end{aligned} \tag{6-36}$$

其中，$\hat{x}(t) \in \mathbb{R}^n$ 是状态变量 $x(t)$ 的估计变量；$\boldsymbol{K}$ 和 $\boldsymbol{L}$ 分别是控制器和观测器增益；$\eta_2(t)$ 是时变延时，它的上界为 τ_2。

在控制器(6-36)作用下，闭环系统(6-34)变成如下形式：

$$\begin{aligned} \mathrm{d}x(t) &= [\boldsymbol{A}(t)x(t) + \boldsymbol{B}(t)\boldsymbol{K}f_2(\hat{x}(s_k-d_k)) + g(x(t)) + \boldsymbol{B}_w w(t)]\mathrm{d}t + \boldsymbol{E}x(t)\mathrm{d}\omega(t) \\ & s_k \leqslant t < s_{k+1} \end{aligned} \tag{6-37}$$

注解 6.1 在现存的文献中，主要研究静态量化器、动态量化器和对数量化器对信号进行量化。然而，静态量化器仅工作在线性时不变系统，动态量化器主要用来处理镇定性问题。由于对数量化器能用来解决控制系统性能问题，所以我们在本文中采用了对数量化器对网络化随机系统进行鲁棒 H_∞ 控制性能分析。

假设两边网络诱导延迟分别为 η_k 和 d_k，且满足

$$0 \leqslant \eta_k \leqslant \bar{\eta}, \quad 0 \leqslant d_k \leqslant \bar{d} \tag{6-38}$$

其中，$\bar{\eta}$ 和 $\bar{d}$ 代表最大延时。从式(6-38)可以得到

$$t_{k+1} - t_k = \eta_{k+1} - \eta_k + h, \quad s_{k+1} - s_k = d_{k+1} - d_k + h \tag{6-39}$$

其中，h 代表采样周期。将式(6-36)中的 $t_k - \eta_k$ 变成下列形式

$$t_k - \eta_k = t - \eta_1(t) \tag{6-40}$$

其中 $\eta_1(t) = t - t_k + \eta_k$。那么，从式(6-39)得到 $0 \leqslant \eta_1(t) \leqslant \tau_1$，其中 $\tau_1 = \bar{\eta} + h$。

用与上面同样的方法，我们将式(6-37)中 $s_k - d_k$ 写为 $t - \eta_2(t)$。同时，得到 $0 \leqslant \eta_2(t) \leqslant \tau_2$，其中 $\tau_2 = \bar{d} + h$。

考虑采用对数量化器，将式(6-40)代入式(6-36)，得到

$$\begin{aligned} \mathrm{d}\hat{x}(t) &= [\boldsymbol{A}\hat{x}(t) + \boldsymbol{B}u(t-\eta_2(t)) + g(\hat{x}(t)) + \boldsymbol{L}((\boldsymbol{I} + \boldsymbol{\Lambda}_1(t))y(t-\eta_1(t)) - \boldsymbol{C}_1\hat{x}(t))]\mathrm{d}t \\ u(t) &= \boldsymbol{K}\hat{x}(t) \end{aligned} \tag{6-41}$$

其中

$$\boldsymbol{\Lambda}_1(t) = \mathrm{diag}\{\boldsymbol{\Gamma}_1(t), \boldsymbol{\Gamma}_2(t), \cdots, \boldsymbol{\Gamma}_p(t)\}$$

和

$$\boldsymbol{\Gamma}_j(t) \in [-\sigma_j, \sigma_j], \quad j = 1, \cdots, p$$

定义估计误差向量 $e(t) = x(t) - \hat{x}(t)$，得到

$$\begin{aligned} \mathrm{d}x(t) = {} & [\boldsymbol{A}(t)x(t) + \boldsymbol{B}(t)\boldsymbol{K}(\boldsymbol{I} + \boldsymbol{\Lambda}_2(t))(x(t-\eta_2(t)) - e(t-\eta_2(t))) + g(x(t)) + \\ & \boldsymbol{B}_w w(t)]\mathrm{d}t + \boldsymbol{E}x(t)\mathrm{d}\omega(t) \end{aligned}$$

$$\begin{aligned}
\mathrm{d}e(t) = & [(\Delta\boldsymbol{A}(t) + \boldsymbol{L}\boldsymbol{C}_1)x(t) + (\Delta\boldsymbol{B}(t)\boldsymbol{K} + \boldsymbol{B}(t)\boldsymbol{K}\boldsymbol{\Lambda}_2(t))(x(t-\eta_2(t)) - \\
& e(t-\eta_2(t))) + (\boldsymbol{A} - \boldsymbol{L}\boldsymbol{C}_1)e(t) - \boldsymbol{L}(\boldsymbol{I} + \boldsymbol{\Lambda}_1(t))\boldsymbol{C}_1 x(t-\eta_1(t)) + g(x(t)) - \\
& g(x(t) - e(t)) + \boldsymbol{B}_w w(t)]\mathrm{d}t + \boldsymbol{E}x(t)\mathrm{d}\omega(t) \\
z(t) = & \boldsymbol{C}_2 x(t) + \boldsymbol{D}\boldsymbol{K}(\boldsymbol{I} + \boldsymbol{\Lambda}_2(t))(x(t-\eta_2(t)) - e(t-\eta_2(t)))
\end{aligned} \tag{6-42}$$

其中

$$\boldsymbol{\Lambda}_2(t) = \mathrm{diag}\{\Gamma_1(t), \Gamma_2(t), \cdots, \Gamma_n(t)\}$$

注解 6.2　模型(6－37)代表了一个复杂的动态系统,包括不确定性参数、非线性因素、布朗运动形式的随机干扰和网络诱导延时及对数量化,因此该系统可以代表很多重要的实际物理系统,如随机多智能体系统、锅炉系统等。我们的贡献在于当考虑系统的状态变量不是全部可测的时候,设计了基于观测器的控制器使系统(6－42)镇定,并满足 H_∞ 性能指标。

定义 6.1　随机系统(6－34)当 $u(t)=0$ 和 $w(t)=0$ 时是均方渐近稳定的,如果存在标量 $\varepsilon>0$ 和 $\delta(\varepsilon)>0$ 使得当 $\sup\limits_{-\tau\leqslant\theta\leqslant 0}\mathbb{E}\{\|\phi(\theta)\|^2\}<\delta(\varepsilon)$ 时,有

$$\mathbb{E}\{\|x(t)\|^2\}\leqslant\varepsilon,\quad t>0$$

成立。此外,在任意初始条件下,有

$$\lim_{t\to\infty}\mathbb{E}\{\|x(t)^2\}=0$$

成立,那么,对于所有允许的参数不确定性,随机系统(6－34)当 $u(t)=0$ 和 $w(t)=0$ 时是鲁棒均方渐近稳定的。

基于观测器的鲁棒 H_∞ 控制问题:考虑如图 6.2 所示系统(6－34)的基于观测器的鲁棒 H_∞ 输出反馈控制问题,给定一个常数 $\gamma>0$,对系统内的所有不确定性,设计一个基于观测器的控制器(6－36),使得闭环系统(6－42)是鲁棒均方渐近稳定的,并且在零初始条件下,对于所有的非零 $\omega\in L_2[0,\infty)$,使得 $\mathbb{E}\{\|z\|_2\}<\gamma\|\omega\|_2$。满足上述条件,系统(6－34)就被称为是带有 H_∞ 干扰抑制度 γ 的鲁棒均方渐近稳定的。

假设系统(6－34)中系统矩阵、控制器增益 $\boldsymbol{K}$ 和观测器增益 $\boldsymbol{L}$ 是已知的,下面定理给出闭环系统(6－42)是鲁棒均方渐近稳定性的充分条件且具有给定的 H_∞ 干扰抑制度。

定理 6.3　考虑如图 6.2 所示的基于观测器的网络控制系统,给定控制器增益矩阵 $\boldsymbol{K}$、观测器增益 $\boldsymbol{L}$ 和正的常数 γ,则闭环系统(6－42)是鲁棒均方渐近稳定的且具有给定的 H_∞ 干扰抑制度 γ 的充分条件是存在变量 $\varepsilon_i>0,(i=1,\cdots,5)$ 和矩阵 $\boldsymbol{P}_j>0,\boldsymbol{R}_j>0,\boldsymbol{Q}>0,\boldsymbol{V}_j(j=1,2),\boldsymbol{S}_k,\boldsymbol{U}_k(k=1,2,3)$ 满足

$$\begin{bmatrix} \boldsymbol{\Theta}+\varepsilon_3\boldsymbol{\Pi}_1\boldsymbol{\Pi}_1^{\mathrm{T}} & \boldsymbol{\Pi}_3^{\mathrm{T}} \\ * & -\varepsilon_3\boldsymbol{I} \end{bmatrix}<0 \tag{6-43}$$

其中

$$\boldsymbol{\Theta}=\begin{bmatrix} \boldsymbol{\Theta}_1 & \boldsymbol{\Theta}_2 & \boldsymbol{\Theta}_3 \\ * & \boldsymbol{\Theta}_4 & \boldsymbol{\Theta}_5 \\ * & * & \boldsymbol{\Theta}_6 \end{bmatrix}$$

$$\boldsymbol{\Theta}_1=\boldsymbol{\Sigma}_1+\boldsymbol{\Sigma}_6+\varepsilon_4\boldsymbol{\Omega}_2^{\mathrm{T}}\boldsymbol{\Omega}_2+\varepsilon_5\boldsymbol{\Omega}_5^{\mathrm{T}}\boldsymbol{\Omega}_5-\gamma^2\boldsymbol{W}_w^{\mathrm{T}}\boldsymbol{W}_w$$

$$\boldsymbol{\Theta}_2=[\boldsymbol{\Sigma}_2^{\mathrm{T}}\quad\boldsymbol{\Sigma}_3^{\mathrm{T}}\quad\boldsymbol{\Sigma}_4^{\mathrm{T}}\quad\boldsymbol{\Sigma}_5^{\mathrm{T}}]$$

$$\boldsymbol{\Sigma}_2=\sqrt{\tau_2}\boldsymbol{W}_{r_2}$$

$$\boldsymbol{\Sigma}_3=\sqrt{\tau_1}\boldsymbol{W}_{r_1}$$

$$\boldsymbol{\Sigma}_4=\sqrt{\tau_2}\boldsymbol{W}_{r_1}$$

$$\boldsymbol{\Theta}_3=[\boldsymbol{\Omega}_4^{\mathrm{T}}\quad\boldsymbol{\Omega}_6^{\mathrm{T}}]$$

$$\boldsymbol{\Theta}_4=\mathrm{diag}\{-\boldsymbol{Q}^{-1},-\boldsymbol{R}_1^{-1},-\boldsymbol{R}_2^{-1},-\boldsymbol{I}\}$$

$$\boldsymbol{\Theta}_5=[\boldsymbol{\Omega}_7^{\mathrm{T}}\quad\boldsymbol{\Omega}_8^{\mathrm{T}}]$$

$$\boldsymbol{\Theta}_6=\mathrm{diag}\{-\varepsilon_5\boldsymbol{I},-\varepsilon_4\boldsymbol{I}\}$$

$$\begin{aligned}\boldsymbol{\Sigma}_1=&\mathrm{sym}(\boldsymbol{W}_x^{\mathrm{T}}\boldsymbol{P}_1\boldsymbol{W}_{r_1}+\boldsymbol{W}_e^{\mathrm{T}}\boldsymbol{P}_2\boldsymbol{W}_{r_2}-\varepsilon_2\boldsymbol{W}_x^{\mathrm{T}}\boldsymbol{G}^{\mathrm{T}}\boldsymbol{G}\boldsymbol{W}_e+\boldsymbol{T}\boldsymbol{W}_t)+(\varepsilon_1+\varepsilon_2)\boldsymbol{W}_x^{\mathrm{T}}\boldsymbol{G}^{\mathrm{T}}\boldsymbol{G}\boldsymbol{W}_x+\\&\varepsilon_2\boldsymbol{W}_e^{\mathrm{T}}\boldsymbol{G}^{\mathrm{T}}\boldsymbol{G}\boldsymbol{W}_e+\boldsymbol{W}_x^{\mathrm{T}}\boldsymbol{E}^{\mathrm{T}}(\boldsymbol{P}_1+\tau_1\boldsymbol{R}_1+\tau_2\boldsymbol{R}_2+\boldsymbol{P}_2+\tau_2\boldsymbol{Q})\boldsymbol{E}\boldsymbol{W}_x+\boldsymbol{W}_g^{\mathrm{T}}\boldsymbol{O}\boldsymbol{W}_g\end{aligned}$$

$$\boldsymbol{\Sigma}_5=[\boldsymbol{C}_2\quad\boldsymbol{0}_{q,n}\quad\boldsymbol{D}\boldsymbol{K}\quad\boldsymbol{0}_{q,n}\quad-\boldsymbol{D}\boldsymbol{K}\quad\boldsymbol{0}_{q,2n+l}]$$

$$\boldsymbol{O}=\mathrm{diag}\{-\varepsilon_1\boldsymbol{I},-\varepsilon_2\boldsymbol{I}\}$$

$$\boldsymbol{\Sigma}_6=(\tau_1+1)\widetilde{\boldsymbol{S}}\boldsymbol{R}_1^{-1}\boldsymbol{S}^{\mathrm{T}}+(\tau_2+1)\widetilde{\boldsymbol{U}}\boldsymbol{R}_2^{-1}\widetilde{\boldsymbol{U}}^{\mathrm{T}}+(\tau_2+1)\widetilde{\boldsymbol{V}}\boldsymbol{Q}^{-1}\widetilde{\boldsymbol{V}}^{\mathrm{T}}$$

$$\boldsymbol{T}=[\widetilde{\boldsymbol{S}}\quad\widetilde{\boldsymbol{U}}\quad\widetilde{\boldsymbol{V}}]$$

$$\widetilde{\boldsymbol{S}}=[\boldsymbol{S}_1^{\mathrm{T}}\quad\boldsymbol{S}_2^{\mathrm{T}}\quad\boldsymbol{S}_3^{\mathrm{T}}\quad\boldsymbol{0}_{n,4n+l}]^{\mathrm{T}}$$

$$\widetilde{\boldsymbol{U}}=[\boldsymbol{U}_1^{\mathrm{T}}\quad\boldsymbol{U}_2^{\mathrm{T}}\quad\boldsymbol{U}_3^{\mathrm{T}}\quad\boldsymbol{0}_{n,4n+l}]^{\mathrm{T}}$$

$$\widetilde{\boldsymbol{V}}=[\boldsymbol{0}_{n,3n}\quad\boldsymbol{V}_1^{\mathrm{T}}\quad\boldsymbol{V}_2^{\mathrm{T}}\quad\boldsymbol{0}_{n,2n+l}]^{\mathrm{T}}$$

$$\boldsymbol{W}_x=[\boldsymbol{I}_n\quad\boldsymbol{0}_{n,6n+l}]$$

$$\boldsymbol{W}_e=[\boldsymbol{0}_{n,3n}\quad\boldsymbol{I}_n\quad\boldsymbol{0}_{n,3n+l}]$$

$$\boldsymbol{W}_w=[\boldsymbol{0}_{l,7n}\quad\boldsymbol{I}_l]$$

$$\boldsymbol{W}_{r_1}=[\boldsymbol{A}\quad\boldsymbol{0}_n\quad\boldsymbol{B}\boldsymbol{K}\quad\boldsymbol{0}_n\quad-\boldsymbol{B}\boldsymbol{K}\quad\boldsymbol{I}_n\quad\boldsymbol{0}_n\quad\boldsymbol{B}_w]$$

$$\boldsymbol{W}_{r_2}=[\boldsymbol{L}\boldsymbol{C}_1\quad-\boldsymbol{L}\boldsymbol{C}_1\quad\boldsymbol{0}_n\quad\boldsymbol{A}-\boldsymbol{L}\boldsymbol{C}_1\quad\boldsymbol{0}_n\quad\boldsymbol{I}_n\quad-\boldsymbol{I}_n\quad\boldsymbol{B}_w]$$

$$\boldsymbol{W}_t=\begin{bmatrix}\boldsymbol{I}_n & -\boldsymbol{I}_n & \boldsymbol{0}_{n,5n+l} & \\ \hline \boldsymbol{I}_n & \boldsymbol{0}_n & -\boldsymbol{I}_n & \boldsymbol{0}_{n,4n+l}\\ \hline \boldsymbol{0}_{n,3n} & \boldsymbol{I}_n & -\boldsymbol{I}_n & \boldsymbol{0}_{n,2n+l}\end{bmatrix}$$

$$\boldsymbol{W}_g=\begin{bmatrix}\boldsymbol{0}_{n,5n} & \boldsymbol{I}_n & \boldsymbol{0}_{n,n+l}\\ \hline \boldsymbol{0}_{n,6n} & \boldsymbol{I}_n & \boldsymbol{0}_{n,l}\end{bmatrix}$$

$$\boldsymbol{\Pi}_1=[\boldsymbol{\Omega}_1^{\mathrm{T}}\quad\boldsymbol{\Omega}_9^{\mathrm{T}}]^{\mathrm{T}}$$

$$\boldsymbol{\Omega}_9=[\sqrt{\tau_2}\boldsymbol{M}^{\mathrm{T}}\quad\sqrt{\tau_1}\boldsymbol{M}^{\mathrm{T}}\quad\sqrt{\tau_2}\boldsymbol{M}_T\quad\boldsymbol{0}_{1,q+n+p}]^{\mathrm{T}}$$

$$\boldsymbol{\Pi}_3=[\boldsymbol{\Omega}_3\quad\boldsymbol{\Omega}_{10}]$$

$$\boldsymbol{\Omega}_{10} = [\mathbf{0}_{1,3n+q+p} \quad \boldsymbol{N}_b\boldsymbol{K}]$$
$$\boldsymbol{\Omega}_1 = [\boldsymbol{M}^{\mathrm{T}}\boldsymbol{P}_1 \quad \mathbf{0}_{1,2n} \quad \boldsymbol{M}^{\mathrm{T}}\boldsymbol{P}_2 \quad \mathbf{0}_{1,3n+l}]^{\mathrm{T}}$$
$$\boldsymbol{\Lambda}_1 = \mathrm{diag}\{\nu_1, \nu_2, \cdots, \nu_p\}$$
$$\boldsymbol{\Omega}_2 = [\mathbf{0}_{p,2n} \quad \boldsymbol{\Lambda}_2 \quad \mathbf{0}_{p,n} \quad -\boldsymbol{\Lambda}_2 \quad \mathbf{0}_{p,2n+l}]$$
$$\boldsymbol{\Lambda}_2 = \mathrm{diag}\{\mu_1, \mu_2, \cdots, \mu_n\}$$
$$\boldsymbol{\Omega}_3 = [\boldsymbol{N}_a \quad \mathbf{0}_{1,n} \quad \boldsymbol{N}_b\boldsymbol{K} \quad \mathbf{0}_{1,n} \quad -\boldsymbol{N}_b\boldsymbol{K} \quad \mathbf{0}_{1,2n+l}]$$
$$\boldsymbol{\Omega}_4 = [\mathbf{0}_{p,3n} \quad \boldsymbol{L}^{\mathrm{T}}\boldsymbol{P}_2 \quad \mathbf{0}_{p,3n+l}]$$
$$\boldsymbol{\Omega}_5 = [\mathbf{0}_n \quad -\boldsymbol{\Lambda}_1 \quad \mathbf{0}_{n,5n+l}]$$
$$\boldsymbol{\Omega}_6 = [\boldsymbol{K}^{\mathrm{T}}\boldsymbol{B}^{\mathrm{T}}\boldsymbol{P}_1 \quad \mathbf{0}_{n,2n} \quad \boldsymbol{K}^{\mathrm{T}}\boldsymbol{B}^{\mathrm{T}}\boldsymbol{P}_2 \quad \mathbf{0}_{n,3n+l}]$$
$$\boldsymbol{\Omega}_7 = [\sqrt{\tau_2}\boldsymbol{L}^{\mathrm{T}} \quad \mathbf{0}_{p,2n+q}]$$
$$\boldsymbol{\Omega}_8 = [\sqrt{\tau_2}\boldsymbol{K}^{\mathrm{T}}\boldsymbol{B}^{\mathrm{T}} \quad \sqrt{\tau_1}\boldsymbol{K}^{\mathrm{T}}\boldsymbol{B}^{\mathrm{T}} \quad \sqrt{\tau_2}\boldsymbol{K}^{\mathrm{T}}\boldsymbol{B}^{\mathrm{T}} \quad \boldsymbol{K}^{\mathrm{T}}\boldsymbol{D}^{\mathrm{T}}] \tag{6-44}$$

证明 利用 Schur 补引理和不等式(6-43),得到

$$\boldsymbol{\Theta} + \varepsilon_3\boldsymbol{\Pi}_1\boldsymbol{\Pi}_1^{\mathrm{T}} + \varepsilon_3^{-1}\boldsymbol{\Pi}_3^{\mathrm{T}}\boldsymbol{\Pi}_3 \leqslant 0 \tag{6-45}$$

根据引理6.1,则有

$$\Delta\boldsymbol{\Theta}(t) = \boldsymbol{\Pi}_1\boldsymbol{F}(t)\boldsymbol{\Pi}_3 + \boldsymbol{\Pi}_3^{\mathrm{T}}\boldsymbol{F}(t)^{\mathrm{T}}\boldsymbol{\Pi}_1^{\mathrm{T}} \leqslant \varepsilon_3\boldsymbol{\Pi}_1\boldsymbol{\Pi}_1^{\mathrm{T}} + \varepsilon_3^{-1}\boldsymbol{\Pi}_3^{\mathrm{T}}\boldsymbol{\Pi}_3 \tag{6-46}$$

其中

$$\Delta\boldsymbol{\Theta}(t) = \begin{bmatrix} \Delta\boldsymbol{\Theta}_1 & \Delta\boldsymbol{\Theta}_2 & \Delta\boldsymbol{\Theta}_3 \\ * & 0 & \Delta\boldsymbol{\Theta}_5 \\ * & * & 0 \end{bmatrix}$$
$$\Delta\boldsymbol{\Theta}_2 = \{\boldsymbol{\Sigma}_7 \quad \boldsymbol{\Sigma}_8 \quad \boldsymbol{\Sigma}_9 \quad 0\}$$
$$\Delta\boldsymbol{\Theta}_1 = \mathrm{sym}(\boldsymbol{W}_x^{\mathrm{T}}\boldsymbol{P}_1\boldsymbol{M}\boldsymbol{F}(t)\boldsymbol{\Omega}_1^{\mathrm{T}} + \boldsymbol{W}_e^{\mathrm{T}}\boldsymbol{P}_2\boldsymbol{M}\boldsymbol{F}(t)\boldsymbol{\Omega}_3)$$
$$\boldsymbol{\Sigma}_7 = \sqrt{\tau_2}\boldsymbol{M}\boldsymbol{F}(t)\boldsymbol{\Omega}_3^{\mathrm{T}}$$
$$\Delta\boldsymbol{\Theta}_3 = [0 \quad \boldsymbol{\Sigma}_{10}]$$
$$\Delta\boldsymbol{\Theta}_5 = [0 \quad \boldsymbol{\Sigma}_{11}]$$
$$\boldsymbol{\Sigma}_8 = \sqrt{\tau_1}\boldsymbol{M}\boldsymbol{F}(t)\boldsymbol{\Omega}_3^{\mathrm{T}}$$
$$\boldsymbol{\Sigma}_9 = \sqrt{\tau_2}\boldsymbol{M}\boldsymbol{F}(t)\boldsymbol{\Omega}_3^{\mathrm{T}}$$
$$\boldsymbol{\Sigma}_{10} = \boldsymbol{\Omega}_1\boldsymbol{F}(t)\boldsymbol{N}_b\boldsymbol{K}$$
$$\boldsymbol{\Sigma}_{11} = \boldsymbol{\Omega}_9\boldsymbol{F}(t)\boldsymbol{N}_b\boldsymbol{K}$$

那么,从式(6-45)和式(6-46),得到

$$\begin{bmatrix} \overline{\boldsymbol{\Sigma}}_1 + \boldsymbol{\Sigma}_6 + \varepsilon_4\boldsymbol{\Omega}_2^{\mathrm{T}}\boldsymbol{\Omega}_2 + \varepsilon_5\boldsymbol{\Omega}_5^{\mathrm{T}}\boldsymbol{\Omega}_5 - \gamma^2\boldsymbol{W}_w^{\mathrm{T}}\boldsymbol{W}_w & \overline{\boldsymbol{\Theta}}_2 & \overline{\boldsymbol{\Theta}}_3 \\ * & \boldsymbol{\Theta}_4 & \overline{\boldsymbol{\Theta}}_5 \\ * & * & \boldsymbol{\Theta}_6 \end{bmatrix} < 0 \tag{6-47}$$

其中

$$\overline{\boldsymbol{\Sigma}}_1=\mathrm{sym}(\boldsymbol{W}_x^{\mathrm{T}}\boldsymbol{P}_1\overline{\boldsymbol{W}}_{r_1}+\boldsymbol{W}_e^{\mathrm{T}}\boldsymbol{P}_2\overline{\boldsymbol{W}}_{r_2}-\varepsilon_2\boldsymbol{W}_x^{\mathrm{T}}\boldsymbol{G}^{\mathrm{T}}\boldsymbol{G}\boldsymbol{W}_e+\boldsymbol{T}\boldsymbol{W}_t)+(\varepsilon_1+\varepsilon_2)\boldsymbol{W}_x^{\mathrm{T}}\boldsymbol{G}^{\mathrm{T}}\boldsymbol{G}\boldsymbol{W}_x+\varepsilon_2\boldsymbol{W}_e^{\mathrm{T}}\boldsymbol{G}^{\mathrm{T}}\boldsymbol{G}\boldsymbol{W}_e+\boldsymbol{W}_x^{\mathrm{T}}\boldsymbol{E}^{\mathrm{T}}(\boldsymbol{P}_1+\tau_1\boldsymbol{R}_1+\tau_2\boldsymbol{R}_2+\boldsymbol{P}_2+\tau_2\boldsymbol{Q})\boldsymbol{E}\boldsymbol{W}_x+\boldsymbol{W}_g^{\mathrm{T}}\boldsymbol{O}\boldsymbol{W}_g$$

$$\overline{\boldsymbol{\Theta}}_2=[\overline{\boldsymbol{\Sigma}}_2^{\mathrm{T}}\quad\overline{\boldsymbol{\Sigma}}_3^{\mathrm{T}}\quad\overline{\boldsymbol{\Sigma}}_4^{\mathrm{T}}\quad\overline{\boldsymbol{\Sigma}}_5^{\mathrm{T}}]$$

$$\overline{\boldsymbol{\Theta}}_3=[\boldsymbol{\Omega}_4^{\mathrm{T}}\quad\overline{\boldsymbol{\Omega}}_6^{\mathrm{T}}]$$

$$\overline{\boldsymbol{\Theta}}_5=[\overline{\boldsymbol{\Omega}}_7^{\mathrm{T}}\quad\boldsymbol{\Omega}_8^{\mathrm{T}}]$$

$$\overline{\boldsymbol{\Sigma}}_2=\sqrt{\tau_2}\,\overline{\boldsymbol{W}}_{r_2}$$

$$\overline{\boldsymbol{\Sigma}}_3=\sqrt{\tau_1}\,\overline{\boldsymbol{W}}_{r_1}$$

$$\overline{\boldsymbol{\Omega}}_6=[\boldsymbol{K}^{\mathrm{T}}\boldsymbol{B}^{\mathrm{T}}(t)\boldsymbol{P}_1\quad\boldsymbol{0}_{n,2n}\quad\boldsymbol{K}^{\mathrm{T}}\boldsymbol{B}^{\mathrm{T}}(t)\boldsymbol{P}_2\quad\boldsymbol{0}_{n,3n+l}]$$

$$\overline{\boldsymbol{\Sigma}}_4=\sqrt{\tau_2}\,\overline{\boldsymbol{W}}_{r_1}$$

$$\overline{\boldsymbol{\Omega}}_7=[\sqrt{\tau_2}\boldsymbol{K}^{\mathrm{T}}\boldsymbol{B}^{\mathrm{T}}(t)\quad\sqrt{\tau_1}\boldsymbol{K}^{\mathrm{T}}\boldsymbol{B}^{\mathrm{T}}(t)\quad\sqrt{\tau_2}\boldsymbol{K}^{\mathrm{T}}\boldsymbol{B}^{\mathrm{T}}(t)\quad\boldsymbol{K}^{\mathrm{T}}\boldsymbol{D}^{\mathrm{T}}]$$

$$\overline{\boldsymbol{W}}_{r_1}=[\boldsymbol{A}(t)\quad\boldsymbol{0}_n\quad\boldsymbol{B}(t)\boldsymbol{K}\quad\boldsymbol{0}_n\quad-\boldsymbol{B}(t)\boldsymbol{K}\quad\boldsymbol{I}_n\quad\boldsymbol{0}_n\quad\boldsymbol{B}_w]$$

$$\overline{\boldsymbol{W}}_{r_2}=[\boldsymbol{L}\boldsymbol{C}_1+\Delta\boldsymbol{A}(t)\quad-\boldsymbol{L}\boldsymbol{C}_1\quad\Delta\boldsymbol{B}(t)\boldsymbol{K}\quad\boldsymbol{A}-\boldsymbol{L}\boldsymbol{C}_1\quad-\Delta\boldsymbol{B}(t)\boldsymbol{K}\quad\boldsymbol{I}_n\quad-\boldsymbol{I}_n\quad\boldsymbol{B}_w]$$

为了技术上的方便,把式(6-42)写成

$$\mathrm{d}x(t)=r_1(t)\mathrm{d}t+\boldsymbol{E}x(t)\mathrm{d}\omega(t)$$

$$\mathrm{d}e(t)=r_2(t)\mathrm{d}t+\boldsymbol{E}x(t)\mathrm{d}\omega(t)$$

其中

$$\begin{aligned}r_1(t)&=\boldsymbol{A}(t)x(t)+\boldsymbol{B}(t)\boldsymbol{K}(I+\boldsymbol{\Lambda}_2(t))(x(t-\eta_2(t))-e(t-\eta_2(t)))+g(x(t))+\boldsymbol{B}_w w(t)\\ r_2(t)&=(\Delta\boldsymbol{A}(t)+\boldsymbol{L}\boldsymbol{C}_1)x(t)+(\Delta\boldsymbol{B}(t)\boldsymbol{K}+\boldsymbol{B}(t)\boldsymbol{K}\Lambda_2(t))(x(t-\eta_2(t))-e(t-\eta_2(t)))+\\&\quad(\boldsymbol{A}-\boldsymbol{L}\boldsymbol{C}_1)e(t)-\boldsymbol{L}(I+\Lambda_1(t))\boldsymbol{C}_1x(t-\eta_1(t))+g(x(t))-g(x(t)-e(t))+\\&\quad\boldsymbol{B}_w w(t)\end{aligned}\tag{6-48}$$

选择如下 Lyapunov - Krasovskii 泛函

$$\begin{aligned}\boldsymbol{V}(t)=&\;x^{\mathrm{T}}(t)\boldsymbol{P}_1x(t)+\int_{t-\tau_1}^{t}\int_s^t r_1^{\mathrm{T}}(\theta)\boldsymbol{R}_1r_1(\theta)\mathrm{d}\theta\mathrm{d}s+\int_{t-\tau_1}^{t}\int_s^t x^{\mathrm{T}}(\theta)\boldsymbol{E}^{\mathrm{T}}\boldsymbol{R}_1\boldsymbol{E}x(\theta)\mathrm{d}\theta\mathrm{d}s+\\&\int_{t-\tau_2}^{t}\int_s^t r_1^{\mathrm{T}}(\theta)\boldsymbol{R}_2r_1(\theta)\mathrm{d}\theta\mathrm{d}s+\int_{t-\tau_2}^{t}\int_s^t x^{\mathrm{T}}(\theta)\boldsymbol{E}^{\mathrm{T}}\boldsymbol{R}_2\boldsymbol{E}x(\theta)\mathrm{d}\theta\mathrm{d}s+e^{\mathrm{T}}(t)\boldsymbol{P}_2e(t)+\\&\int_{t-\tau_2}^{t}\int_s^t r_2^{\mathrm{T}}(\theta)\boldsymbol{Q}r_2(\theta)\mathrm{d}\theta\mathrm{d}s+\int_{t-\tau_2}^{t}\int_s^t x^{\mathrm{T}}(\theta)\boldsymbol{E}^{\mathrm{T}}\boldsymbol{Q}\boldsymbol{E}x(\theta)\mathrm{d}\theta\mathrm{d}s\end{aligned}\tag{6-49}$$

其中 $\boldsymbol{P}_j>0,\boldsymbol{R}_j>0,\boldsymbol{Q}>0(j=1,2)$ 是要决定的矩阵。然后,根据 Itô' s 公式和式(6-49),得到

$$\mathrm{d}\boldsymbol{V}(t)=\mathcal{L}\boldsymbol{V}(t)\mathrm{d}t+2(x(t)^{\mathrm{T}}\boldsymbol{P}_1\boldsymbol{E}x(t)+e(t)^{\mathrm{T}}\boldsymbol{P}_2\boldsymbol{E}x(t))\mathrm{d}\omega(t)$$

和

$$\mathcal{L}V(t)\leqslant 2x^{\mathrm{T}}(t)\boldsymbol{P}_1r_1(t)+r_1^{\mathrm{T}}(t)\tau_1\boldsymbol{R}_1r_1(t)-\int_{t-\eta_1(t)}^{t}r_1^{\mathrm{T}}(s)\boldsymbol{R}_1r_1(s)\mathrm{d}s+x(t)^{\mathrm{T}}\boldsymbol{E}^{\mathrm{T}}(\boldsymbol{P}_1+\tau_1\boldsymbol{R}_1)\times$$

$$\boldsymbol{E}x(t)+x(t)^{\mathrm{T}}\boldsymbol{E}^{\mathrm{T}}\tau_2\boldsymbol{R}_2\boldsymbol{E}x(t)-\int_{t-\eta_1(t)}^{t}x^{\mathrm{T}}(s)\boldsymbol{E}^{\mathrm{T}}\boldsymbol{R}_1\boldsymbol{E}x(s)\mathrm{d}s+r_1^{\mathrm{T}}(t)\tau_2\boldsymbol{R}_2r_1(t)-$$
$$\int_{t-\eta_2(t)}^{t}r_1^{\mathrm{T}}(s)\boldsymbol{R}_2r_1(s)\mathrm{d}s+2e^{\mathrm{T}}(t)\boldsymbol{P}_2r_2(t)+r_2^{\mathrm{T}}(t)\tau_2\boldsymbol{Q}r_2(t)-\int_{t-\eta_2(t)}^{t}r_2^{\mathrm{T}}(s)\boldsymbol{Q}r_2(s)\mathrm{d}s+$$
$$x(t)^{\mathrm{T}}\boldsymbol{E}^{\mathrm{T}}(\boldsymbol{P}_2+\tau_2\boldsymbol{Q})\boldsymbol{E}x(t)-\int_{t-\eta_2(t)}^{t}x^{\mathrm{T}}(s)\boldsymbol{E}^{\mathrm{T}}\boldsymbol{Q}\boldsymbol{E}x(s)\mathrm{d}s+2\sum_{i=1}^{3}\boldsymbol{X}_i(t) \tag{6-50}$$

其中

$$X_1(t)=\xi_1^{\mathrm{T}}(t)\boldsymbol{S}\left(x(t)-x(t-\eta_1(t))-\int_{t-\eta_1(t)}^{t}r_1(s)\mathrm{d}s-\int_{t-\eta_1(t)}^{t}\boldsymbol{E}x(s)\mathrm{d}\omega(s)\right)=0$$
$$X_2(t)=\xi_1^{\mathrm{T}}(t)\boldsymbol{U}\left(x(t)-x(t-\eta_2(t))-\int_{t-\eta_2(t)}^{t}r_1(s)ds-\int_{t-\eta_2(t)}^{t}\boldsymbol{E}x(s)\mathrm{d}\omega(s)\right)=0$$
$$X_3(t)=\xi_2^{\mathrm{T}}(t)\boldsymbol{V}\left(e(t)-e(t-\eta_2(t))-\int_{t-\eta_2(t)}^{t}r_2(s)\mathrm{d}s-\int_{t-\eta_2(t)}^{t}\boldsymbol{E}x(s)\mathrm{d}\omega(s)\right)=0$$
$$\xi_1^{\mathrm{T}}(t)=[x^{\mathrm{T}}(t)\quad x^{\mathrm{T}}(t-\eta_1(t))\quad x^{\mathrm{T}}(t-\eta_2(t))]$$
$$\boldsymbol{S}=[\boldsymbol{S}_1^{\mathrm{T}}\quad \boldsymbol{S}_2^{\mathrm{T}}\quad \boldsymbol{S}_3^{\mathrm{T}}]^{\mathrm{T}}$$
$$\xi_2^{\mathrm{T}}(t)=[e^{\mathrm{T}}(t)\quad e^{\mathrm{T}}(t-\eta_2(t))]$$
$$\boldsymbol{U}=[\boldsymbol{U}_1^{\mathrm{T}}\quad \boldsymbol{U}_2^{\mathrm{T}}\quad \boldsymbol{U}_3^{\mathrm{T}}]^{\mathrm{T}}$$
$$\boldsymbol{V}=[\boldsymbol{V}_1^{\mathrm{T}}\quad \boldsymbol{V}_2^{\mathrm{T}}]^{\mathrm{T}}$$

从式(3－4),我们得到

$$Y_1(t)=\varepsilon_1x^{\mathrm{T}}(t)\boldsymbol{G}^{\mathrm{T}}\boldsymbol{G}x(t)-\varepsilon_1g^{\mathrm{T}}(x(t))g(x(t))\geqslant 0$$
$$Y_2(t)=\varepsilon_2(x(t)-e(t))^{\mathrm{T}}\boldsymbol{G}^{\mathrm{T}}\boldsymbol{G}(x(t)-e(t))-\varepsilon_2g^{\mathrm{T}}(x(t)-e(t))g(x(t)-e(t))\geqslant 0 \tag{6-51}$$

其中 ε_1 和 ε_2 是正常数。在式(6－50)两边同时取期望,得到

$$\mathbb{E}\{\mathcal{L}V(t)\}+Y_1(t)+Y_2(t)\leqslant\mathbb{E}\{\xi^{\mathrm{T}}(t)[\widetilde{\boldsymbol{\Sigma}}_1+\boldsymbol{\Sigma}_6+\boldsymbol{\Sigma}_{12}]\xi(t)\}+\sum_{i=13}^{15}\boldsymbol{\Sigma}_i \tag{6-52}$$

其中

$$\widetilde{\boldsymbol{\Sigma}}_1=\mathrm{sym}(\boldsymbol{W}_x^{\mathrm{T}}\boldsymbol{P}_1\widetilde{\boldsymbol{W}}_{r_1}+\boldsymbol{W}_e^{\mathrm{T}}\boldsymbol{P}_2\widetilde{\boldsymbol{W}}_{r_2}-\varepsilon_2\boldsymbol{W}_x^{\mathrm{T}}\boldsymbol{G}^{\mathrm{T}}\boldsymbol{G}\boldsymbol{W}_e+\boldsymbol{T}\boldsymbol{W}_t)+(\varepsilon_1+\varepsilon_2)\boldsymbol{W}_x^{\mathrm{T}}\boldsymbol{G}^{\mathrm{T}}\boldsymbol{G}\boldsymbol{W}_x+$$
$$\varepsilon_2\boldsymbol{W}_e^{\mathrm{T}}\boldsymbol{G}^{\mathrm{T}}\boldsymbol{G}\boldsymbol{W}_e+\boldsymbol{W}_x^{\mathrm{T}}\boldsymbol{E}^{\mathrm{T}}(\boldsymbol{P}_1+\tau_1\boldsymbol{R}_1+\tau_2\boldsymbol{R}_2+\boldsymbol{P}_2+\tau_2\boldsymbol{Q})\boldsymbol{E}\boldsymbol{W}_x+\boldsymbol{W}_g^{\mathrm{T}}\boldsymbol{O}\boldsymbol{W}_g$$
$$\boldsymbol{\Sigma}_{12}=\tau_1\widetilde{\boldsymbol{W}}_{r_1}^{\mathrm{T}}\boldsymbol{R}_1\widetilde{\boldsymbol{W}}_{r_1}+r_2\widetilde{\boldsymbol{W}}_{r_1}^{\mathrm{T}}\boldsymbol{R}_2\widetilde{\boldsymbol{W}}_{r_1}+\tau_2\widetilde{\boldsymbol{W}}_{r_2}^{\mathrm{T}}\boldsymbol{Q}\widetilde{\boldsymbol{W}}_{r_2}$$
$$\boldsymbol{\Sigma}_{13}=-\int_{t-\eta_1(t)}^{t}[\boldsymbol{\xi}_1^{\mathrm{T}}(t)\boldsymbol{S}+r_1(s)\boldsymbol{R}_1]\boldsymbol{R}_1^{-1}[\boldsymbol{S}^{\mathrm{T}}\boldsymbol{\xi}_1(t)+\boldsymbol{R}_1r_1(s)]\mathrm{d}s$$
$$\boldsymbol{\Sigma}_{14}=-\int_{t-\eta_2(t)}^{t}[\boldsymbol{\xi}_1^{\mathrm{T}}(t)\boldsymbol{U}+r_1(s)\boldsymbol{R}_2]\boldsymbol{R}_2^{-1}[\boldsymbol{U}^{\mathrm{T}}\boldsymbol{\xi}_1(t)+\boldsymbol{R}_2r_1(s)]\mathrm{d}s$$
$$\boldsymbol{\Sigma}_{15}=-\int_{t-\eta_2(t)}^{t}[\boldsymbol{\xi}_2^{\mathrm{T}}(t)\boldsymbol{V}+r_2(s)\boldsymbol{Q}]\boldsymbol{Q}^{-1}[\boldsymbol{V}^{\mathrm{T}}\boldsymbol{\xi}_2(t)+\boldsymbol{Q}r_2(s)]\mathrm{d}s$$
$$\widetilde{\boldsymbol{W}}_{r_1}=[\boldsymbol{A}(t)\quad \boldsymbol{0}_n\quad \boldsymbol{B}(t)\boldsymbol{K}(\boldsymbol{I}+\boldsymbol{\Lambda}_2(t))\quad \boldsymbol{0}_n\quad -\boldsymbol{B}(t)\boldsymbol{K}(\boldsymbol{I}+\boldsymbol{\Lambda}_2(t))\quad \boldsymbol{I}_n\quad \boldsymbol{0}_n\quad \boldsymbol{B}_w]$$

$$\widetilde{W}_{r_2}=[LC_1+\Delta A(t)\quad -L(I+\Lambda_1(t))C_1\quad \Delta B(t)K+B(t)K\Lambda_2(t)$$
$$A-LC_1\quad -\Delta B(t)K-B(t)\Lambda_2(t)\quad I_n\quad -I_n\quad B_w]$$

$\xi^{\mathrm{T}}(t)=[\xi_1^{\mathrm{T}}(t)\quad \xi_2^{\mathrm{T}}(t)\quad g^{\mathrm{T}}(x(t))\quad g^{\mathrm{T}}(x(t)-e(t))\quad w^{\mathrm{T}}(t)]$

因此,从式(6-42)和式(6-52),得到

$$\mathbb{E}\{z^{\mathrm{T}}(t)z(t)-\gamma^2w^{\mathrm{T}}(t)w(t)+\mathcal{L}V(t)\}+Y_1(t)+Y_2(t)$$
$$\leqslant \mathbb{E}\{\xi^{\mathrm{T}}(t)[\widetilde{\Sigma}_1+\Sigma_6+\Sigma_{12}+\overline{\Sigma}_5^{\mathrm{T}}\overline{\Sigma}_5-\gamma^2w^{\mathrm{T}}(t)w(t)]\xi(t)\}+\sum_{i=13}^{15}\Sigma_i \quad (6-53)$$

其中

$$\overline{\Sigma}_5=[C_2\quad \mathbf{0}_{q,n}\quad DK(I+\Lambda_1(t))\quad 0_{q,n}\quad -DK(I+\Lambda_1(t))\quad 0_{q,2n+l}]$$

注意到 $R_i>0, i=1,2, Q>0$,因此 Σ_{13}, Σ_{14} 和 Σ_{15} 是非正定的。因此,从式(6-53)可得 $\mathbb{E}\{z^{\mathrm{T}}(t)z(t)-\gamma^2w^{\mathrm{T}}(t)w(t)+\mathcal{L}V(t)\}+Y_1(t)+Y_2(t)<0$,如果下式成立:

$$\widetilde{\Sigma}_1+\Sigma_6+\Sigma_{12}+\overline{\Sigma}_5^{\mathrm{T}}\overline{\Sigma}_5-\gamma^2w^{\mathrm{T}}(t)w(t)<0$$

通过 Schur 补引理,上式等同于

$$\begin{bmatrix}\widetilde{\Sigma}_1+\Sigma_6-\gamma^2w^{\mathrm{T}}(t)w(t) & \sqrt{\tau_2}\widetilde{W}_{r_2} & \sqrt{\tau_1}\widetilde{W}_{r_1} & \sqrt{\tau_2}\widetilde{W}_{r_1} & \overline{\Sigma}_5^{\mathrm{T}}\\ * & -Q^{-1} & 0 & 0 & 0\\ * & * & -R_1^{-1} & 0 & 0\\ * & * & * & -R_2^{-1} & 0\\ * & * & * & * & -I\end{bmatrix}<0 \quad (6-54)$$

现在,将式(6-54)写成如下形式,即

$$\hat{\Theta}+\Pi_4H(t)\Pi_2+\Pi_2^{\mathrm{T}}H^{\mathrm{T}}(t)\Pi_4^{\mathrm{T}}+\Pi_6H(t)\Pi_5+\Pi_5^{\mathrm{T}}H^{\mathrm{T}}(t)\Pi_6^{\mathrm{T}}<0$$

其中

$$\hat{\Theta}=\begin{bmatrix}\overline{\Sigma}_1+\Sigma_6-\gamma^2w^{\mathrm{T}}(t)w(t) & \overline{\Sigma}_2^{\mathrm{T}} & \overline{\Sigma}_3^{\mathrm{T}} & \overline{\Sigma}_4^{\mathrm{T}} & \Sigma_5^{\mathrm{T}}\\ * & -Q^{-1} & 0 & 0 & 0\\ * & * & -R_1^{-1} & 0 & 0\\ * & * & * & -R_2^{-1} & 0\\ * & * & * & * & -I\end{bmatrix}$$

$\Pi_2=[\Omega_2\quad \mathbf{0}_{p,3n+q}]$

$\Pi_4=[\Omega_4\quad \Omega_7]^{\mathrm{T}}$

$\Pi_5=[\Omega_5\quad \mathbf{0}_{n,3n+q}]$

$\Pi_6=[\Omega_6\quad \Omega_8]^{\mathrm{T}}$

$H(t)=\Lambda(t)\Lambda^{-1}$

根据引理 6.1 和 Schur 补引理，如果存在 $\varepsilon>0$ 使得式(6-47)成立，则式(6-54)成立。因此，我们有

$$\mathbb{E}\{z^{\mathrm{T}}(t)z(t)-\gamma^2 w^{\mathrm{T}}(t)w(t)+\mathcal{L}V(t)\}+Y_1(t)+Y_2(t)<0 \tag{6-55}$$

在零初始条件下，有 $V(0)=0$ 和 $V(\infty)\geqslant 0$。对式(6-55)两边同时从 0 到 ∞ 积分，对于所有的非零 $w\in L_2[0,\infty)$，得到 $\mathbb{E}\{\|z\|_2\}<\gamma\|w\|_2$。

下面证明当系统(6-42)中 $w(t)\equiv 0$ 时建立其鲁棒均方渐近稳定条件。建立形如式(6-49)的 Lyapunov-Krasovskii 泛函。然后用与上述相似的技术得到

$$\mathbb{E}\{\mathcal{L}V(t)\}+Y_1(t)+Y_2(t)\leqslant \mathbb{E}\{\zeta^{\mathrm{T}}(t)[\boldsymbol{\Psi}_1+\boldsymbol{\Psi}_2+\boldsymbol{\Psi}_3]\zeta(t)\}+\sum_{i=13}^{15}\boldsymbol{\Sigma}_i \tag{6-56}$$

其中

$$\boldsymbol{\Psi}_1=\mathrm{sym}(\boldsymbol{W}_{\bar{x}}^{\mathrm{T}}\boldsymbol{P}_1\boldsymbol{W}_{\bar{r}_1}+\boldsymbol{W}_{\bar{e}}^{\mathrm{T}}\boldsymbol{P}_2\boldsymbol{W}_{\bar{r}_2}-\varepsilon_2\boldsymbol{W}_{\bar{x}}^{\mathrm{T}}\boldsymbol{G}^{\mathrm{T}}\boldsymbol{G}\boldsymbol{W}_{\bar{e}}+\overline{\boldsymbol{T}}\boldsymbol{W}_{\bar{t}})+(\varepsilon_1+\varepsilon_2)\boldsymbol{W}_{\bar{x}}^{\mathrm{T}}\boldsymbol{G}^{\mathrm{T}}\boldsymbol{G}\boldsymbol{W}_{\bar{x}}+\varepsilon_2\boldsymbol{W}_{\bar{e}}^{\mathrm{T}}\boldsymbol{G}^{\mathrm{T}}\boldsymbol{G}\boldsymbol{W}_{\bar{e}}+\boldsymbol{W}_{\bar{x}}^{\mathrm{T}}\boldsymbol{E}^{\mathrm{T}}(\boldsymbol{P}_1+\tau_1\boldsymbol{R}_1+\tau_2\boldsymbol{R}_2+\boldsymbol{P}_2+\tau_2\boldsymbol{Q})\boldsymbol{E}\boldsymbol{W}_{\bar{x}}+\boldsymbol{W}_{\bar{g}}^{\mathrm{T}}\boldsymbol{O}\boldsymbol{W}_{\bar{g}}$$

$$\boldsymbol{\Psi}_2=(\tau_1+1)\overline{\boldsymbol{S}}\boldsymbol{R}_1^{-1}\overline{\boldsymbol{S}}^{\mathrm{T}}+(\tau_2+1)\overline{\boldsymbol{U}}\boldsymbol{R}_2^{-1}\overline{\boldsymbol{U}}^{\mathrm{T}}+(\tau_2+1)\overline{\boldsymbol{V}}\boldsymbol{Q}^{-1}\overline{\boldsymbol{V}}^{\mathrm{T}}$$

$$\boldsymbol{\Psi}_3=\tau_1\boldsymbol{W}_{\bar{r}_1}^{\mathrm{T}}\boldsymbol{R}_1\boldsymbol{W}_{\bar{r}_1}+\tau_2\boldsymbol{W}_{\bar{r}_1}^{\mathrm{T}}\boldsymbol{R}_2\boldsymbol{W}_{\bar{r}_1}+\tau_2\boldsymbol{W}_{\bar{r}_2}^{\mathrm{T}}\boldsymbol{Q}\boldsymbol{W}_{\bar{r}_2}$$

$$\boldsymbol{W}_{\bar{e}}=[\boldsymbol{0}_{n,3n}\quad \boldsymbol{I}_n\quad \boldsymbol{0}_{n,3n}]$$

$$\boldsymbol{W}_{\bar{r}_1}=[\boldsymbol{A}(t)\quad \boldsymbol{0}_n\quad \boldsymbol{B}(t)\boldsymbol{K}(\boldsymbol{I}+\boldsymbol{\Lambda}_2(t))\quad \boldsymbol{0}_n\quad -\boldsymbol{B}(t)\boldsymbol{K}(\boldsymbol{I}+\boldsymbol{\Lambda}_2(t))\quad \boldsymbol{I}_n\quad \boldsymbol{0}_n]$$

$$\boldsymbol{W}_{\bar{r}_2}=[\boldsymbol{L}\boldsymbol{C}_1+\Delta\boldsymbol{A}(t)\quad -\boldsymbol{L}(\boldsymbol{I}+\boldsymbol{\Lambda}_1(t))\boldsymbol{C}_1\quad \Delta\boldsymbol{B}(t)\boldsymbol{K}+\boldsymbol{B}(t)\boldsymbol{K}\boldsymbol{\Lambda}_2(t)\quad \boldsymbol{A}-\boldsymbol{L}\boldsymbol{C}_1\quad -\Delta\boldsymbol{B}(t)\boldsymbol{K}-\boldsymbol{B}(t)\boldsymbol{\Lambda}_2(t)\quad \boldsymbol{I}_n\quad -\boldsymbol{I}_n]$$

$$\boldsymbol{W}_{\bar{x}}=[\boldsymbol{I}_n\quad \boldsymbol{0}_{n,6n}]$$

$$\overline{\boldsymbol{T}}=[\overline{\boldsymbol{S}}\quad \overline{\boldsymbol{U}}\quad \overline{\boldsymbol{V}}]$$

$$\overline{\boldsymbol{S}}=[\boldsymbol{S}_1^{\mathrm{T}}\quad \boldsymbol{S}_2^{\mathrm{T}}\quad \boldsymbol{S}_3^{\mathrm{T}}\quad \boldsymbol{0}_{n,4n}]^{\mathrm{T}}$$

$$\overline{\boldsymbol{U}}=[\boldsymbol{U}_1^{\mathrm{T}}\quad \boldsymbol{U}_2^{\mathrm{T}}\quad \boldsymbol{U}_3^{\mathrm{T}}\quad \boldsymbol{0}_{n,4n}]^{\mathrm{T}}$$

$$\boldsymbol{W}_{\bar{t}}=\begin{bmatrix}\boldsymbol{I}_n & -\boldsymbol{I}_n & \boldsymbol{0}_{n,5n} & \\ \hline \boldsymbol{I}_n & \boldsymbol{0}_n & -\boldsymbol{I}_n & \boldsymbol{0}_{n,4n}\\ \hline \boldsymbol{0}_{n,3n} & \boldsymbol{I}_n & -\boldsymbol{I}_n & \boldsymbol{0}_{n,2n}\end{bmatrix}$$

$$\boldsymbol{W}_{\bar{g}}=\begin{bmatrix}\boldsymbol{0}_{n,5n} & \boldsymbol{I}_n & \boldsymbol{0}_n\\ \hline \boldsymbol{0}_{n,6n} & \boldsymbol{I}_n & \end{bmatrix}$$

$$\boldsymbol{\xi}^{\mathrm{T}}(t)=[\xi_1^{\mathrm{T}}(t)\quad \xi_2^{\mathrm{T}}(t)\quad g^{\mathrm{T}}(x(t))\quad g^{\mathrm{T}}(x(t)-e(t))]$$

$$\overline{\boldsymbol{V}}=[\boldsymbol{0}_{n,3n}\quad \boldsymbol{V}_1^{\mathrm{T}}\quad \boldsymbol{V}_2^{\mathrm{T}}\quad \boldsymbol{0}_{n,2n}]^{\mathrm{T}}$$

注意到 $\boldsymbol{R}_i>0, i=1,2, \boldsymbol{Q}>\boldsymbol{0}$，因此 $\boldsymbol{\Sigma}_{13}$，$\boldsymbol{\Sigma}_{14}$ 和 $\boldsymbol{\Sigma}_{15}$ 是非正定的。根据 Schur 补引理，式(6-47)保证下式成立：

$$\boldsymbol{\Psi}_1+\boldsymbol{\Psi}_2+\boldsymbol{\Psi}_3<0$$

因此，根据定义 6.1，系统(6-42)是鲁棒均方渐近稳定的[199]。证明完毕。

6.4.2 鲁棒 H_∞ 控制器设计

本小节主要用于解决基于观测器的鲁棒 H_∞ 控制器的设计问题。

定理 6.4 考虑如图 6.2 所示的基于观测器的网络控制系统。给定正常数 γ，则存在一个基于观测器的控制器使闭环系统(6-42)是鲁棒均方渐近稳定的且具有给定的 H_∞ 干扰抑制度 γ 的充分条件为存在标量 $\varepsilon_i>0(i=1,2,3)$，$\varepsilon_5>0$ 和矩阵 $\bar{\boldsymbol{P}}_1>0,\boldsymbol{P}_2\geqslant 0,\boldsymbol{R}_1>0,\bar{\boldsymbol{R}}_2>0,\boldsymbol{Q}>0,\boldsymbol{Z}_j>0(j=1,\cdots,7),\boldsymbol{T}_k>0(k=1,\cdots,8),\boldsymbol{Y}_4>0$ 和 $\boldsymbol{S}_i,\bar{\boldsymbol{U}}_1,\boldsymbol{U}_2,\bar{\boldsymbol{U}}_3,\boldsymbol{V}_1,\boldsymbol{V}_2,\bar{\boldsymbol{K}},\bar{\boldsymbol{L}}$，满足

$$\begin{bmatrix}\boldsymbol{\Xi}_1 & \boldsymbol{\Xi}_2\\ * & \boldsymbol{\Xi}_3\end{bmatrix}<0 \tag{6-57}$$

$$\begin{bmatrix}\boldsymbol{\Phi}_1 & \boldsymbol{\Phi}_2 & \boldsymbol{\Phi}_4\\ * & \boldsymbol{\Phi}_3 & \boldsymbol{\Phi}_5\\ * & * & \boldsymbol{\Phi}_6\end{bmatrix}<0 \tag{6-58}$$

$$\boldsymbol{Z}_l\boldsymbol{T}_l=\boldsymbol{I},\boldsymbol{P}_2\boldsymbol{T}_4=\boldsymbol{I},\boldsymbol{R}_1\boldsymbol{T}_8=\boldsymbol{I},l=1,2,3,5,6,7 \tag{6-59}$$

其中

$$\begin{aligned}\boldsymbol{\Xi}_1=&\operatorname{sym}(\boldsymbol{W}_e^{\mathrm T}\boldsymbol{W}_{\hat\tau_2}+\hat{\boldsymbol{T}}\boldsymbol{W}_{\hat\tau}-\varepsilon_2\boldsymbol{W}_\varepsilon^{\mathrm T}\boldsymbol{G}^{\mathrm T}\boldsymbol{G}\boldsymbol{W}_e+\sqrt{\tau_2}\boldsymbol{W}_w^{\mathrm T}\boldsymbol{W}_{\hat\tau_2})+\boldsymbol{W}_{\hat g}^{\mathrm T}\hat{\boldsymbol{O}}\boldsymbol{W}_{\hat g}+\boldsymbol{W}_z^{\mathrm T}\boldsymbol{Z}\boldsymbol{W}_z+\\&\boldsymbol{W}_w^{\mathrm T}(\boldsymbol{Q}-2\boldsymbol{P}_2)\boldsymbol{W}_w+(\varepsilon_1+\varepsilon_2)\boldsymbol{W}_\varepsilon^{\mathrm T}\boldsymbol{G}^{\mathrm T}\boldsymbol{G}\boldsymbol{W}_\varepsilon+\varepsilon_2\boldsymbol{W}_e^{\mathrm T}\boldsymbol{G}^{\mathrm T}\boldsymbol{G}\boldsymbol{W}_e+\varepsilon_5\boldsymbol{W}_{\boldsymbol\Lambda}^{\mathrm T}\boldsymbol{C}_1^{\mathrm T}\boldsymbol{\Lambda}_1^2\boldsymbol{C}_1\boldsymbol{W}_{\boldsymbol\Lambda}\end{aligned}$$

$$\boldsymbol{\Xi}_2=[\boldsymbol{Y}_1^{\mathrm T}\quad \boldsymbol{Y}_2^{\mathrm T}\quad \boldsymbol{Y}_3^{\mathrm T}\quad \boldsymbol{Y}_4^{\mathrm T}\quad \boldsymbol{Y}_5^{\mathrm T}\quad \bar{\boldsymbol{E}}\quad \boldsymbol{Y}_6^{\mathrm T}\quad \boldsymbol{Y}_7^{\mathrm T}]$$

$$\boldsymbol{\Xi}_3=\operatorname{diag}\{-\boldsymbol{Z}_7,-\boldsymbol{R}_1,-\boldsymbol{Q},-\boldsymbol{R}_1,-\bar{\boldsymbol{R}}_2,-\boldsymbol{T}_4,-\boldsymbol{Q},-\boldsymbol{T}_6\}$$

$$\bar{\boldsymbol{E}}=[\boldsymbol{0}_{n,5n+p}\quad \boldsymbol{E}\quad \boldsymbol{0}_n]^{\mathrm T}$$

$$\boldsymbol{Y}_1^{\mathrm T}=\sqrt{\tau_2+1}\hat{\boldsymbol{U}}$$

$$\boldsymbol{Y}_2^{\mathrm T}=\sqrt{\tau_1+1}\hat{\boldsymbol{S}}$$

$$\boldsymbol{Y}_3^{\mathrm T}=\sqrt{\tau_2+1}\boldsymbol{V}$$

$$\boldsymbol{Y}_4^{\mathrm T}=\sqrt{\tau_1}\bar{\boldsymbol{E}}\boldsymbol{R}_1$$

$$\boldsymbol{Y}_5^{\mathrm T}=\sqrt{\tau_2}\bar{\boldsymbol{E}}$$

$$\boldsymbol{Y}_6^{\mathrm T}=\sqrt{\tau_2}\bar{\boldsymbol{E}}\boldsymbol{Q}$$

$$\boldsymbol{Y}_7^{\mathrm T}=[\boldsymbol{0}_{n,6n+p}\quad \boldsymbol{P}_2]^{\mathrm T}$$

$$\hat{\boldsymbol{O}}=\operatorname{diag}\{-\varepsilon_5\boldsymbol{I},-\varepsilon_2\boldsymbol{I}\}$$

$$\boldsymbol{W}_z=[\boldsymbol{W}_{z_1}^{\mathrm T}\quad \boldsymbol{W}_e^{\mathrm T}\quad \boldsymbol{W}_{z_3}^{\mathrm T}\quad \boldsymbol{W}_{z_4}^{\mathrm T}\quad \boldsymbol{W}_\varepsilon^{\mathrm T}]$$

$$\boldsymbol{W}_\varepsilon=[\boldsymbol{0}_{n,5n+p}\quad \boldsymbol{I}_n\quad \boldsymbol{0}_n]$$

$$\boldsymbol{W}_{z_1}=[\boldsymbol{0}_{n,2n}\quad \boldsymbol{I}_n\quad \boldsymbol{0}_{n,4n+p}]$$

$$\boldsymbol{W}_{z_3}=[\boldsymbol{0}_{n,4n}\quad \boldsymbol{I}_n\quad \boldsymbol{0}_{n,2n+p}]$$

$$W_{z_4}=[\mathbf{0}_{p,5n}\quad I_p\quad \mathbf{0}_{p,2n}]$$

$$W_{\Lambda}=[\mathbf{0}_{n}\quad I_n\quad \mathbf{0}_{n,5n+p}]$$

$$W_{\hat{r}_2}=[-P_2\quad -\bar{L}C_1\quad \mathbf{0}_n\quad P_2A-\bar{L}C_1\quad \mathbf{0}_n\quad \bar{L}\quad \bar{L}C_1\quad \mathbf{0}_n]$$

$$Z=\mathrm{diag}\{-Z_1,Z_2,Z_3,Z_4,-Z_5\}$$

$$\hat{U}=[\mathbf{0}_n\quad U_2^{\mathrm{T}}\quad \mathbf{0}_{n,5n+p}]^{\mathrm{T}}$$

$$\hat{T}=[\hat{S}\quad \hat{U}\quad V]$$

$$\hat{S}=[\mathbf{0}_n\quad S_2^{\mathrm{T}}\quad S_3^{\mathrm{T}}\quad \mathbf{0}_{n,2n+p}\quad S_1^{\mathrm{T}}\quad \mathbf{0}_n]^{\mathrm{T}}$$

$$W_{\hat{t}}=\left[\begin{array}{ccccc}\mathbf{0}_n & -I_n & \mathbf{0}_{n,3n+p} & I_n & \mathbf{0}_n\\ \hline \mathbf{0}_{n,2n} & -I_n & \mathbf{0}_{n,2n+p} & I_n & \mathbf{0}_n\\ \hline \mathbf{0}_{n,3n} & I_n & -I_n & \mathbf{0}_{n,2n+p} & \end{array}\right]$$

$$W_{\hat{g}}=\left[\begin{array}{ccc}\mathbf{0}_{p,5n} & I_p & \mathbf{0}_{p,2n}\\ \hline I_n & \mathbf{0}_{n,6n+p} & \end{array}\right]$$

$$\Phi_1=\mathrm{sym}(W_{\hat{x}}^{\mathrm{T}}W_{\hat{r}_1}-W_{\Lambda_1}^{\mathrm{T}}Y_4\Lambda_2^2W_{\Lambda_2}+\tilde{U}W_{\check{t}})+W_y^{\mathrm{T}}\hat{Z}W_y+W_{\Lambda_1}^{\mathrm{T}}Y_4\Lambda_2^2W_{\Lambda_1}+W_{\Lambda_2}^{\mathrm{T}}Y_4\Lambda_2^2W_{\Lambda_2}$$

$$W_{\Lambda_1}=[I_n\quad \mathbf{0}_{n,4n+p}]$$

$$W_{\hat{r}_1}=[B\bar{K}\quad \mathbf{0}_n\quad -B\bar{K}\quad \mathbf{0}_n\quad A\bar{P}_1\quad \mathbf{0}_n]$$

$$W_{\hat{x}}=[\mathbf{0}_{n,3n+p}\quad I_n\quad \mathbf{0}_n]$$

$$\Phi_2=[\sqrt{\tau_2+1}\check{U}\quad Y_8^{\mathrm{T}}B_w\quad \sqrt{\tau_1}W_{\hat{r}_1}^{\mathrm{T}}\quad \sqrt{\tau_2}W_{\hat{r}_1}^{\mathrm{T}}\quad \bar{\Sigma}_5^{\mathrm{T}}]$$

$$Y_8=[\mathbf{0}_n\quad I_n\quad \mathbf{0}_{n,n+p}\quad I_n\quad \sqrt{\tau_2}I_n]$$

$$\Phi_4=[Y_8^{\mathrm{T}}\quad Y_8^{\mathrm{T}}B\bar{K}\quad \varepsilon_3Y_8^{\mathrm{T}}M\quad \bar{\Omega}_3^{\mathrm{T}}\quad W_{\hat{x}}^{\mathrm{T}}\bar{P}_1E^{\mathrm{T}}\quad W_{\hat{x}}^{\mathrm{T}}\bar{P}_1\quad 0\quad 0\quad W_{\Lambda_1}^{\mathrm{T}}\bar{P}_1]$$

$$\bar{\Sigma}_5=[D\bar{K}\quad \mathbf{0}_{q,n}\quad -D\bar{K}\quad \mathbf{0}_{q,p}\quad C_2\bar{P}_1\quad \mathbf{0}_{q,n}]$$

$$W_{\Lambda_2}=[\mathbf{0}_{n,2n}\quad I_n\quad \mathbf{0}_{n,2n+p}]$$

$$\bar{\Omega}_3=[N_b\bar{K}\quad \mathbf{0}_{1,n}\quad -N_b\bar{K}\quad \mathbf{0}_{1,p}\quad N_a\bar{P}_1\quad \mathbf{0}_{1,n}]$$

$$W_{\check{t}}=[-I_n\quad \mathbf{0}_{n,2n+p}\quad I_n\quad \mathbf{0}_n]$$

$$\hat{Z}=\mathrm{diag}\{T_2-2T_4,T_3-2P_1,-Z_4,-Z_6\}$$

$$\check{U}=[\bar{U}_3^{\mathrm{T}}\quad \mathbf{0}_{n,2n+p}\quad \bar{U}_1^{\mathrm{T}}\quad \mathbf{0}_n]^{\mathrm{T}}$$

$$\Phi_3=\begin{bmatrix}\bar{R}_2-2\bar{P}_1 & 0 & 0 & 0 & 0\\ * & -\gamma^2I & \sqrt{\tau_1}B_w^{\mathrm{T}} & \sqrt{\tau_1}B_w^{\mathrm{T}} & 0\\ * & * & -T_8 & 0 & 0\\ * & * & * & -\bar{R}_2 & 0\\ * & * & * & * & -I\end{bmatrix}$$

$$W_y=\left[\begin{array}{ccc}\mathbf{0}_n & I_n & \mathbf{0}_{n,3n+p}\\ \hline \mathbf{0}_{n,2n} & I_n & \mathbf{0}_{n,2n+p}\\ \hline \mathbf{0}_{p,3n} & I_p & \mathbf{0}_{p,2n}\\ \hline \mathbf{0}_{n,4n+p} & I_n & \end{array}\right]$$

$$\Phi_5=[\,Y_{10}\quad Y_{11}\quad Y_{10}M\varepsilon_3\quad \mathbf{0}\quad \mathbf{0}\quad \mathbf{0}\quad Y_{12}\quad \mathbf{0}\,]$$

$$Y_{10}=[\,\mathbf{0}_n\quad \mathbf{0}_{n,l}\quad \sqrt{\tau_1}I_n\quad \sqrt{\tau_1}I_n\quad \mathbf{0}_{n,q}\,]^{\mathrm{T}}$$

$$Y_{11}=[\,\mathbf{0}_n\quad \mathbf{0}_{n,l}\quad \sqrt{\tau_1}\overline{K}^{\mathrm{T}}B^{\mathrm{T}}\quad \sqrt{\tau_2}\overline{K}^{\mathrm{T}}B^{\mathrm{T}}\quad \overline{K}^{\mathrm{T}}D^{\mathrm{T}}\,]^{\mathrm{T}}$$

$$Y_{12}=[\,\overline{P}_1\quad \mathbf{0}_{n,2n+l+q}\,]^{\mathrm{T}}$$

$$\Phi_6=\mathrm{diag}\{-\varepsilon_1 I,-Y_4,-\varepsilon_3 I,-\varepsilon_3 I,-\overline{P}_1,-T_5,-T_7,-T_1\}+\mathrm{sym}(W_k^{\mathrm{T}}\overline{K}^{\mathrm{T}}N_b^{\mathrm{T}}W_{\bar{n}})$$

$$W_{\bar{k}}=[\,\mathbf{0}_n\quad I_n\quad \mathbf{0}_{n,4n+2}\,]$$

$$W_{\bar{n}}=[\,\mathbf{0}_{1,2n+1}\quad I_1\quad \mathbf{0}_{n,4n}\,]$$

如果上述不等式有解，则控制器增益和观测器增益分别如下所示：

$$K=\overline{K}\overline{P}_1^{-1},\quad L=P_2^{-1}\overline{L}\tag{6-60}$$

6.5 应用算例

在本节，我们用一个数值例子来说明所提出的控制器的设计方法的有效性及优越性。

例 6.1 系统常数矩阵为

$$A=\begin{bmatrix}0 & 0 & 1 & 0\\ 0 & 0 & 0 & 1\\ -36 & 36 & -0.6 & 0.6\\ 18 & -18 & 0.3 & -0.3\end{bmatrix},B=\begin{bmatrix}0\\0\\1\\0\end{bmatrix},C=\begin{bmatrix}1 & 0 & 0 & 0\\ 0 & 1 & 0 & 0\end{bmatrix}$$

$$E=\begin{bmatrix}0 & 0 & 0 & 0\\ 0 & 0 & 0 & 0\\ 0.01 & 0 & 0 & 0\\ 0 & 0 & 0 & 0\end{bmatrix},G=\begin{bmatrix}0.05 & 0 & 0 & 0\\ 0 & 0.05 & 0 & 0\\ 0 & 0 & 0.05 & 0\\ 0 & 0 & 0 & 0.05\end{bmatrix}$$

系统矩阵 A 的特征值为 $-0.4500\pm7.3347i,0,0$，因此该系统是不稳定的。我们的目的是设计一个基于观测器的控制器(6-2)，使得该系统(6-1)是均方渐近稳定的。假设网络参数如下：采样周期为 $h=2$ ms，最大时延为 $\overline{\eta}=4$ ms，最大丢包为 $\overline{\delta}=1$，量化参数为 $\rho=0.9$ 和 $u_0=2$。根据定理 6.2 所提出的方法，可得到相应矩阵为

$$\overline{P}_1=\begin{bmatrix}0.5130 & 0.4367 & -0.1801 & -0.1547\\ 0.4367 & 0.4903 & -0.1504 & -0.1654\\ -0.1801 & -0.1504 & 3.4095 & -1.2803\\ -0.1547 & -0.1654 & -1.2803 & 1.0595\end{bmatrix},\overline{K}^{\mathrm{T}}=\begin{bmatrix}-0.4605\\ -0.4650\\ -1.6411\\ 0.0173\end{bmatrix}$$

$$P_2=\begin{bmatrix}2.7987 & -0.4600 & -0.7901 & -1.4199\\ -0.4600 & 5.3953 & -1.2876 & -2.5287\\ -0.7901 & -1.2876 & 0.7402 & 1.3478\\ -1.4199 & -2.5287 & 1.3478 & 2.7867\end{bmatrix},\bar{L}=\begin{bmatrix}9.2859 & -4.2200\\ -6.3928 & 7.7879\\ 0.5443 & 0.8766\\ 1.2269 & 1.3828\end{bmatrix}$$

因此根据式(6－31)，得到基于观测器的控制器的参数矩阵为

$$K^{\mathrm{T}}=\begin{bmatrix}-0.9531\\ -1.1033\\ -1.2654\\ -1.8243\end{bmatrix},L=\begin{bmatrix}7.7216 & 2.5661\\ 2.8715 & 4.5438\\ 10.5690 & 8.6714\\ 1.8687 & 1.7328\end{bmatrix} \tag{6-61}$$

下面，通过仿真曲线来看稳定性结果。假设初始条件为[－0.3，0.7，0.1，－0.5]。状态变量的响应曲线如图 6.3 所示，可以看出在非零初始条件下，经过一段时间，4 个系统变量均收敛于零点。网络诱导延时和丢包是随机的，分别如图 6.4 和图 6.5 所示。输出信号 $y(t)$ 和成功传送到 ZOH 的输出信号 $\hat{y}(t)$（在图中标注为 y_{ZOH}）如图 6.6 所示，可以看到传输的测量值是非连续的。

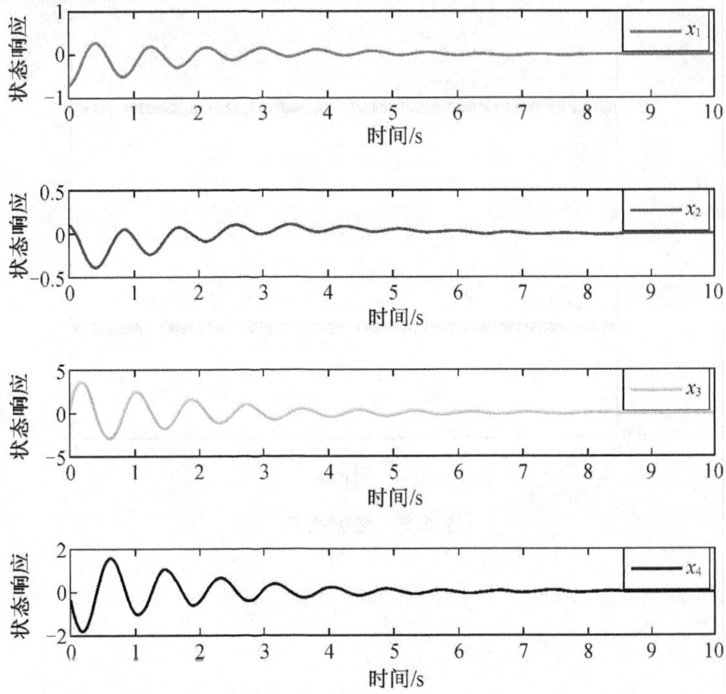

图 6.3　闭环系统的状态响应

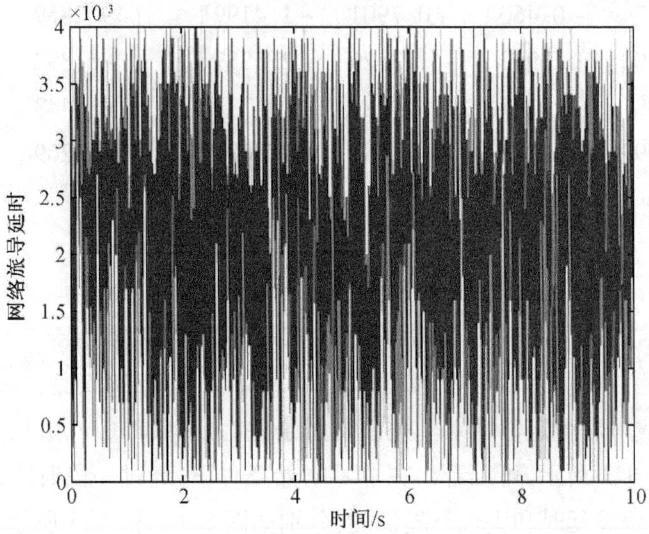

图 6.4 网络诱导延时

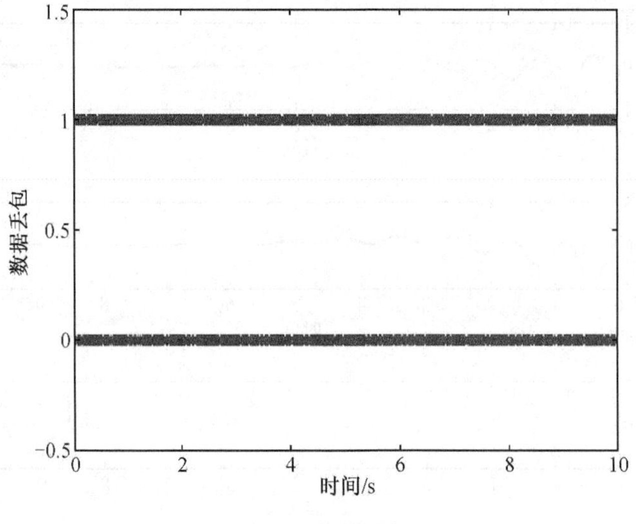

图 6.5 数据丢包

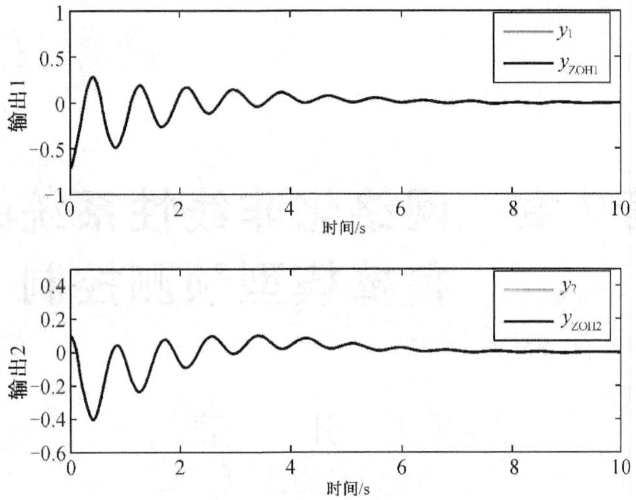

图 6.6　测量信号与传输信号

6.6　本章小结

本章针对非线性随机系统研究了在通信受限情形下的基于观测器的镇定问题。考虑随机系统的输出和动态控制器之间由网络连接,网络环境存在网络诱导延时、数据丢包和量化问题,对该系统进行了稳定性分析。构建了新的二次型 Lyapunov 函数方程,引入了自由权矩阵的方法去除单积分项,从而降低了结果的保守性,得到了闭环系统的均方渐近稳定的充分条件。进一步考虑在工程中广泛出现的范数有界不确定性,得到了满足性能的闭环系统的鲁棒均方渐近稳定的充分条件。最后,在此基础上,利用 LMI 技术,给出了随机系统在状态反馈控制器的设计方法,也解决了具有闭环系统 H_∞ 性能指标约束的基于观测器的输出反馈控制器的设计问题。

第7章 网络化非线性系统的鲁棒模型预测控制

7.1 引　言

最近,模型预测控制吸引了大量国内外学者的研究,并且被广泛应用到众多工业领域,例如化工领域、电力领域[204]和锅炉汽包水位系统[205]。模型预测控制的种类众多,如PFC(预测功能控制)[206]、GPC(广义预测控制)[207]、SMPC(简化模型预测控制)[208]和NMPC(非线性模型预测控制)[209]等。在文献[210]中,在Lyapunov函数基础上,作者提出了将多个模型预测控制无扰切换的方法。在文献[211]中,作者解决了对输出反馈鲁棒模型预测控制的性能分析方法,该系统带有凸多面体不确定性和有界干扰。

本章主要研究对非线性不确定系统的鲁棒模型预测控制问题。参数不确定为范数有界不确定,非线性假设满足一定的边界条件。目的是设计一个状态反馈控制器使当前时刻的量化目标函数的上界最小。考虑了输入变量的硬约束。利用矩阵不等式的方法,得到了闭环反馈系统的渐进均方稳定条件。我们进一步考虑在网络数据包丢失情形下,设计了该系统的鲁棒模型预测控制器,保证闭环系统是鲁棒均方渐近稳定的。最后利用余热锅炉汽包水位系统的例子来说明我们所提出的理论结果的应用。

7.2 非线性系统的鲁棒模型预测控制

7.2.1 问题描述

考虑如下非线性不确定离散系统:

$$x(k+1)=\boldsymbol{A}(k)x(k)+f(x(k))+\boldsymbol{B}(k)u(k) \tag{7-1}$$

其中,$x(k)\in\mathbb{R}^n$是状态变量;$u(k)\in\mathbb{R}^p$是控制输入;$f(\cdot):\mathbb{R}^n\to\mathbb{R}^{n_f}$是未知的非线性函数;

$$\boldsymbol{A}(k)=\boldsymbol{A}+\Delta\boldsymbol{A}(k),\boldsymbol{B}(k)=\boldsymbol{B}+\Delta\boldsymbol{B}(k)$$

$\boldsymbol{A}$和$\boldsymbol{B}$是具有合适维数的常数矩阵。$\Delta\boldsymbol{A}(k)$和$\Delta\boldsymbol{B}(k)$范数有界不确定性。具有如下形式:

$$[\Delta\boldsymbol{A}(k)\quad\Delta\boldsymbol{B}(k)]=\boldsymbol{M}\boldsymbol{F}(k)[\boldsymbol{N}_a\quad\boldsymbol{N}_b] \tag{7-2}$$

其中,$\boldsymbol{M},\boldsymbol{N}_a$和$\boldsymbol{N}_b$是已知的常矩阵;$F(\cdot):\mathbb{R}\to\mathbb{R}^{k\times l}$是未知时变矩阵函数,满足

$$F(k)^{\mathrm{T}}F(k)\leqslant I,\ \forall k$$

考虑状态反馈控制器,形式如下:

$$u(k)=K(k)x(k) \tag{7-3}$$

其中,$K(k)$为控制器增益。在控制器(7-3)作用下,闭环系统变成

$$x(k+1)=(A(k)+B(k)K(k))x(k)+f(x(k)) \tag{7-4}$$

选择如下目标函数:

$$J_0^{\infty}(k)=\sum_{i=0}^{\infty}[x(k+i|k)^{\mathrm{T}}Qx(k+i|k)+u(k+i|k)^{\mathrm{T}}Ru(k+i|k)] \tag{7-5}$$

其中,$Q>0$ 和 $R>0$ 是权矩阵;$x(k+i|k)$和 $u(k+i|k)$分别是 k 时刻对 $k+i$ 时刻的状态预测值和输入预测值。

定义二次型函数 $V(x(k))=x(k)^{\mathrm{T}}Px(k)$。函数 $V(x(k))$满足如下鲁棒不等式约束。

$$\begin{aligned}&V(x(k+i+1|k))-V(x(k+i|k))\\&\leqslant-[x(k+i|k)^{\mathrm{T}}Qx(k+i|k)+u(k+i|k)^{\mathrm{T}}Ru(k+i|k)]\end{aligned} \tag{7-6}$$

对式(7-6)从 $i=0$ 到 $i=\infty$ 进行累加,并且由于二次型函数有限,需要使$\lim\limits_{i\to\infty}x(k+i|k)=0$,得到

$$J_0^{\infty}(k)\leqslant V(x(k|k))=x(k|k)^{\mathrm{T}}Px(k|k) \tag{7-7}$$

其中在 k 时刻,$x(k|k)=x(k)$。

因此,优化目标函数(7-5)转变为最小化下列约束中的变量 γ

$$x(k|k)^{\mathrm{T}}Px(k|k)\leqslant\gamma \tag{7-8}$$

考虑如下输入约束:

$$\|u(k+i|k)\|_2\leqslant u_{\max} \tag{7-9}$$

其中,$k=0,1,\cdots;i=0,1,\cdots;u_{\max}$是正数。

下面的假设用于系统(7-1)中的非线性函数。

假设 7.1　对一个系统模型,存在已知的实数常矩阵 $S\in\mathbb{R}^{n\times n}$,使得未知的非线性向量函数$f(\cdot)$满足下列有界条件:

$$|f(x(k))|\leqslant|Sx(k)|,\quad\forall x(k)\in\mathbb{R}^n$$

7.2.2　主要结果

本节在考虑输入约束情况下,给出一个鲁棒模型预测控制器的设计方法,使得闭环系统(7-4)是鲁棒均方渐近稳定的,且保证目标函数式(7-5)的值最小。

定理 7.1　考虑非线性不确定闭环系统(7-4)。给定矩阵 $Q>0$ 和 $R>0$,存在状态反馈控制器使得目标函数 J_0^{∞} 值最小且控制输入满足式(7-9)的条件是存在矩阵 $X>0,Y$ 和标量 $\gamma>0,\varepsilon_1>0,\varepsilon_2>0,v>0$ 使得如下优化问题有解

$$\min_{\gamma,X,Y}\gamma \tag{7-10}$$

同时满足下列不等式:

$$\begin{bmatrix} -1 & x(k|k)^{\mathrm{T}} \\ x(k|k) & -\boldsymbol{X} \end{bmatrix} \leqslant 0 \tag{7-11}$$

$$\begin{bmatrix} -\boldsymbol{X} & 0 & \boldsymbol{\Xi}_1 & \boldsymbol{\Xi}_3 & \boldsymbol{Y}^{\mathrm{T}}\boldsymbol{R}^{\frac{1}{2}} & \boldsymbol{X}^{\mathrm{T}}\boldsymbol{Q}^{\frac{1}{2}} & \boldsymbol{X}\boldsymbol{S}^{\mathrm{T}} \\ * & -\varepsilon_2\boldsymbol{I} & \boldsymbol{I} & 0 & 0 & 0 & 0 \\ * & * & \boldsymbol{\Xi}_2 & 0 & 0 & 0 & 0 \\ * & * & * & -\varepsilon_1\boldsymbol{I} & 0 & 0 & 0 \\ * & * & * & * & -\gamma\boldsymbol{I} & 0 & 0 \\ * & * & * & * & * & -\gamma\boldsymbol{I} & 0 \\ * & * & * & * & * & * & -v\boldsymbol{I} \end{bmatrix} < 0 \tag{7-12}$$

$$\begin{bmatrix} -u_{\max}^2\boldsymbol{I} & \boldsymbol{Y} \\ * & -\boldsymbol{X} \end{bmatrix} \leqslant 0 \tag{7-13}$$

$$\varepsilon_2 v = \boldsymbol{I} \tag{7-14}$$

其中

$$\begin{aligned} \boldsymbol{\Xi}_1 &= \boldsymbol{X}^{\mathrm{T}}\boldsymbol{A}^{\mathrm{T}} + \boldsymbol{Y}^{\mathrm{T}}\boldsymbol{B}^{\mathrm{T}} \\ \boldsymbol{\Xi}_2 &= -\boldsymbol{X} + \varepsilon_1\boldsymbol{M}^{\mathrm{T}}\boldsymbol{M} \\ \boldsymbol{\Xi}_3 &= \boldsymbol{X}^{\mathrm{T}}\boldsymbol{N}_a^{\mathrm{T}} + \boldsymbol{Y}^{\mathrm{T}}\boldsymbol{N}_b^{\mathrm{T}} \end{aligned} \tag{7-15}$$

若上述优化问题有解，则控制器增益矩阵为

$$\boldsymbol{K} = \boldsymbol{Y}\boldsymbol{X}^{-1} \tag{7-16}$$

证明 首先证明当条件式(7-12)可解时，不等式(7-6)成立。用 $\boldsymbol{J} = \mathrm{diag}\{\boldsymbol{X}^{-1}, \boldsymbol{I}, \boldsymbol{I}, \boldsymbol{I}, \boldsymbol{I}, \boldsymbol{I}, \boldsymbol{I}\}$ 对式(7-12)进行合同变换，然后定义 $\boldsymbol{X} = \gamma\boldsymbol{P}^{-1}$，利用 Schur 补引理，得到

$$\begin{bmatrix} \boldsymbol{\Xi}_4 & 0 & \overline{\boldsymbol{\Xi}}_1 & \overline{\boldsymbol{\Xi}}_3 & \boldsymbol{K}^{\mathrm{T}}\boldsymbol{R}^{\frac{1}{2}} & \boldsymbol{Q}^{\frac{1}{2}} \\ * & -\dfrac{\eta_2}{\gamma} & \boldsymbol{I} & 0 & 0 & 0 \\ * & * & \overline{\boldsymbol{\Xi}}_2 & 0 & 0 & 0 \\ * & * & * & -\eta_1^{-1}\gamma\boldsymbol{I} & 0 & 0 \\ * & * & * & * & -\gamma\boldsymbol{I} & 0 \\ * & * & * & * & * & -\gamma\boldsymbol{I} \end{bmatrix} < 0 \tag{7-17}$$

其中

$$\overline{\boldsymbol{\Xi}}_1 = \boldsymbol{A}^{\mathrm{T}} + \boldsymbol{K}^{\mathrm{T}}\boldsymbol{B}^{\mathrm{T}}$$

$$\eta_1^{-1} = \frac{\varepsilon_1}{\gamma}$$

$$\eta_2 = \gamma\varepsilon_2$$

$$\overline{\boldsymbol{\Xi}}_2 = -\gamma\boldsymbol{P}^{-1} + \gamma\eta_1^{-1}\boldsymbol{M}^{\mathrm{T}}\boldsymbol{M}$$

$$\overline{\Xi}_3 = N_a^{\mathrm{T}} + K^{\mathrm{T}} N_b^{\mathrm{T}}$$

$$\overline{\Xi}_4 = -\frac{P}{\gamma} + \frac{\eta_2}{\gamma} S^{\mathrm{T}} S \tag{7-18}$$

由假设7.1,得到

$$Y(k) = \eta_2 x^{\mathrm{T}}(k) S^{\mathrm{T}} S x(k) - \eta_2 f^{\mathrm{T}}(x(k)) f(x(k)) \geqslant 0 \tag{7-19}$$

其中,η_2是正数。

由文献[155]中的引理和式(7-6)、式(7-19),得到

$$\begin{aligned}
& V(x(k+i+1|k)) - V(x(k+i|k)) + Y(k+i|k) + x(k+i|k)^{\mathrm{T}} Q x(k+i|k) + \\
& u(k+i|k)^{\mathrm{T}} R u(k+i|k) \\
= & \xi(k+i|k)^{\mathrm{T}} (\overline{A} + MF(k)\overline{N})^{\mathrm{T}} P (\overline{A} + MF(k)\overline{N}) \xi(k+i|k) + \\
& x(k+i|k)^{\mathrm{T}} (-P + Q + K^{\mathrm{T}} R K + \eta_2 S^{\mathrm{T}} S) x(k+i|k) - \eta_2 f^{\mathrm{T}}(x(k+i|k)) f(x(k+i|k)) \\
\leqslant & \xi(k+i|k)^{\mathrm{T}} (\overline{A}^{\mathrm{T}} (P^{-1} - \eta_1^{-1} M M^{\mathrm{T}})^{-1} \overline{A} + \eta_1 \overline{N}^{\mathrm{T}} \overline{N}) \xi(k+i|k) + x(k+i|k)^{\mathrm{T}} \cdot \\
& (-P + Q + K^{\mathrm{T}} R K + \eta_2 S^{\mathrm{T}} S) x(k+i|k) - \eta_2 f^{\mathrm{T}}(x(k+i|k)) f(x(k+i|k))
\end{aligned} \tag{7-20}$$

其中

$$\overline{A} = [A + BK \quad I], \overline{N} = [N_a + N_b K \quad 0]$$

$$\xi(k+i|k) = [x(k+i|k)^{\mathrm{T}} \quad f(x(k+i|k)^{\mathrm{T}})]^{\mathrm{T}}$$

利用Schur补引理,如果式(7-17)有解,则式(7-20)成立。因此,得到

$$\begin{aligned}
& V(x(k+i+1|k)) - V(x(k+i|k)) \\
\leqslant & -x(k+i|k)^{\mathrm{T}} Q x(k+i|k) - u(k+i|k)^{\mathrm{T}} R u(k+i|k)
\end{aligned}$$

对不等式从$i=0$到$i=\infty$累加,得到$J_0^{\infty}(k) \leqslant V(x(k|k))$。

然后证明如果式(7-11)成立,则式(7-8)成立。用$J_1 = \mathrm{diag}\{I, X^{-1}(k)\}$对式(7-11)进行合同变换,得到

$$\begin{bmatrix} -1 & x(k|k)^{\mathrm{T}} \dfrac{P(k)}{\gamma} \\ \dfrac{P(k)}{\gamma} x(k|k) & -\dfrac{P(k)}{\gamma} \end{bmatrix} \leqslant 0 \tag{7-21}$$

利用Schur补引理,得到$x(k|k)^{\mathrm{T}} P x(k|k) \leqslant \gamma$。因此式(7-8)成立。

用$J_2 = \mathrm{diag}\{I, X^{-1}\}$对式(7-13)进行合同变换,得到

$$\begin{bmatrix} -u_{\max}^2 I & K \\ * & -X^{-1} \end{bmatrix} \leqslant 0 \tag{7-22}$$

利用Schur补引理,得到

$$-\frac{P}{\gamma} + \frac{1}{u_{\max}^2} K^{\mathrm{T}} K \leqslant 0 \tag{7-23}$$

用$x(k+i|k)$对式(7-23)进行合同变换,并考虑式(7-8),得到

$$u^{\mathrm{T}}(k+i|k) u(k+i|k) \leqslant u_{\max}^2$$

值得注意的是,由于存在 ε_2 和 ε_2^{-1} 两个变量,导致定理 7.1 的不等式不是凸优化形式的。为了克服这个困难,我们使用 CCL 算法,其可将非凸优化求解问题变成非线性优化问题。

CCL 算法的思想是如果不等式 $\begin{bmatrix} \varepsilon_2 & \boldsymbol{I} \\ \boldsymbol{I} & v \end{bmatrix} \geqslant 0$ 对于变量 $\varepsilon_2 > 0$ 和 $v > 0$ 是有解的,那么 $\mathrm{trace}(\varepsilon_2 v) \geqslant 1$,且 $\mathrm{trace}(\varepsilon_2 v) = 1$,当且仅当 $\varepsilon_2 v = 1$。证明完毕。

7.3 丢包情形下系统的鲁棒模型预测控制

在本节,我们将 7.2 节中获得的结果应用到网络受限情形下鲁棒模型预测控制器的设计中。为了方便起见,这里只考虑网络通信过程中存在数据丢包问题。

7.3.1 问题描述

考虑非线性不确定离散系统(7-1),选择如式(7-3)所示的状态反馈控制器,得到闭环系统(7-4);选择的目标函数为式(7-5)。

考虑如图 7.8 所示的网络控制系统。为了方便起见,在该网络控制系统中,只考虑网络通讯中存在丢包。假设从离散控制对象到控制器之间存在随机数据丢包;从控制器到离散控制对象之间也存在随机数据丢包,对该随机网络系统进行建模和鲁棒模型预测控制器设计。在本文中,引入两个随机 $\beta_1(k)$ 和 $\beta_2(k)$ 分别表示控制器两侧的数据丢包。随机变量描述如下:

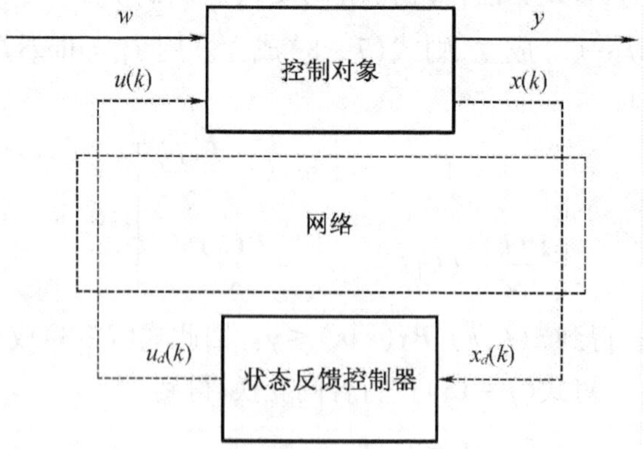

图 7.1 基于网络的离散系统的框图

$$\beta_1(k) = \begin{cases} 1 & x_d(k) = x(k) \\ 0 & x_d(k) = 0 \end{cases}, \beta_2(k) = \begin{cases} 1 & u(k) = u_d(k) \\ 0 & u(k) = 0 \end{cases} \tag{7-24}$$

其中,$x_d(k)$ 和 $u_d(k)$ 分别是状态反馈控制器的输入和输出信号。可得到

$$\mathrm{Prob}\{\beta_1(k) = 1\} \triangleq \beta_1, \mathrm{Prob}\{\beta_1(k) = 0\} \triangleq 1 - \beta_1$$

$$\mathrm{Prob}\{\beta_2(k)=1\}\triangleq\beta_2,\mathrm{Prob}\{\beta_2(k)=0\}\triangleq 1-\beta_2 \tag{7-25}$$

随机变量 $\beta_1(k)$ 和 $\beta_2(k)$ 为 Bernoulli 分布，且相互独立。因此，可引入另一随机变量 $\alpha(k)$，定义 $\alpha(k)\triangleq\beta_1(k)\beta_2(k)$。$\alpha(k)$ 也服从 Bernoulli 分布，因此满足下列性质：

$$\mathbb{E}\{\alpha(k)\}=\alpha,\mathbb{E}\{(\alpha(k)-\alpha)^2\}=\alpha(1-\alpha) \tag{7-26}$$

这样，闭环系统(7-4)在网络数据丢包以一定概率出现的情况作用下，得到了如下的闭环系统，即

$$x(k+1)=\boldsymbol{A}(k)x(k)+f(x(k))+\alpha(k)\boldsymbol{B}(k)\boldsymbol{K}(k)x(k) \tag{7-27}$$

为了技术上的方便，我们把式(7-27)写成

$$x(k+1)=(\boldsymbol{A}(k)+\alpha\boldsymbol{B}(k)\boldsymbol{K}(k))x(k)+f(x(k))+(\alpha(k)-\alpha)\boldsymbol{B}(k)\boldsymbol{K}(k)x(k) \tag{7-28}$$

7.3.2 主要结果

在本小节，在网络存在丢包情形下，给出一个鲁棒模型预测控制器的设计方法，使得闭环系统(7-28)是均方渐近稳定的，且保证目标函数式(7-5)的值最小。

定理 7.2　考虑图 7.8 所示的 NCS。给定矩阵 $\boldsymbol{Q}>0$ 和 $\boldsymbol{R}>0$，使闭环系统(7-28)是鲁棒均方渐近稳定的，并使目标函数 J_0^∞ 值最小且控制输入满足式(7-9)的条件是存在矩阵 $\boldsymbol{X}>0,\boldsymbol{Y}$ 和标量 $\gamma>0,\varepsilon_1>0,\varepsilon_2>0,\nu>0$ 使得如下优化问题有解

$$\min_{\gamma,X,Y}\gamma \tag{7-29}$$

同时满足下列不等式：

$$\begin{bmatrix} -1 & x(k|k)^{\mathrm{T}} \\ x(k|k) & -\boldsymbol{X} \end{bmatrix}\leqslant 0 \tag{7-30}$$

$$\begin{bmatrix}
-\boldsymbol{X} & 0 & \boldsymbol{\Pi}_1 & \boldsymbol{\Pi}_3 & \boldsymbol{\Pi}_4 & \boldsymbol{Y}^{\mathrm{T}}\boldsymbol{R}^{\frac{1}{2}} & \boldsymbol{X}^{\mathrm{T}}\boldsymbol{Q}^{\frac{1}{2}} & \boldsymbol{X}\boldsymbol{S}^{\mathrm{T}} \\
* & -\varepsilon_2\boldsymbol{I} & \boldsymbol{I} & 0 & 0 & 0 & 0 & 0 \\
* & * & \boldsymbol{\Pi}_2 & 0 & 0 & 0 & 0 & 0 \\
* & * & * & -\varepsilon_1\boldsymbol{I} & 0 & 0 & 0 & 0 \\
* & * & * & * & -\boldsymbol{X} & 0 & 0 & 0 \\
* & * & * & * & * & -\gamma\boldsymbol{I} & 0 & 0 \\
* & * & * & * & * & * & -\gamma\boldsymbol{I} & 0 \\
* & * & * & * & * & * & * & -\nu\boldsymbol{I}
\end{bmatrix}<0 \tag{7-31}$$

$$\begin{bmatrix} -u_{\max}^2\boldsymbol{I} & \boldsymbol{Y} \\ * & -\boldsymbol{X} \end{bmatrix}\leqslant 0 \tag{7-32}$$

$$\varepsilon_2 v=\boldsymbol{I} \tag{7-33}$$

其中

$$\boldsymbol{\Pi}_1=\boldsymbol{X}^{\mathrm{T}}\boldsymbol{A}^{\mathrm{T}}+\alpha\boldsymbol{Y}^{\mathrm{T}}\boldsymbol{B}^{\mathrm{T}}$$

$$
\begin{aligned}
\boldsymbol{\Pi}_2 &= -\boldsymbol{X} + \varepsilon_1 \boldsymbol{M}^{\mathrm{T}} \boldsymbol{M} \\
\boldsymbol{\Pi}_3 &= \boldsymbol{X}^{\mathrm{T}} \boldsymbol{N}_a^{\mathrm{T}} + \alpha \boldsymbol{Y}^{\mathrm{T}} \boldsymbol{N}_b^{\mathrm{T}} \\
\boldsymbol{\Pi}_4 &= \sqrt{\alpha(1-\alpha)}\, \boldsymbol{Y}^{\mathrm{T}} \boldsymbol{B}^{\mathrm{T}}
\end{aligned} \tag{7-34}
$$

若上述优化问题有解,则控制器增益矩阵为

$$
\boldsymbol{K} = \boldsymbol{Y}\boldsymbol{X}^{-1} \tag{7-35}
$$

7.4 余热锅炉的汽包水位系统

余热锅炉是指在各类工艺流程中回收余热以提高整个设备热效率,从而减少一次能源消耗的一种换热器的集合。它不但节约能源,而且对提高整个流程的综合效率,减轻环境污染和满足某些特殊工艺要求,起着十分重要的作用。余热锅炉最初是由化工、石油、冶金行业的余热回收利用而逐步发展起来的一种节能设备[212]。按燃料可分为燃油余热锅炉、燃气余热锅炉、燃煤余热锅炉及外媒余热锅炉等。按用途可分为余热热水锅炉、余热蒸汽锅炉、余热有机热载体锅炉等。

余热锅炉一般没有燃烧设备,简单的余热锅炉一般都由锅筒(汽包)、省煤器、蒸发器、过热器、再热器和集箱等换热管元件所组成。工厂中,燃料经过燃烧产生高温烟气释放热量。高温烟气先进入余热锅炉,其进入前烟箱的余热回收装置,接着进入烟火管,最后进入后烟箱烟道内的余热回收装置,变成低温烟气经烟囱排入大气。由于余热锅炉通过余热回收可以生产热水或蒸汽来供给其他工段使用,例如余热发电,这大大地提高了燃料燃烧释放的热量的利用率,所以这种锅炉十分节能。因此,对于余热锅炉的研究,是关系到重工业节能减排目标能否顺利实现的一个重要课题,具有非常重要的实际意义。

余热锅炉通常分为烟风系统和汽水循环系统两大部分。对烟风系统,主要是使锅炉入口烟气阀门的稳定连续控制,为锅炉系统提供稳定的热源。对于汽水循环系统,汽包水位和汽包压力是表征汽包工作状态的两个主要参数,汽包水位尤其是余热锅炉运行的一个重要参数,它间接地反映了锅炉负荷和给水的动态平衡关系。余热锅炉维持锅炉汽包水位在允许的范围内是机组安全运行的重要条件[213]。在本章主要研究对余热锅炉的汽包水位控制。

在如图 7.2 所示的汽包系统中,汽包水位并不是一个很容易被观察得准确的参数,这主要是因为汽包中存在“虚假水位”的现象。虚假水位产生的外部扰动因素有:来自给水管道和给水泵的扰动,导致给水压力和调节阀开度的不断变化;来自烟气的温度和流量的不确定性而导致蒸汽热负荷的不确定性变化;余热锅炉给水含盐量对水位也有一定的影响。只要对这些外部扰动变化规律加以充分的认识,是可以明确这部分的输入对汽包水位的影响的。从系统内部因素来说,“虚假水位”和水状态变化的机理有关。例如,加大给水量,水位应立即上升,但实际上是先下降后再上升。原因是由于给水温度远低于省煤器的温度,当添加水进入省煤器后,省煤器中的一部分汽变成了水,省煤器内的气泡总容积减少,也就是说进入省煤器内的水就被用来填补因气泡破灭容积减少而降低的水位,因此会出现水位先下降的现象,经过一段延时才能因给水量不断从省煤器进入汽包而使水位上升[214]。

目前,在汽包水位控制策略上已形成了单冲量、双冲量和三冲量[215]等多种较为成熟的控制方法。但在具体的工业生产现场,却仍不能保证水位控制的高自动投运率。其主要原因是近年来锅炉参数的提高和容量的扩大对给水系统提出了更高的要求;汽包蓄水量和蒸发面积减小,加快了汽包水位的变化速度;锅炉容量的扩大,提高了锅炉受热面的热负荷,使锅炉负荷变化对水位影响加剧[216]。随着先进控制理论的发展,国内外学者对锅炉汽包水位采取其他控制方法,产生了大量科研成果。在文献[217]中,作者提出了用人工神经网络控制策略对热电厂锅炉的汽包水位进行了控制,用实际数据训练神经网络,取得了较好的控制效果,该算法简单有效。在文献[218]中,作者针对锅炉汽包水位控制,结合传统的 PID 控制,提出了模糊自适应 PID 控制策略,通过仿真,取得了较好的控制效果。在文献[219]中,作者针对锅炉汽包动态系统中的多个状态变量不可测,在优化状态反馈控制器基础上提出了新的控制策略,利用分离定理设计了降阶观测器,进行状态估计。

7.5　应用算例

本节,我们将利用余热锅炉汽包水位系统的例子来说明我们所提出的理论结果的应用。

例 7.1　考虑图 7.2 所示的汽包水位系统。维持锅炉汽包水位在规定的范围内,是保证锅炉安全运行的必要条件,也是锅炉正常运行的主要指标之一。水位过高,会影响汽包内汽水分离效果,使汽包出口的饱和蒸汽带水增多,蒸汽带水会使汽轮机产生水冲击,引起轴封破损,叶片断裂等事故。同时会使饱和蒸汽中含盐量增高,降低过热蒸汽品质,增加在过热管壁上的结垢。水位过低,则可造成水的急速蒸发,汽水自然循环破坏。严重时会造成爆炸事故[220]。影响余热锅炉汽包水位的主要因素有给水流量和蒸汽流量的变化,系统的控制量是汽包水位。

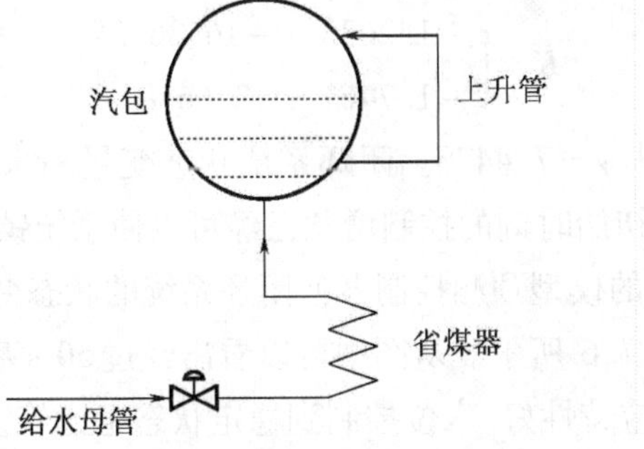

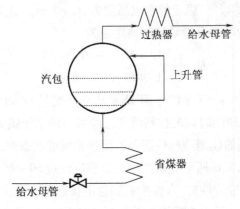

图 7.2　余热锅炉的汽包系统

由汽包水位的物料不平衡关系和热平衡关系，可以得到锅炉汽包水位系统的动态方程，简化为

$$\ddot{h} = -\frac{1}{T_2}\dot{h} + \frac{k_W}{T_1T_2}u_W - \frac{T_D}{T_1T_2}\dot{u}_D - \frac{k_D}{T_1T_2}u_D \tag{7-36}$$

其中，$h=\Delta H/H_0$；ΔH 为汽包水位高度变化；H 为稳定状态下水位；T_1 和 T_2 为时间常数；k_W，k_D 和 T_D 为常数；$u_W=\Delta W/D_{\max}$；ΔW 为给水量变化；$D_{\max}$ 为最大蒸汽负荷量；$u_D=\Delta D/D_{\max}$ 为蒸汽量变化与最大蒸汽负荷量之比。系统矩阵为

$$\boldsymbol{A} = \begin{bmatrix} 0 & 1 \\ 0 & -\frac{1}{T_2} \end{bmatrix}, \boldsymbol{B} = \begin{bmatrix} 0 & -\frac{T_D}{T_1T_2} \\ \frac{k_W}{T_1T_2} & \frac{-k_DT_2+T_D}{T_1T_2^2} \end{bmatrix}$$

$$\boldsymbol{x} = [x_1^{\mathrm{T}} \quad x_2^{\mathrm{T}}]^{\mathrm{T}}, \boldsymbol{u} = [u_W^{\mathrm{T}} \quad u_D^{\mathrm{T}}]^{\mathrm{T}}$$

从文献[221]中，得到如下参数：

$$\boldsymbol{A}_c = \begin{bmatrix} 0 & 1 \\ 0 & -\frac{1}{15} \end{bmatrix}, \boldsymbol{B}_c = \begin{bmatrix} 0 & 0.203 \\ 0.0025 & -0.016 \end{bmatrix}$$

设采样周期为 $T=3$ s，对上述汽包水位系统离散化，得如下系统矩阵：

$$\boldsymbol{A} = \begin{bmatrix} 1.0000 & 2.7190 \\ 0 & 0.8187 \end{bmatrix}, \boldsymbol{B} = \begin{bmatrix} 0.0105 & 0.5416 \\ 0.0068 & -0.0435 \end{bmatrix}$$

其他参数如下所示：

$$\boldsymbol{N}_a = [1 \quad 0.3], \ |u(k+i|k)| \leqslant 3$$

$$\boldsymbol{N}_b = [0.1 \quad 0.5], \boldsymbol{M} = [0.5 \quad 0.6]^{\mathrm{T}}$$

$$\boldsymbol{S} = \begin{bmatrix} 0.03 & 0 \\ 0 & 0.05 \end{bmatrix}, \boldsymbol{Q} = \begin{bmatrix} 1 & 0 \\ 0 & 1 \end{bmatrix}, \boldsymbol{R} = \begin{bmatrix} 0.03 & 0 \\ 0 & 0.03 \end{bmatrix}$$

我们的目的是设计鲁棒模型预测控制器使锅炉汽包水位系统的液位稳定。假设初始条件为 $x(0)=[-0.5 \quad 0.2]^{\mathrm{T}}$。稳定的水位高度为 $H_0=1$ m。定义 $x_1=H-H_0$。根据定理 7.1 所提出的方法，在初始时刻可得到控制器增益为

$$\boldsymbol{K} = \begin{bmatrix} -1.2633 & -16.3632 \\ -1.7461 & 2.6688 \end{bmatrix}$$

最小的目标函数值为 J_0^∞ 是 $\gamma=7.4476$。闭环系统状态变量和水位高度曲线分别如图 7.3 和图 7.4 所示。由图可见初始时刻的控制增益已经可以使系统镇定。

根据定理 7.1，所得到的模型预测控制器使闭环系统的状态变量迅速稳定，如图 7.5 所示。锅炉汽包水位 H 如图 7.6 所示。从图中可以看出经过 50 s 后，得到的系统响应特性要比初始时刻得到的系统响应特性好，水位控制到稳定状态也比较快。

下面考虑当网络传输过程中有数据包丢失时，闭环系统的状态反应与液位输出。当数据包成功传输的概率为 0.9 时，即 $\alpha=0.9$，数据丢包情况如图 7.7 所示。根据定理 7.2，我

们可以得到闭环系统的状态响应,如图 7.8 所示;闭环系统的液位控制如图 7.9 所示。可见,定理 7.2 所设计的鲁棒模型预测控制器在丢包情形下有效地镇定非线性不确定系统(7-1)。

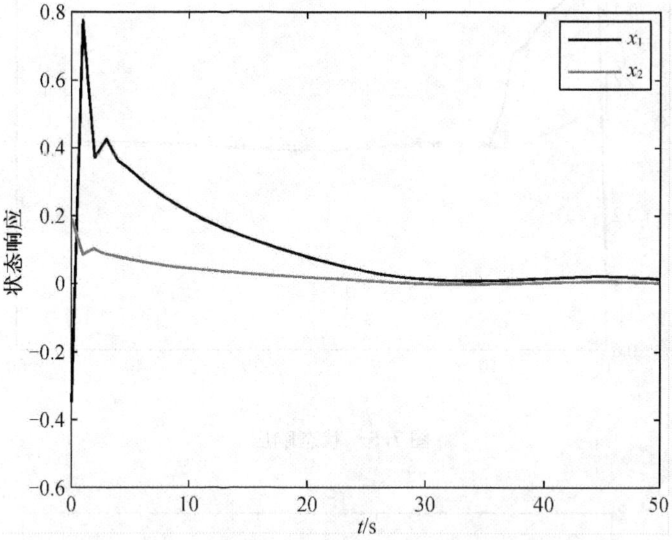

图 7.3　初始时刻的状态响应

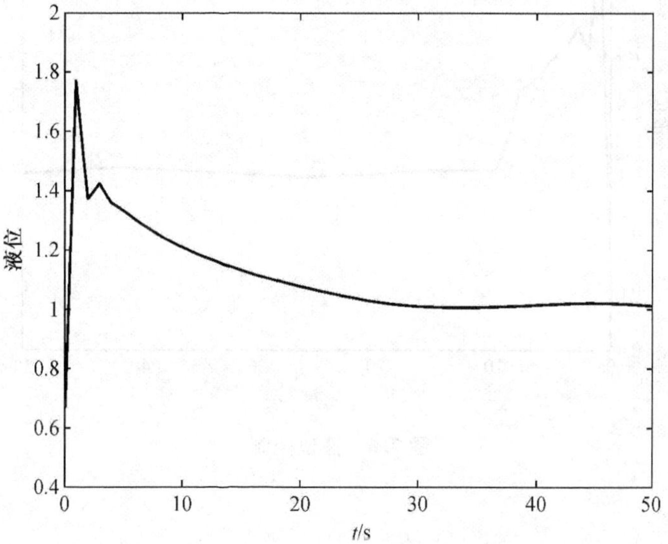

图 7.4　初始时刻的液位控制

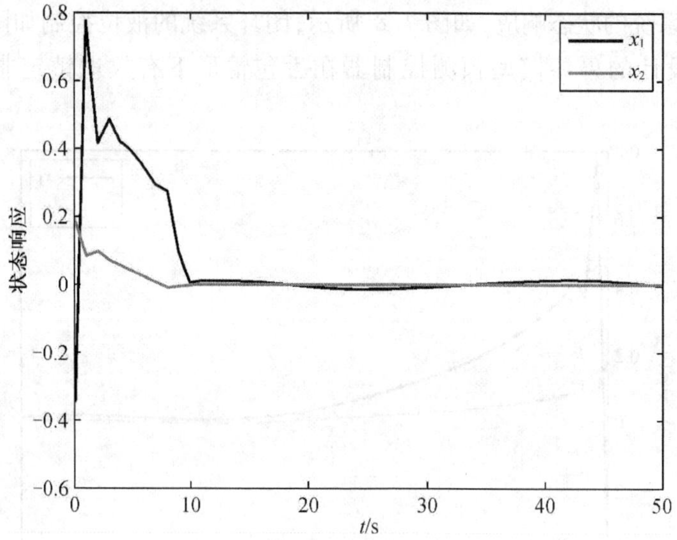

图 7.5 状态响应

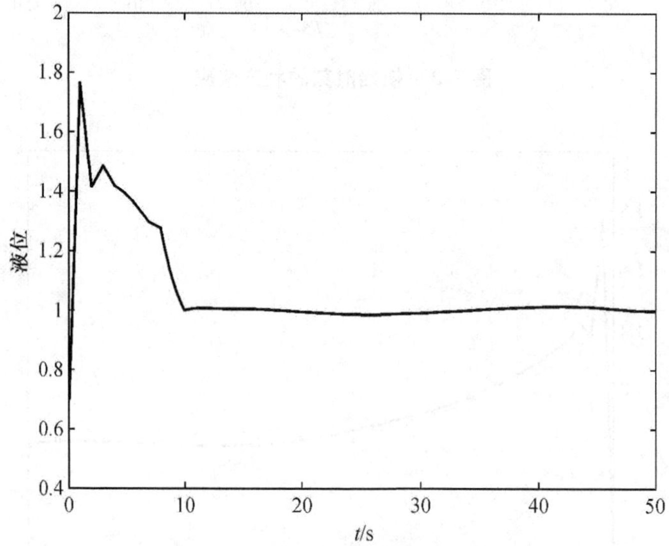

图 7.6 液位控制

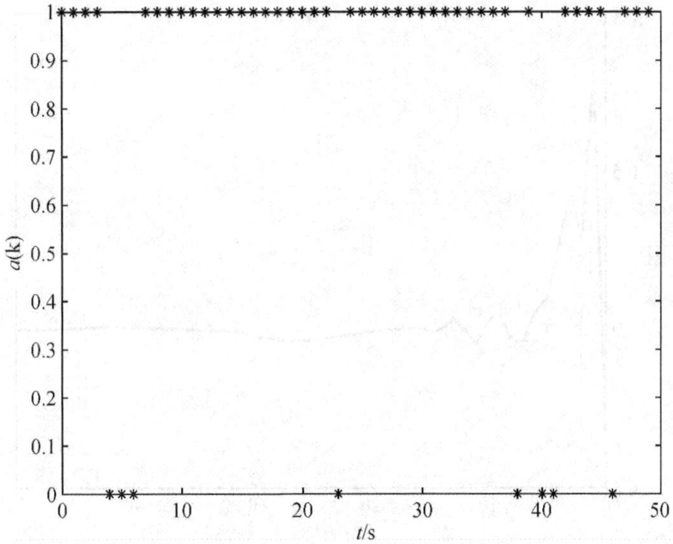

图 7.7　数据丢包 α=0.9

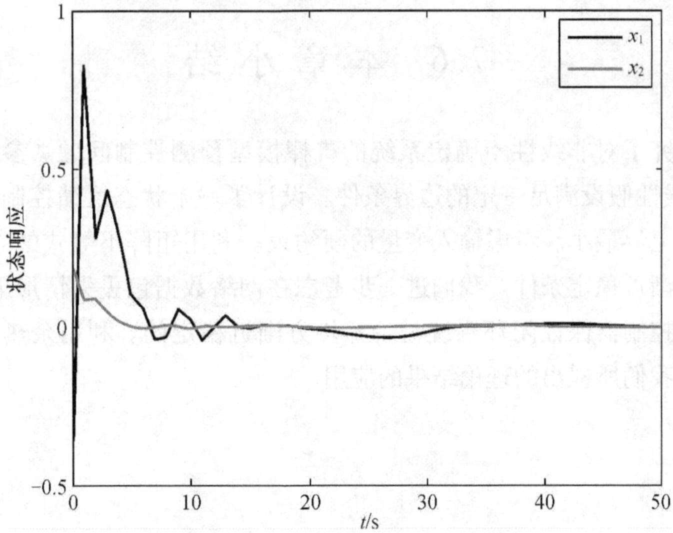

图 7.8　α=0.9 时闭环系统状态响应

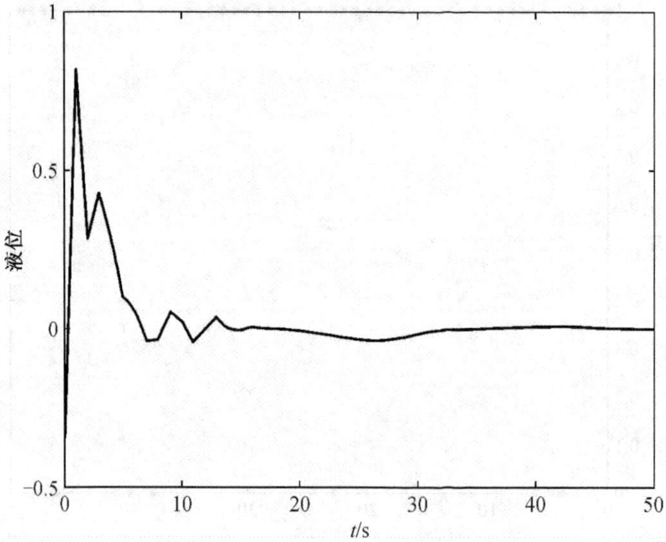

图 7.9 α=0.9 时闭环系统液位控制

7.6 本章小结

本章主要研究了对非线性不确定系统的鲁棒模型预测控制问题。参数不确定为范数有界不确定,非线性假设满足一定的边界条件。设计了一个状态反馈控制器使当前时刻的量化目标函数的上界最小。考虑输入变量的硬约束。利用矩阵不等式的方法,得到了闭环反馈系统的均方渐近稳定条件。我们进一步考虑在网络数据包丢失情形下,设计了该系统的鲁棒模型预测控制器保证闭环系统是鲁棒均方渐近稳定的。利用余热锅炉汽包水位系统的例子来说明我们所提出的理论结果的应用。

第 8 章 随机采样系统的 H_∞ 滤波

8.1 引 言

状态估计是控制领域重要的基本问题之一。它是根据可以测量到的输出信号采用一定的滤波器对系统内部的状态变量进行估计[222]。早期的滤波估计方法有:最小二乘滤波方法,维纳滤波方法和卡尔曼滤波方法。卡尔曼滤波[223,224]是针对维纳滤波的缺陷而提出来的,是一种时域滤波方法,在航空、航天、工业过程控制等领域得到了非常广泛的应用。但是卡尔曼滤波也有缺点,当系统模型(包括噪声)确定得不准确时,容易导致滤波发散。现代的实际系统越来越复杂,模型中常存在不确定性及非高斯噪声输入,所以卡尔曼滤波不再适用。H_∞ 滤波是一种时域滤波方法,系统的噪声输入通常假定为能量有界的信号,由于 H_∞ 是针对鲁棒性能存在的,所以 H_∞ 滤波允许系统中有不确定性。滤波器的主要依据是使滤波误差系统传递函数(即噪声信号到滤波误差信号的传递函数)的 H_∞ 范数小于给定值。H_∞ 滤波在复杂动态系统中得到广泛应用,如 Markov 跳跃系统[225,226]、非线性不确定系统[227]、随机系统[228-230]和网络控制系统[231]。然而,对随机采样系统研究 H_∞ 滤波问题,还没有相应的结果,这促进了现在的研究。

本章主要研究在滤波系统中,滤波对象是一个连续系统,在滤波对象的测量输出和滤波器之间的采样时间间隔是随机的,随机采样的特点与第 2 章的描述相同,将两个采样周期同时考虑到一个模型中,建立滤波系统的误差模型。利用线性矩阵不等式的方法提出该误差系统的 H_∞ 性能准则,所设计的 H_∞ 滤波器能够保证滤波误差系统稳定且具有一定的 H_∞ 扰动衰减性能。最后给了一个汽车悬架的例子,来表明该设计方法的有效性和优越性。

8.2 问题描述

滤波系统框图如图 8.1 所示,滤波对象为如下线性连续系统:

$$\begin{aligned}\dot{x}(t) &= \boldsymbol{A}x(t) + \boldsymbol{B}w(t)\\ y(t) &= \boldsymbol{C}x(t) + \boldsymbol{D}v(t)\\ z(t) &= \boldsymbol{L}x(t)\end{aligned} \tag{8-1}$$

其中,$x(t)\in\mathbb{R}^n$ 是状态变量;$y(t)\in\mathbb{R}^m$ 是测量输出;$z(t)\in\mathbb{R}^p$ 是需要估计的信号;$w(t)\in\mathbb{R}^l$

和 $v(t)\in\mathbb{R}^q$ 分别为输入信号和可测量能量有界的噪声信号,即 $L_2[0,\infty)$。$\boldsymbol{A},\boldsymbol{B},\boldsymbol{C},\boldsymbol{D}$ 和 $\boldsymbol{L}$ 是具有合适维数的系统矩阵。

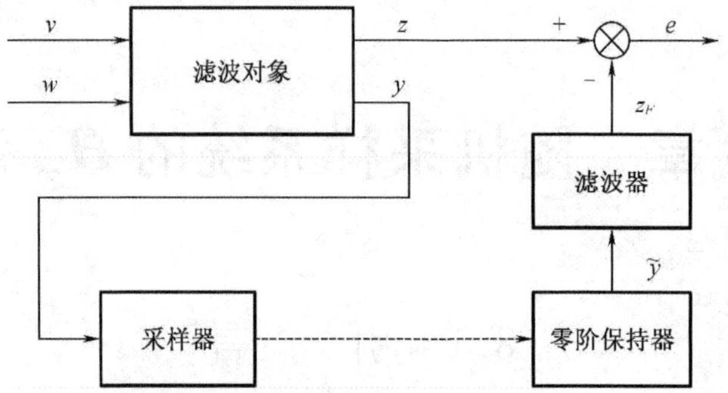

图 8.1 滤波系统框图

我们的目的就是为系统(8-1)设计一个如下形式的全阶滤波器:

$$\begin{aligned}\dot{x}_F(t)&=\boldsymbol{A}_F x_F(t)+\boldsymbol{B}_F\tilde{y}(t)\\ z_F(t)&=\boldsymbol{C}_F x_F(t)+\boldsymbol{D}_F\tilde{y}(t)\end{aligned}\tag{8-2}$$

其中,$x_F(t)\in\mathbb{R}^n$ 为滤波器的状态变量;$z_F(t)\in\mathbb{R}^p$ 为滤波器的输出信号;$\tilde{y}(t)$ 为滤波器的输入信号;$\boldsymbol{A}_F,\boldsymbol{B}_F,\boldsymbol{C}_F$ 和 $\boldsymbol{D}_F$ 为待确定的滤波器系数矩阵。

假设滤波器的输入 $\tilde{y}(t)$ 在采样时刻 $t_k,k=0,1,2,\cdots$ 具有如下形式:

$$\tilde{y}(t)=y(t_k),t_k\leqslant t<t_{k+1}\tag{8-3}$$

把式(8-3)代入式(8-2),得到

$$\begin{aligned}\dot{x}_F(t)&=\boldsymbol{A}_F x_F(t)+\boldsymbol{B}_F y(t_k)\\ z_F(t)&=\boldsymbol{C}_F x_F(t)+\boldsymbol{D}_F y(t_k),t_k\leqslant t<t_{k+1}\end{aligned}\tag{8-4}$$

定义

$$e(t)=z(t)-z_F(t),\quad \xi(t)=[x^{\mathrm{T}}(t)\quad x_F^{\mathrm{T}}(t)]^{\mathrm{T}}$$

则由式(8-1)和式(8-4),可得如下滤波误差系统

$$\begin{aligned}\dot{\xi}(t)&=\bar{\boldsymbol{A}}\xi(t)+\bar{\boldsymbol{E}}\boldsymbol{K}\xi(t_k)+\bar{\boldsymbol{B}}w(t)+\bar{\boldsymbol{B}}_v v(t_k)\\ e(t)&=\bar{\boldsymbol{C}}\xi(t)+\bar{\boldsymbol{F}}\boldsymbol{K}\xi(t_k)-\boldsymbol{D}_F\boldsymbol{D}v(t_k),t_k\leqslant t<t_{k+1}\end{aligned}\tag{8-5}$$

其中

$$\begin{gathered}\bar{\boldsymbol{A}}=\begin{bmatrix}\boldsymbol{A}&0\\0&\boldsymbol{A}_F\end{bmatrix},\bar{\boldsymbol{E}}=\begin{bmatrix}0\\\boldsymbol{B}_F\boldsymbol{C}\end{bmatrix},\bar{\boldsymbol{B}}=\begin{bmatrix}\boldsymbol{B}\\0\end{bmatrix},\bar{\boldsymbol{B}}_v=\begin{bmatrix}0\\\boldsymbol{B}_F\boldsymbol{D}\end{bmatrix}\\ \bar{\boldsymbol{C}}=[\boldsymbol{L}\quad -\boldsymbol{C}_F],\bar{\boldsymbol{F}}=-\boldsymbol{D}_F\boldsymbol{C},\boldsymbol{K}=[\boldsymbol{I}\quad 0]\end{gathered}\tag{8-6}$$

利用式(2-4),滤波误差系统被转变为如下带有时变延时的连续系统:

$$\dot{\xi}(t)=\bar{\boldsymbol{A}}\xi(t)+\bar{\boldsymbol{E}}\boldsymbol{K}\xi(t-d_k(t))+\bar{\boldsymbol{B}}w(t)+\bar{\boldsymbol{B}}_v v(t-d_k(t))$$

$$e(t)=\overline{\boldsymbol{C}}\xi(t)+\overline{\boldsymbol{F}}\boldsymbol{K}\xi(t-d_k(t))-\boldsymbol{D}_F\boldsymbol{D}v(t-d_k(t)),t_k\leqslant t<t_{k+1} \tag{8-7}$$

在整个时间轴上将式(8－7)写为更紧凑的形式为：

$$\begin{aligned}\dot{\xi}(t)&=\overline{\boldsymbol{A}}\xi(t)+\overline{\boldsymbol{E}}\boldsymbol{K}\xi(t-d(t))+\overline{\boldsymbol{B}}w(t)+\overline{\boldsymbol{B}}_v v(t-d(t))\\ e(t)&=\overline{\boldsymbol{C}}\xi(t)+\overline{\boldsymbol{F}}\boldsymbol{K}\xi(t-d(t))-\boldsymbol{D}_F\boldsymbol{D}v(t-d(t))\end{aligned} \tag{8-8}$$

其中 $d(t)$ 由 $d_k(t),k=0,1,2,\cdots,\infty$ 组成，是时变且不可微的。

两个概率的形式与 2.2 节描述的性质相同。因此，滤波误差系统变为

$$\begin{aligned}\dot{\xi}(t)=&\overline{\boldsymbol{A}}\xi(t)+\alpha(t)\overline{\boldsymbol{E}}\boldsymbol{K}\xi(t-\tau_1(t))+(1-\alpha(t))\overline{\boldsymbol{E}}\boldsymbol{K}\xi(t-\tau_2(t))+\overline{\boldsymbol{B}}_1\omega(t)+\\&(\alpha(t)-\alpha)\overline{\boldsymbol{B}}_2\omega(t)\\ e(t)=&\overline{\boldsymbol{C}}\xi(t)+\alpha(t)\overline{\boldsymbol{F}}\boldsymbol{K}\xi(t-\tau_1(t))+(1-\alpha(t))\overline{\boldsymbol{F}}\boldsymbol{K}\xi(t-\tau_2(t))+\overline{\boldsymbol{D}}_1\omega(t)+\\&(\alpha(t)-\alpha)\overline{\boldsymbol{D}}_2\omega(t)\end{aligned} \tag{8-9}$$

其中

$$0\leqslant\tau_1(t)<c_1,c_1\leqslant\tau_2(t)<c_2,\overline{\boldsymbol{D}}_1=[0\quad -\alpha\boldsymbol{D}_F\boldsymbol{D}\quad -(1-\alpha)\boldsymbol{D}_F\boldsymbol{D}]$$

$$\overline{\boldsymbol{D}}_2=[0\quad -\boldsymbol{D}_F\boldsymbol{D}\quad \boldsymbol{D}_F\boldsymbol{D}],\overline{\boldsymbol{B}}_1=\begin{bmatrix}\boldsymbol{B}&0&0\\0&\alpha\boldsymbol{B}_F\boldsymbol{D}&(1-\alpha)\boldsymbol{B}_F\boldsymbol{D}\end{bmatrix}$$

$$\overline{\boldsymbol{B}}_2=\begin{bmatrix}0&0&0\\0&\boldsymbol{B}_F\boldsymbol{D}&-\boldsymbol{B}_F\boldsymbol{D}\end{bmatrix},\omega(t)=\begin{bmatrix}w(t)\\v(t-\tau_1(t))\\v(t-\tau_2(t))\end{bmatrix} \tag{8-10}$$

H_∞ 滤波问题：给定系统(8－1)，设计形如(8－4)的滤波器，即计算滤波器的系数矩阵 $\boldsymbol{A}_F,\boldsymbol{B}_F,\boldsymbol{C}_F,\boldsymbol{D}_F$，使得滤波误差系统(8－9)从 $w(t),v(t)$ 到 $z(t)-z_F(t)$ 是指数均方渐近稳定的，且满足 H_∞ 性能指标 γ(即 $\mathbb{E}\{\|z-z_F\|_2^2\}\leqslant\gamma^2(\|w\|_2^2+\|v\|_2^2)$，零初始条件)。满足上述要求的滤波器称为 H_∞ 滤波器。

8.3　滤波误差分析

本节给出一个充分条件，使得滤波误差系统(8－9)是指数均方稳定的，且具有给定的 H_∞ 干扰性能。

定理 8.1　考虑系统(8－1)，给定滤波器矩阵 $\boldsymbol{A}_F,\boldsymbol{B}_F,\boldsymbol{C}_F,\boldsymbol{D}_F$ 和干扰性能指标 γ，滤波误差系统(8－9)是指数均方稳定的且具有给定的 H_∞ 干扰性能的充分条件为存在矩阵 $\boldsymbol{P}>0$，$\boldsymbol{Q}_1\geqslant0,\boldsymbol{Q}_2\geqslant0,\boldsymbol{R}_1>0,\boldsymbol{R}_2>0,\boldsymbol{S},\boldsymbol{T},\boldsymbol{U}$ 和 $\boldsymbol{V}$ 满足：

$$\begin{bmatrix}\boldsymbol{\Theta}-\gamma^2\boldsymbol{W}_\omega^{\mathrm{T}}\boldsymbol{W}_\omega&\boldsymbol{\Psi}_2&\boldsymbol{W}_H^{\mathrm{T}}\\ *&\boldsymbol{\Psi}_3&0\\ *&*&-\overline{\boldsymbol{H}}\end{bmatrix}<0 \tag{8-11}$$

其中

$$
\begin{aligned}
&\boldsymbol{\Theta} = \boldsymbol{W}_Q^{\mathrm{T}}\overline{\boldsymbol{Q}}\boldsymbol{W}_Q + \boldsymbol{W}_P^{\mathrm{T}}\boldsymbol{K}^{\mathrm{T}}\boldsymbol{Z}\boldsymbol{K}\boldsymbol{W}_P + \boldsymbol{W}_\alpha^{\mathrm{T}}\boldsymbol{K}^{\mathrm{T}}\boldsymbol{Z}\boldsymbol{K}\boldsymbol{W}_\alpha + \mathrm{sym}(\boldsymbol{W}_I^{\mathrm{T}}\boldsymbol{P}\boldsymbol{W}_P + \boldsymbol{\Psi}_1\boldsymbol{W}_\Psi)\\
&\overline{\boldsymbol{Q}} = \mathrm{diag}\{\boldsymbol{K}^{\mathrm{T}}\boldsymbol{Q}_1\boldsymbol{K}, \boldsymbol{Q}_2 - \boldsymbol{Q}_1, -\boldsymbol{Q}_2\}\\
&\boldsymbol{Z} = c_1\boldsymbol{R}_1 + (c_2 - c_1)\boldsymbol{R}_2\\
&\boldsymbol{W}_P = [\overline{\boldsymbol{A}} \quad \boldsymbol{0}_{2n,n} \quad \alpha\overline{\boldsymbol{E}} \quad \boldsymbol{0}_{2n,n} \quad (1-\alpha)\overline{\boldsymbol{E}} \quad \overline{\boldsymbol{B}}_1]\\
&\boldsymbol{W}_\omega = [\boldsymbol{0}_{l+2q,6n} \quad \boldsymbol{I}_{l+2q}]\\
&\boldsymbol{W}_\alpha = [\boldsymbol{0}_{2n} \quad \boldsymbol{0}_{2n,n} \quad f\overline{\boldsymbol{E}} \quad \boldsymbol{0}_{2n,n} \quad -f\overline{\boldsymbol{E}} \quad f\overline{\boldsymbol{B}}_2]\\
&\boldsymbol{W}_I = [\boldsymbol{I}_{2n} \quad \boldsymbol{0}_{2n,4n+l+2q}]\\
&\boldsymbol{W}_H = \begin{bmatrix} \overline{\boldsymbol{C}} & \boldsymbol{0}_{p,n} & \alpha\overline{\boldsymbol{F}} & \boldsymbol{0}_{p,n} & (1-\alpha)\overline{\boldsymbol{F}} & \overline{\boldsymbol{D}}_1 \\ \boldsymbol{0}_{p,2n} & \boldsymbol{0}_{p,n} & f\overline{\boldsymbol{F}} & \boldsymbol{0}_{p,n} & -f\overline{\boldsymbol{F}} & f\overline{\boldsymbol{D}}_2 \end{bmatrix}\\
&\boldsymbol{\Psi}_1 = [\boldsymbol{S} \quad \boldsymbol{T} \quad \boldsymbol{U} \quad \boldsymbol{V}]\\
&\boldsymbol{W}_Q = \left[\begin{array}{ccc} \boldsymbol{I}_{2n} & \boldsymbol{0}_{2n,4n+l+2q} & \\ \hline \boldsymbol{0}_{n,2n} & \boldsymbol{I}_n & \boldsymbol{0}_{n,3n+l+2q} \\ \hline \boldsymbol{0}_{n,4n} & \boldsymbol{I}_n & \boldsymbol{0}_{n,n+l+2q} \end{array}\right]\\
&\boldsymbol{W}_\Psi = \left[\begin{array}{cccccc} \boldsymbol{K} & \boldsymbol{0}_n & -\boldsymbol{I}_n & \boldsymbol{0}_{n,2n+l+2q} & & \\ \hline \boldsymbol{0}_{n,2n} & -\boldsymbol{I}_n & \boldsymbol{I}_n & \boldsymbol{0}_{n,2n+l+2q} & & \\ \hline \boldsymbol{0}_{n,2n} & \boldsymbol{I}_n & \boldsymbol{0}_{n,2n} & -\boldsymbol{I}_n & \boldsymbol{0}_{n,l+2q} & \\ \hline \boldsymbol{0}_{n,4n} & -\boldsymbol{I}_n & \boldsymbol{I}_n & \boldsymbol{0}_{n,l+2q} & & \end{array}\right]\\
&\boldsymbol{\Psi}_2 = [\sqrt{c_1}\boldsymbol{S} \quad \sqrt{c_1}\boldsymbol{T} \quad g\boldsymbol{U} \quad g\boldsymbol{V}]\\
&\boldsymbol{\Psi}_3 = \mathrm{diag}\{-\boldsymbol{R}_1, -\boldsymbol{R}_1, -\boldsymbol{R}_2, -\boldsymbol{R}_2\}\\
&\overline{\boldsymbol{H}} = \mathrm{diag}\{\boldsymbol{I}_p, \boldsymbol{I}_p\}\\
&f = \sqrt{\alpha(1-\alpha)}\\
&g = \sqrt{c_2 - c_1}
\end{aligned}
\tag{8-12}
$$

证明 为了技术上的方便，我们把式(8-9)写成

$$
\begin{aligned}
\dot{\xi}(t) &= r(t) + (\alpha(t) - \alpha)u(t)\\
e(t) &= p(t) + (\alpha(t) - \alpha)q(t)
\end{aligned}
\tag{8-13}
$$

其中

$$
\begin{aligned}
r(t) &= \overline{\boldsymbol{A}}\xi(t) + \alpha\overline{\boldsymbol{E}}\boldsymbol{K}\xi(t-\tau_1(t)) + (1-\alpha)\overline{\boldsymbol{E}}\boldsymbol{K}\xi(t-\tau_2(t)) + \overline{\boldsymbol{B}}_1\omega(t)\\
u(t) &= \overline{\boldsymbol{E}}\boldsymbol{K}\xi(t-\tau_1(t)) - \overline{\boldsymbol{E}}\boldsymbol{K}\xi(t-\tau_2(t)) + \overline{\boldsymbol{B}}_2\omega(t)\\
p(t) &= \overline{\boldsymbol{C}}\xi(t) + \alpha\overline{\boldsymbol{F}}\boldsymbol{K}\xi(t-\tau_1(t)) + (1-\alpha)\overline{\boldsymbol{F}}\boldsymbol{K}\xi(t-\tau_2(t)) + \overline{\boldsymbol{D}}_1\omega(t)\\
q(t) &= \overline{\boldsymbol{F}}\boldsymbol{K}\xi(t-\tau_1(t)) - \overline{\boldsymbol{F}}\boldsymbol{K}\xi(t-\tau_2(t)) + \overline{\boldsymbol{D}}_2\omega(t)
\end{aligned}
$$

构造下述 Lyapunov – Krasovskii 泛函:

$$V(t)=\xi^{\mathrm T}(t)\boldsymbol{P}\xi(t)+\int_{t-c_1}^{t}\xi^{\mathrm T}(s)\boldsymbol{K}^{\mathrm T}\boldsymbol{Q}_1\boldsymbol{K}\xi(s)ds+\int_{t-c_2}^{t-c_1}\xi^{\mathrm T}(s)\boldsymbol{K}^{\mathrm T}\boldsymbol{Q}_2\boldsymbol{K}\xi(s)\mathrm{d}s+$$
$$\int_{t-c_1}^{t}\int_{s}^{t}r^{\mathrm T}(\theta)\boldsymbol{K}^{\mathrm T}\boldsymbol{R}_1\boldsymbol{K}r(\theta)\mathrm{d}\theta\mathrm{d}s+\int_{t-c_2}^{t-c_1}\int_{s}^{t}r^{\mathrm T}(\theta)\boldsymbol{K}^{\mathrm T}\boldsymbol{R}_2\boldsymbol{K}r(\theta)\mathrm{d}\theta\mathrm{d}s+\alpha(1-\alpha)\cdot$$
$$\int_{t-c_1}^{t}\int_{s}^{t}u^{\mathrm T}(\theta)\boldsymbol{K}^{\mathrm T}\boldsymbol{R}_1\boldsymbol{K}u(\theta)\mathrm{d}\theta\mathrm{d}s+\alpha(1-\alpha)\int_{t-c_2}^{t-c_1}\int_{s}^{t}u^{\mathrm T}(\theta)\boldsymbol{K}^{\mathrm T}\boldsymbol{R}_2\boldsymbol{K}u(\theta)\mathrm{d}\theta\mathrm{d}s \tag{8-14}$$

其中 $\boldsymbol{P}>0,\boldsymbol{Q}_1\geqslant 0,\boldsymbol{Q}_2\geqslant 0,\boldsymbol{R}_1>0$ 和 $\boldsymbol{R}_2>0$ 为待确定矩阵。无穷小算子 $\mathscr{L}$ 如式(2 – 16)所示。由 Newton – Leibniz 方程,得到

$$X_1(t)=\boldsymbol{\phi}^{\mathrm T}(t)\boldsymbol{SK}\Big(\xi(t)-\xi(t-\tau_1(t))-\int_{t-\tau_1(t)}^{t}\dot{\xi}(s)\mathrm{d}s\Big)=0$$
$$X_2(t)=\boldsymbol{\phi}^{\mathrm T}(t)\boldsymbol{TK}\Big(\xi(t-\tau_1(t))-\xi(t-c_1)-\int_{t-c_1}^{t-\tau_1(t)}\dot{\xi}(s)\mathrm{d}s\Big)=0$$
$$X_3(t)=\boldsymbol{\phi}^{\mathrm T}(t)\boldsymbol{UK}\Big(\xi(t-c_1)-\xi(t-\tau_2(t))-\int_{t-\tau_2(t)}^{t-c_1}\dot{\xi}(s)\mathrm{d}s\Big)=0$$
$$X_4(t)=\boldsymbol{\phi}^{\mathrm T}(t)\boldsymbol{VK}\Big(\xi(t-\tau_2(t))-\xi(t-c_2)-\int_{t-c_2}^{t-\tau_2(t)}\dot{\xi}(s)\mathrm{d}s\Big)=0 \tag{8-15}$$

其中

$$\boldsymbol{\phi}(t)=[\xi^{\mathrm T}(t)\quad \xi^{\mathrm T}(t-c_1)\boldsymbol{K}^{\mathrm T}\quad \xi^{\mathrm T}(t-\tau_1(t))\boldsymbol{K}^{\mathrm T}\quad \xi^{\mathrm T}(t-c_2)\boldsymbol{K}^{\mathrm T}\quad \xi^{\mathrm T}(t-\tau_2(t))\boldsymbol{K}^{\mathrm T}\quad w^{\mathrm T}(t)]^{\mathrm T}$$

随机变量 $\alpha(t)$ 满足式(2 – 9)所示的 Bernoulli 分布,得到

$$Y_1(t)=\int_{t-\tau_1(t)}^{t}\mathbb{E}\{(\alpha(s)-\alpha)u^{\mathrm T}(s)\boldsymbol{K}^{\mathrm T}\boldsymbol{R}_1\boldsymbol{K}r(s)\}\mathrm{d}s=0$$
$$Y_2(t)=\int_{t-c_1}^{t-\tau_1(t)}\mathbb{E}\{(\alpha(s)-\alpha)u^{\mathrm T}(s)\boldsymbol{K}^{\mathrm T}\boldsymbol{R}_1\boldsymbol{K}r(s)\}\mathrm{d}s=0$$
$$Y_3(t)=\int_{t-\tau_2(t)}^{t-c_1}\mathbb{E}\{(\alpha(s)-\alpha)u^{\mathrm T}(s)\boldsymbol{K}^{\mathrm T}\boldsymbol{R}_2\boldsymbol{K}r(s)\}\mathrm{d}s=0$$
$$Y_4(t)=\int_{t-c_2}^{t-\tau_2(t)}\mathbb{E}\{(\alpha(s)-\alpha)u^{\mathrm T}(s)\boldsymbol{K}^{\mathrm T}\boldsymbol{R}_2\boldsymbol{K}r(s)\}\mathrm{d}s=0 \tag{8-16}$$

则由式(8 – 14)至式(8 – 16),可得 $V(t)$ 的无穷小算子为

$$\mathscr{L}V(t)=2\xi^{\mathrm T}(t)\boldsymbol{P}r(t)+\xi^{\mathrm T}(t)\boldsymbol{K}^{\mathrm T}\boldsymbol{Q}_1\boldsymbol{K}\xi(t)-\xi^{\mathrm T}(t-c_1)\boldsymbol{K}^{\mathrm T}\boldsymbol{Q}_1\boldsymbol{K}\xi(t-c_1)+$$
$$\xi^{\mathrm T}(t-c_1)\boldsymbol{K}^{\mathrm T}\boldsymbol{Q}_2\boldsymbol{K}\xi(t-c_1)-\xi^{\mathrm T}(t-c_2)\boldsymbol{K}^{\mathrm T}\boldsymbol{Q}_2\boldsymbol{K}\xi(t-c_2)+r^{\mathrm T}(t)\boldsymbol{K}^{\mathrm T}\boldsymbol{Z}\boldsymbol{K}r(t)+$$
$$\alpha(1-\alpha)u^{\mathrm T}(t)\boldsymbol{K}^{\mathrm T}\boldsymbol{Z}\boldsymbol{K}u(t)+2\sum_{i=1}^{4}X_i(t)+2\sum_{i=1}^{4}Y_i(t)-\int_{t-\tau_1(t)}^{t}r^{\mathrm T}(s)\boldsymbol{K}^{\mathrm T}\boldsymbol{R}_1\boldsymbol{K}r(s)\mathrm{d}s-$$
$$\int_{t-c_1}^{t-\tau_1(t)}r^{\mathrm T}(s)\boldsymbol{K}^{\mathrm T}\boldsymbol{R}_1\boldsymbol{K}r(s)\mathrm{d}s-\int_{t-\tau_2(t)}^{t-c_1}r^{\mathrm T}(s)\boldsymbol{K}^{\mathrm T}\boldsymbol{R}_2\boldsymbol{K}r(s)\mathrm{d}s-\int_{t-c_2}^{t-\tau_2(t)}r^{\mathrm T}(s)\boldsymbol{K}^{\mathrm T}\boldsymbol{R}_2\boldsymbol{K}r(s)\mathrm{d}s-$$
$$\alpha(1-\alpha)\Big(\int_{t-\tau_1(t)}^{t}u^{\mathrm T}(s)\boldsymbol{K}^{\mathrm T}\boldsymbol{R}_1\boldsymbol{K}u(s)\mathrm{d}s+\int_{t-c_1}^{t-\tau_1(t)}u^{\mathrm T}(s)\boldsymbol{K}^{\mathrm T}\boldsymbol{R}_1\boldsymbol{K}u(s)\mathrm{d}s\Big)-$$
$$\alpha(1-\alpha)\Big(\int_{t-\tau_2(t)}^{t-c_1}u^{\mathrm T}(s)\boldsymbol{K}^{\mathrm T}\boldsymbol{R}_2\boldsymbol{K}u(s)\mathrm{d}s+\int_{t-c_2}^{t-\tau_2(t)}u^{\mathrm T}(s)\boldsymbol{K}^{\mathrm T}\boldsymbol{R}_2\boldsymbol{K}u(s)\mathrm{d}s\Big) \tag{8-17}$$

对式(8 – 17)两边同时取期望,得到

$$\mathbb{E}\{\mathcal{L}V(t)\} \leqslant \mathbb{E}\left\{\phi^{\mathrm{T}}(t)[\boldsymbol{\Theta}+\boldsymbol{\Psi}_4]\phi(t)+\sum_{i=7}^{10}\Psi_i\right\} \tag{8-18}$$

其中

$$\boldsymbol{\Psi}_4 = c_1\boldsymbol{S}\boldsymbol{R}_1^{-1}\boldsymbol{S}^{\mathrm{T}}+c_1\boldsymbol{T}\boldsymbol{R}_1^{-1}\boldsymbol{T}^{\mathrm{T}}+(c_2-c_1)\boldsymbol{U}\boldsymbol{R}_2^{-1}\boldsymbol{U}^{\mathrm{T}}+(c_2-c_1)\boldsymbol{V}\boldsymbol{R}_2^{-1}\boldsymbol{V}^{\mathrm{T}}$$

$$\boldsymbol{\Psi}_7 = -\int_{t-\tau_1(t)}^{t}\mathbb{E}\{[\boldsymbol{\phi}^{\mathrm{T}}(t)\boldsymbol{S}+\dot{\xi}^{\mathrm{T}}(s)\boldsymbol{K}^{\mathrm{T}}\boldsymbol{R}_1]\boldsymbol{R}_1^{-1}[\boldsymbol{S}^{\mathrm{T}}\boldsymbol{\phi}(t)+\boldsymbol{R}_1\boldsymbol{K}\dot{\xi}(s)]\}\mathrm{d}s$$

$$\boldsymbol{\Psi}_8 = -\int_{t-c_1}^{t-\tau_1(t)}\mathbb{E}\{[\boldsymbol{\phi}^{\mathrm{T}}(t)\boldsymbol{T}+\dot{\xi}^{\mathrm{T}}(s)\boldsymbol{K}^{\mathrm{T}}\boldsymbol{R}_1]\boldsymbol{R}_1^{-1}[\boldsymbol{T}^{\mathrm{T}}\phi(t)+\boldsymbol{R}_1\boldsymbol{K}\dot{\xi}(s)]\}\mathrm{d}s$$

$$\boldsymbol{\Psi}_9 = -\int_{t-\tau_2(t)}^{t-c_1}\mathbb{E}\{[\boldsymbol{\phi}^{\mathrm{T}}(t)\boldsymbol{U}+\dot{\xi}^{\mathrm{T}}(s)\boldsymbol{K}^{\mathrm{T}}\boldsymbol{R}_2]\boldsymbol{R}_2^{-1}[\boldsymbol{U}^{\mathrm{T}}\boldsymbol{\phi}(t)+\boldsymbol{R}_2\boldsymbol{K}\dot{\xi}(s)]\}\mathrm{d}s$$

$$\boldsymbol{\Psi}_{10} = -\int_{t-c_2}^{t-\tau_2(t)}\mathbb{E}\{[\boldsymbol{\phi}^{\mathrm{T}}(t)\boldsymbol{V}+\dot{\xi}^{\mathrm{T}}(s)\boldsymbol{K}^{\mathrm{T}}\boldsymbol{R}_2]\boldsymbol{R}_2^{-1}[\boldsymbol{V}^{\mathrm{T}}\boldsymbol{\phi}(t)+\boldsymbol{R}_2\boldsymbol{K}\dot{\xi}(s)]\}\mathrm{d}s$$

因此,从式(8-13)和式(8-18)得到

$$\mathbb{E}\{e^{\mathrm{T}}(t)e(t)\}-\gamma^2\,\mathbb{E}\{w^{\mathrm{T}}(t)w(T)\}+\mathbb{E}\{\mathcal{L}V(t)\}$$

$$\leqslant \mathbb{E}\left\{\boldsymbol{\phi}^{\mathrm{T}}(t)[\boldsymbol{\Theta}+\boldsymbol{\Psi}_4+\boldsymbol{W}_H^{\mathrm{T}}\overline{\boldsymbol{H}}\boldsymbol{W}_H^{\mathrm{T}}-\gamma^2\boldsymbol{W}_w^{\mathrm{T}}\boldsymbol{W}_w]\phi(t)+\sum_{i=7}^{10}\Psi_i\right\}$$

注意到 $\boldsymbol{R}_i>0, i=1,2$,因此 $\boldsymbol{\Psi}_i, i=7,\cdots,10$,都是非负的。由 Schur 补引理,式(8-11)保证 $\boldsymbol{\Theta}+\boldsymbol{\Psi}_4+\boldsymbol{W}_H^{\mathrm{T}}\overline{\boldsymbol{H}}\boldsymbol{W}_H^{\mathrm{T}}-\gamma^2\boldsymbol{W}_\omega^{\mathrm{T}}\boldsymbol{W}_\omega<0$。因此,得到

$$\mathbb{E}\{e^{\mathrm{T}}(t)e(t)\}-\gamma^2\,\mathbb{E}\{\omega^{\mathrm{T}}(t)\omega(t)\}+\mathbb{E}\{\mathcal{L}V(t)\}<0 \tag{8-19}$$

为建立滤波误差系统的 H_∞ 性能准则,考虑如下性能指标:

$$J \triangleq \mathbb{E}\left\{\int_0^\infty[e^{\mathrm{T}}(t)e(t)-\gamma^2\omega^{\mathrm{T}}(t)\omega(t)]\mathrm{d}t\right\} \tag{8-20}$$

对于所有非零的 $\omega\in L_2[0,\infty)$,在零初始条件下,有 $V(0)=0$ 和 $V(\infty)\geqslant 0$,可以得到

$$\mathbb{E}\{V(t)\} = \mathbb{E}\left\{\int_0^t\mathcal{L}V(s)\mathrm{d}s\right\} \tag{8-21}$$

从式(8-19)至式(8-21),可得

$$J(t) = \mathbb{E}\left\{\int_0^t[e^{\mathrm{T}}(s)e(s)-\gamma^2\omega^{\mathrm{T}}(s)\omega(s)+\mathcal{L}V(s)]ds\right\}-\mathbb{E}\{V(t)\}$$

$$\leqslant \mathbb{E}\left\{\int_0^t[e^{\mathrm{T}}(s)e(s)-\gamma^2\omega^{\mathrm{T}}(s)\omega(s)+\mathcal{L}V(s)]ds\right\}\leqslant 0$$

从式(8-20)可以得出结论,对于所有的 $\omega\neq 0\in L_2[0,\infty)$,$\mathbb{E}\{\|z-z_F\|_2^2\}<\gamma^2(\|w\|_2+\|v\|_2^2)$成立。

下面对滤波误差系统(8-9)当 $\omega(t)=0$ 时,给出指数均方稳定性条件。选择如式(8-14)的 Lyapunov-Krasovkii 泛函。然后用前述相似的技术,建立系统(8-9)在 $\omega(t)=0$ 时的稳定性条件。$V(t)$的无穷小算子 $\mathcal{L}$ 为

$$\mathbb{E}\{\mathcal{L}V(t)\} \leqslant \mathbb{E}\Big\{\boldsymbol{\varphi}^{\mathrm{T}}(t)[\boldsymbol{\Gamma}_Q^{\mathrm{T}}\overline{\boldsymbol{Q}}\boldsymbol{\Gamma}_Q+\mathrm{sym}(\boldsymbol{\Gamma}_I^{\mathrm{T}}\boldsymbol{P}\boldsymbol{\Gamma}_P+\boldsymbol{\Psi}_1\boldsymbol{\Gamma}_\Psi)+\boldsymbol{\Gamma}_P^{\mathrm{T}}\boldsymbol{K}^{\mathrm{T}}\boldsymbol{Z}\boldsymbol{K}\boldsymbol{\Gamma}_P+$$

$$\boldsymbol{\Gamma}_\alpha^{\mathrm{T}}\boldsymbol{K}^{\mathrm{T}}\boldsymbol{Z}\boldsymbol{K}\boldsymbol{\Gamma}_\alpha + \boldsymbol{\Psi}_4]\varphi(t) + \sum_{i=7}^{10}\boldsymbol{\Psi}_i\}$$

其中

$$\boldsymbol{\Gamma}_Q = \left[\begin{array}{ccc} \boldsymbol{I}_{2n} & \boldsymbol{0}_{2n,4n} & \\ \hline \boldsymbol{0}_{n,2n} & \boldsymbol{I}_n & \boldsymbol{0}_{n,3n} \\ \hline \boldsymbol{0}_{n,4n} & \boldsymbol{I}_n & \boldsymbol{0}_n \end{array}\right]$$

$$\boldsymbol{\Gamma}_\Psi = \left[\begin{array}{cccc} \boldsymbol{K} & \boldsymbol{0}_n & -\boldsymbol{I}_n & \boldsymbol{0}_{n,2n} \\ \hline \boldsymbol{0}_{n,2n} & -\boldsymbol{I}_n & \boldsymbol{I}_n & \boldsymbol{0}_{n,2n} \\ \hline \boldsymbol{0}_{n,2n} & \boldsymbol{I}_n & \boldsymbol{0}_{n,2n} & -\boldsymbol{I}_n \\ \hline \boldsymbol{0}_{n,4n} & -\boldsymbol{I}_n & \boldsymbol{I}_n & \end{array}\right]$$

$$\boldsymbol{\Gamma}_P = [\overline{\boldsymbol{A}} \quad \boldsymbol{0}_{2n,n} \quad \alpha\overline{\boldsymbol{E}} \quad \boldsymbol{0}_{2n,n} \quad (1-\alpha)\overline{\boldsymbol{E}}]$$

$$\boldsymbol{\Gamma}_I = [\boldsymbol{I}_{2n} \quad \boldsymbol{0}_{2n,4n}]$$

$$\boldsymbol{\Gamma}_\alpha = [\boldsymbol{0}_{2n,2n} \quad \boldsymbol{0}_{2n,n} \quad f\overline{\boldsymbol{E}} \quad \boldsymbol{0}_{2n,n} \quad -f\overline{\boldsymbol{E}}]$$

$$\boldsymbol{\varphi}^{\mathrm{T}}(t) = [\boldsymbol{\chi}^{\mathrm{T}}(t) \quad \boldsymbol{\chi}^{\mathrm{T}}(t-c_1)\boldsymbol{K}^{\mathrm{T}} \quad \boldsymbol{\chi}^{\mathrm{T}}(t-\tau_1(t))\boldsymbol{K}^{\mathrm{T}} \quad \boldsymbol{\chi}^{\mathrm{T}}(t-c_2)\boldsymbol{K}^{\mathrm{T}} \quad \boldsymbol{\chi}^{\mathrm{T}}(t-\tau_2(t))\boldsymbol{K}^{\mathrm{T}}]$$

注意到 $\boldsymbol{R}_i>0, i=1,2$,因此有 $\boldsymbol{\Psi}_i, i=7,\cdots,10$,是非负的。由 Schur 补引理,不等式(8－11)保证

$$\boldsymbol{\Gamma}_1+\boldsymbol{\Gamma}_2+\boldsymbol{\Gamma}_2^{\mathrm{T}}+\boldsymbol{\Gamma}_3+\boldsymbol{\Psi}_6<0 \tag{8-22}$$

用与小节 2.3.1 相似的处理技术,得到下述的指数稳定性,即

$$\mathbb{E}\{\mathrm{e}^{\varepsilon t}V(t)\} \leqslant \rho \sup_{-2c_2\leqslant\theta\leqslant0}\mathbb{E}\{\|\psi(\theta)\|^2\} + \int_0^t \mathrm{e}^{\varepsilon\theta}\,\mathbb{E}\{\varphi^{\mathrm{T}}(\theta)\Lambda\varphi(\theta)\}\mathrm{d}\theta$$

其中

$$\rho = m(1+c_2+2c_2^2n(\alpha^2-\alpha+3)) + c_2k(1+2c_2n(3-\alpha+\alpha^2))$$

$$\Lambda = \mathrm{diag}\{\varepsilon m+k+3c_2kn-\lambda, -\lambda, \alpha(\alpha+2)c_2kn-\lambda, -\lambda, (3-4\alpha+\alpha^2)c_2kn-\lambda\}$$

$$V(0) = m(1+c_2+2c_2^2n(\alpha^2-\alpha+3))$$

$$k = \varepsilon mc_2e^{\varepsilon c_2}$$

因此,可以得到

$$\mathbb{E}\{\|\xi(t)\|^2\} \leqslant \bar{\rho}\mathrm{e}^{-\varepsilon t}\sup_{-2c_2\leqslant\theta\leqslant0}\mathbb{E}\{\|\psi(\theta)\|^2\}$$

其中

$$\bar{\rho} = \frac{\rho}{\lambda_{\min}(P)}$$

因此,通过定义 2.1,系统(8－13)是指数均方稳定的。证明完毕。

下面推论给出了当采样周期为单采样时,滤波误差系统 H_∞ 性能分析的结果。

推论 8.1　考虑系统(8－1),给定滤波器矩阵 $\boldsymbol{A}_F, \boldsymbol{B}_F, \boldsymbol{C}_F\ \boldsymbol{D}_F$ 和干扰性能指标 γ,滤波误差系统(8－9)在 $\alpha=1$ 时是指数均方稳定的且具有给定的 H_∞ 干扰性能,如果存在矩阵 $\boldsymbol{P}>$

$0,\boldsymbol{Q}\geqslant 0,\boldsymbol{R}>0,\boldsymbol{S}$ 和 $\boldsymbol{T}$ 满足：

$$\begin{bmatrix} \boldsymbol{\Omega}_1 & \sqrt{c_1}\boldsymbol{S} & \sqrt{c_1}\boldsymbol{T} & \sqrt{c_1}\boldsymbol{\Phi}_P^{\mathrm{T}}\boldsymbol{K}^{\mathrm{T}}\boldsymbol{R} & \boldsymbol{\Omega}_2^{\mathrm{T}} \\ * & -\boldsymbol{R} & 0 & 0 & 0 \\ * & * & -\boldsymbol{R} & 0 & 0 \\ * & * & * & -\boldsymbol{R} & 0 \\ * & * & * & * & -\boldsymbol{I} \end{bmatrix}<0 \tag{8-23}$$

其中

$$\boldsymbol{\Omega}_1=\boldsymbol{\Phi}_Q^{\mathrm{T}}\widetilde{\boldsymbol{Q}}\boldsymbol{\Phi}_Q+\mathrm{sym}(\boldsymbol{\Phi}_I^{\mathrm{T}}\boldsymbol{P}\boldsymbol{\Phi}_P+\boldsymbol{M}\boldsymbol{\Phi}_M)-\gamma^2\boldsymbol{\Phi}_w^{\mathrm{T}}\boldsymbol{\Phi}_w$$

$$\widetilde{\boldsymbol{Q}}=\mathrm{diag}(\boldsymbol{K}^{\mathrm{T}}\boldsymbol{Q}\boldsymbol{K},\ -\boldsymbol{Q})$$

$$\boldsymbol{\Phi}_I=[\boldsymbol{I}_{2n}\quad \boldsymbol{0}_{2n,2n+l+q}]$$

$$\boldsymbol{\Phi}_P=[\overline{\boldsymbol{A}}\quad \boldsymbol{0}_{2n,n}\quad \overline{\boldsymbol{E}}\quad \overline{\boldsymbol{B}}]$$

$$\boldsymbol{\Phi}_w=[\boldsymbol{0}_{l+q,4n}\quad \boldsymbol{I}_{l+q}]$$

$$\boldsymbol{\Phi}_Q=\left[\begin{array}{ccc} \boldsymbol{I}_{2n} & \boldsymbol{0}_{2n,2n+l+q} & \\ \hline \boldsymbol{0}_{n,2n} & \boldsymbol{I}_{n,n} & \boldsymbol{0}_{n,n+l+q} \end{array}\right]$$

$$\overline{\boldsymbol{B}}=\begin{bmatrix} \boldsymbol{B} & 0 \\ 0 & \boldsymbol{B}_F\boldsymbol{D} \end{bmatrix}$$

$$\boldsymbol{\Phi}_M=\begin{bmatrix} \boldsymbol{K} & \boldsymbol{0}_n & -\boldsymbol{I}_n & \boldsymbol{0}_{n,l+q} \\ \boldsymbol{0}_{n,2n} & -\boldsymbol{I}_n & \boldsymbol{I}_n & \boldsymbol{0}_{n,l+q} \end{bmatrix}$$

$$\boldsymbol{M}=[\boldsymbol{S}\quad \boldsymbol{T}]$$

$$\boldsymbol{\Omega}_2=[\overline{\boldsymbol{C}}\quad \boldsymbol{0}_{p,n}\quad \overline{\boldsymbol{F}}\quad \overline{\boldsymbol{D}}]$$

$$\overline{\boldsymbol{D}}=[\boldsymbol{0}\quad -\boldsymbol{D}_F\boldsymbol{D}]$$

其中 $\overline{\boldsymbol{A}},\boldsymbol{K},\overline{\boldsymbol{E}},\overline{\boldsymbol{C}},\overline{\boldsymbol{F}}$ 由式(8－6)给出。

8.4 H_∞ 滤波器设计

本节在定理 8.1 的基础上，设计一个 H_∞ 滤波器，使得滤波误差系统(8－9)是容许的并且具有给定的 H_∞ 性能指标。下面的定理给出了解决设计 H_∞ 滤波器问题的线性矩阵不等式方法。

定理 8.2 考虑系统(8－9)，给定正的标量 γ，存在矩阵 $\boldsymbol{P}>0,\boldsymbol{Q}_i\geqslant 0,\boldsymbol{R}_i>0(i=1,2)$，$\boldsymbol{S},\boldsymbol{T},\boldsymbol{U},\boldsymbol{V},\boldsymbol{A}_F,\boldsymbol{B}_F,\boldsymbol{C}_F$ 和 $\boldsymbol{D}_F$ 满足不等式(8－11)的充分条件为存在矩阵 $\overline{\boldsymbol{P}}_i>0,\boldsymbol{Q}_i\geqslant 0,\boldsymbol{R}_i\geqslant 0(i=1,2)$，$\overline{\boldsymbol{S}},\overline{\boldsymbol{T}},\overline{\boldsymbol{U}},\overline{\boldsymbol{V}},\overline{\boldsymbol{A}}_F,\overline{\boldsymbol{B}}_F,\overline{\boldsymbol{C}}_F$ 和 $\overline{\boldsymbol{D}}_F$ 满足

$$\boldsymbol{\Lambda} \triangleq \begin{bmatrix} \boldsymbol{\Xi}_1 & \boldsymbol{\Xi}_2 & \boldsymbol{\Xi}_3^{\mathrm{T}} & \boldsymbol{\Xi}_4^{\mathrm{T}} \\ * & \boldsymbol{\Psi}_3 & 0 & 0 \\ * & * & -\overline{\boldsymbol{H}} & 0 \\ * & * & * & \overline{\boldsymbol{R}} \end{bmatrix} < 0 \tag{8-24}$$

$$\overline{\boldsymbol{P}}_1 - \overline{\boldsymbol{P}}_2 > 0 \tag{8-25}$$

其中

$$\boldsymbol{\Xi}_1 = \boldsymbol{W}_Q^{\mathrm{T}} \widetilde{\boldsymbol{Q}} \boldsymbol{W}_Q + \mathrm{sym}(\boldsymbol{W}_I^{\mathrm{T}} \hat{\boldsymbol{P}} \hat{\boldsymbol{W}}_P + \hat{\boldsymbol{\Psi}}_1 \boldsymbol{W}_\Psi) - \gamma^2 \boldsymbol{W}_w^{\mathrm{T}} \boldsymbol{W}_w$$

$$\hat{\boldsymbol{P}} = \begin{bmatrix} \overline{\boldsymbol{P}}_1 & \boldsymbol{I} \\ \overline{\boldsymbol{P}}_2 & \boldsymbol{I} \end{bmatrix}$$

$$\hat{\boldsymbol{\Psi}}_1 = [\overline{\boldsymbol{S}} \quad \overline{\boldsymbol{T}} \quad \overline{\boldsymbol{U}} \quad \overline{\boldsymbol{V}}]$$

$$\hat{\boldsymbol{W}}_P = \left[\begin{array}{ccccccccc} \boldsymbol{A} & \boldsymbol{0}_{n,5n} & \boldsymbol{B} & \boldsymbol{0}_{n,2q} & & & & & \\ \hline \boldsymbol{0}_n & \overline{\boldsymbol{A}}_F & \boldsymbol{0}_n & \alpha \overline{\boldsymbol{B}}_F \boldsymbol{C} & \boldsymbol{0}_n & (1-\alpha)\overline{\boldsymbol{B}}_F \boldsymbol{C} & \boldsymbol{0}_{n,l} & \alpha \overline{\boldsymbol{B}}_F \boldsymbol{D} & (1-\alpha)\overline{\boldsymbol{B}}_F \boldsymbol{D} \end{array} \right]$$

$$\boldsymbol{\Xi}_2 = [\sqrt{c_1}\overline{\boldsymbol{S}} \quad \sqrt{c_1}\overline{\boldsymbol{T}} \quad g\overline{\boldsymbol{U}} \quad g\overline{\boldsymbol{V}}]$$

$$\overline{\boldsymbol{R}} = \mathrm{diag}\{-\boldsymbol{R}_1, -\boldsymbol{R}_2\}$$

$$\boldsymbol{\Xi}_3^{\mathrm{T}} = \begin{bmatrix} \boldsymbol{L} & -\overline{\boldsymbol{C}}_F & \boldsymbol{0}_{p,n} & -\alpha\overline{\boldsymbol{D}}_F\boldsymbol{C} & \boldsymbol{0}_{p,n} & -(1-\alpha)\overline{\boldsymbol{D}}_F\boldsymbol{C} & \boldsymbol{0}_{p,l} & -\alpha\overline{\boldsymbol{D}}_F\boldsymbol{D} & -(1-\alpha)\overline{\boldsymbol{D}}_F\boldsymbol{D} \\ \boldsymbol{0}_{p,n} & \boldsymbol{0}_{p,n} & \boldsymbol{0}_{p,n} & -f\overline{\boldsymbol{D}}_F\boldsymbol{C} & \boldsymbol{0}_{p,n} & f\overline{\boldsymbol{D}}_F\boldsymbol{C} & \boldsymbol{0}_{p,l} & -f\overline{\boldsymbol{D}}_F\boldsymbol{D} & f\overline{\boldsymbol{D}}_F\boldsymbol{D} \end{bmatrix}^{\mathrm{T}}$$

$$\boldsymbol{\Xi}_4^{\mathrm{T}} = \begin{bmatrix} \sqrt{c_1}\boldsymbol{R}_1\boldsymbol{A} & \boldsymbol{0}_n & \boldsymbol{0}_n & \boldsymbol{0}_n & \boldsymbol{0}_n & \boldsymbol{0}_n & \sqrt{c_1}\boldsymbol{R}_1\boldsymbol{B} & \boldsymbol{0}_{n,q} & \boldsymbol{0}_{n,q} \\ g\boldsymbol{R}_2\boldsymbol{A} & \boldsymbol{0}_n & \boldsymbol{0}_n & \boldsymbol{0}_n & \boldsymbol{0}_n & \boldsymbol{0}_n & g\boldsymbol{R}_2\boldsymbol{B} & \boldsymbol{0}_{n,q} & \boldsymbol{0}_{n,q} \end{bmatrix}^{\mathrm{T}}$$

若以上条件成立，则满足要求的 H_∞ 滤波器参数矩阵可由下式给出

$$\begin{bmatrix} \boldsymbol{A}_F & \boldsymbol{B}_F \\ \boldsymbol{C}_F & \boldsymbol{D}_F \end{bmatrix} = \begin{bmatrix} \boldsymbol{P}_2^{-1} & 0 \\ 0 & \boldsymbol{I} \end{bmatrix} \begin{bmatrix} \overline{\boldsymbol{A}}_F & \overline{\boldsymbol{B}}_F \\ \overline{\boldsymbol{C}}_F & \overline{\boldsymbol{D}}_F \end{bmatrix} \begin{bmatrix} \boldsymbol{P}_2^{-\mathrm{T}}\boldsymbol{P}_3 & 0 \\ 0 & \boldsymbol{I} \end{bmatrix} \tag{8-26}$$

其中 $\boldsymbol{P}_2$ 和 $\boldsymbol{P}_3$ 可以通过分解奇异值 $\overline{\boldsymbol{P}}_2$ 得到。

证明　首先给出式(8－11)和式(8－24)，式(8－25)等同的证明。

不等式(8－11)⇒不等式(8－24)，式(8－25)：假设存在矩阵 $\boldsymbol{P}>0$，$\boldsymbol{Q}_i \geqslant 0$，$\boldsymbol{R}_i>0$($i=1,2$)，$\boldsymbol{S}$，$\boldsymbol{T}$，$\boldsymbol{U}$，$\boldsymbol{V}$，$\boldsymbol{A}_F$，$\boldsymbol{B}_F$，$\boldsymbol{C}_F$ 和 $\boldsymbol{D}_F$ 满足不等式(8－11)。把矩阵 $\boldsymbol{P}$ 写成如下分块形式

$$\boldsymbol{P} \triangleq \begin{bmatrix} \boldsymbol{P}_1 & \boldsymbol{P}_2 \\ \boldsymbol{P}_2^{\mathrm{T}} & \boldsymbol{P}_3 \end{bmatrix} \tag{8-27}$$

假设 $\boldsymbol{P}_2$ 和 $\boldsymbol{P}_3$ 是非奇异的。定义下列矩阵：

$$\boldsymbol{J} \triangleq \begin{bmatrix} \boldsymbol{I} & 0 \\ 0 & \boldsymbol{P}_3^{-1}\boldsymbol{P}_2^{\mathrm{T}} \end{bmatrix} \tag{8-28}$$

由 Schur 补引理,不等式(8-11)等同为

$$\begin{bmatrix} \overline{\boldsymbol{\Theta}} & \boldsymbol{\Psi}_2 & \boldsymbol{W}_H^{\mathrm{T}} & \boldsymbol{\Psi}_5^{\mathrm{T}} & \boldsymbol{\Psi}_6^{\mathrm{T}} \\ * & \boldsymbol{\Psi}_3 & 0 & 0 & 0 \\ * & * & -\overline{\boldsymbol{H}} & 0 & 0 \\ * & * & * & \overline{\boldsymbol{R}} & 0 \\ * & * & * & * & \overline{\boldsymbol{R}} \end{bmatrix} < 0 \tag{8-29}$$

其中

$$\overline{\boldsymbol{\Theta}} = \boldsymbol{W}_Q^{\mathrm{T}} \overline{\boldsymbol{Q}} \boldsymbol{W}_Q + \mathrm{sym}(\boldsymbol{W}_I^{\mathrm{T}} \boldsymbol{P} \boldsymbol{W}_P + \boldsymbol{\Psi}_1 \boldsymbol{W}_{\Psi}) - \gamma^2 \boldsymbol{W}_\omega^{\mathrm{T}} \boldsymbol{W}_\omega$$

$$\boldsymbol{\Psi}_5 = \begin{bmatrix} \sqrt{c_1}\boldsymbol{R}_1\boldsymbol{K}\overline{\boldsymbol{A}} & \boldsymbol{0}_n & \alpha\sqrt{c_1}\boldsymbol{R}_1\boldsymbol{K}\overline{\boldsymbol{E}} & \boldsymbol{0}_n & (1-\alpha)\sqrt{c_1}\boldsymbol{R}_1\boldsymbol{K}\overline{\boldsymbol{E}} & \sqrt{c_1}\boldsymbol{R}_1\boldsymbol{K}\overline{\boldsymbol{B}}_1 \\ g\boldsymbol{R}_2\boldsymbol{K}\overline{\boldsymbol{A}} & \boldsymbol{0}_n & \alpha g\boldsymbol{R}_2\boldsymbol{K}\overline{\boldsymbol{E}} & \boldsymbol{0}_n & (1-\alpha)g\boldsymbol{R}_2\boldsymbol{K}\overline{\boldsymbol{E}} & g\boldsymbol{R}_2\boldsymbol{K}\overline{\boldsymbol{B}}_1 \end{bmatrix}$$

$$\boldsymbol{\Psi}_6 = \begin{bmatrix} \boldsymbol{0}_{n,2n} & \boldsymbol{0}_n & f\sqrt{c_1}\boldsymbol{R}_1\boldsymbol{K}\overline{\boldsymbol{E}} & \boldsymbol{0}_n & -f\sqrt{c_1}\boldsymbol{R}_1\boldsymbol{K}\overline{\boldsymbol{E}} & f\sqrt{c_1}\boldsymbol{R}_1\boldsymbol{K}\overline{\boldsymbol{B}}_2 \\ \boldsymbol{0}_{n,2n} & \boldsymbol{0}_n & fg\boldsymbol{R}_2\boldsymbol{K}\overline{\boldsymbol{E}} & \boldsymbol{0}_n & -fg\boldsymbol{R}_2\boldsymbol{K}\overline{\boldsymbol{E}} & fg\boldsymbol{R}_2\boldsymbol{K}\overline{\boldsymbol{B}}_2 \end{bmatrix}$$

用 $\boldsymbol{J}_2 \triangleq \mathrm{diag}\{\boldsymbol{J}_1, \boldsymbol{I}_{4n}, \boldsymbol{I}_{2p}, \boldsymbol{I}_{2n}, \boldsymbol{I}_{2n}\}$ 对式(8-29)进行全等变换并考虑式(8-12),其中 $\boldsymbol{J}_1 \triangleq \mathrm{diag}\{\boldsymbol{J}, \boldsymbol{I}_n, \boldsymbol{I}_n, \boldsymbol{I}_n, \boldsymbol{I}_n, \boldsymbol{I}_{l+2q}\}$,则得

$$\begin{bmatrix} \boldsymbol{J}_1^{\mathrm{T}}\overline{\boldsymbol{\Theta}}\boldsymbol{J}_1 & \boldsymbol{J}_1^{\mathrm{T}}\boldsymbol{\Psi}_2 & \boldsymbol{J}_1^{\mathrm{T}}\boldsymbol{W}_H^{\mathrm{T}} & \boldsymbol{J}_1^{\mathrm{T}}\boldsymbol{\Psi}_5^{\mathrm{T}} & \boldsymbol{J}_1^{\mathrm{T}}\boldsymbol{\Psi}_6^{\mathrm{T}} \\ * & \boldsymbol{\Psi}_3 & 0 & 0 & 0 \\ * & * & -\overline{\boldsymbol{H}} & 0 & 0 \\ * & * & * & \overline{\boldsymbol{R}} & 0 \\ * & * & * & * & \overline{\boldsymbol{R}} \end{bmatrix} < 0$$

其中

$$\begin{aligned} \boldsymbol{J}_1^{\mathrm{T}}\overline{\boldsymbol{\Theta}}\boldsymbol{J}_1 &= \boldsymbol{J}_1^{\mathrm{T}}\boldsymbol{W}_Q^{\mathrm{T}}\overline{\boldsymbol{Q}}\boldsymbol{W}_Q\boldsymbol{J}_1 + \mathrm{sym}(\boldsymbol{J}_1^{\mathrm{T}}\boldsymbol{W}_I^{\mathrm{T}}\boldsymbol{P}\boldsymbol{W}_P\boldsymbol{J}_1 + \boldsymbol{J}_1^{\mathrm{T}}\boldsymbol{\Psi}_1\boldsymbol{W}_{\Psi}\boldsymbol{J}_1) - \gamma^2\boldsymbol{J}_1^{\mathrm{T}}\boldsymbol{W}_\omega^{\mathrm{T}}\boldsymbol{W}_\omega\boldsymbol{J}_1 \\ &= \boldsymbol{W}_Q^{\mathrm{T}}\boldsymbol{J}_3^{\mathrm{T}}\overline{\boldsymbol{Q}}\boldsymbol{J}_3\boldsymbol{W}_Q + \mathrm{sym}(\boldsymbol{W}_I^{\mathrm{T}}\boldsymbol{J}^{\mathrm{T}}\boldsymbol{P}\boldsymbol{W}_P\boldsymbol{J}_1 + \boldsymbol{J}_1^{\mathrm{T}}\boldsymbol{\Psi}_1\boldsymbol{W}_{\Psi}) - \gamma^2\boldsymbol{W}_\omega^{\mathrm{T}}\boldsymbol{W}_\omega \\ &= \boldsymbol{W}_Q^{\mathrm{T}}\overline{\boldsymbol{Q}}\boldsymbol{W}_Q + \mathrm{sym}(\boldsymbol{W}_I^{\mathrm{T}}\boldsymbol{P}_J\boldsymbol{W}_{PJ} + \boldsymbol{J}_1^{\mathrm{T}}\boldsymbol{\Psi}_1\boldsymbol{W}_{\Psi}) - \gamma^2\boldsymbol{W}_\omega^{\mathrm{T}}\boldsymbol{W}_\omega \end{aligned}$$

$$\boldsymbol{J}_3 = \mathrm{diag}\{\boldsymbol{J}, \boldsymbol{I}_n, \boldsymbol{I}_n\}$$

$$\boldsymbol{P}_J = \begin{bmatrix} \boldsymbol{P}_1 & \boldsymbol{I} \\ \boldsymbol{P}_2\boldsymbol{P}_3^{-1}\boldsymbol{P}_2^{\mathrm{T}} & \boldsymbol{I} \end{bmatrix}$$

$$\boldsymbol{J}_1^{\mathrm{T}}\boldsymbol{\Psi}_2 = \boldsymbol{J}_1^{\mathrm{T}}[\sqrt{c_1}\boldsymbol{S} \quad \sqrt{c_1}\boldsymbol{T} \quad g\boldsymbol{U} \quad g\boldsymbol{V}]$$

$$\boldsymbol{W}_{PJ} = \begin{bmatrix} \boldsymbol{A} & \boldsymbol{0}_n & \boldsymbol{0}_n & \boldsymbol{0}_n & \boldsymbol{0}_n & \boldsymbol{0}_n & \boldsymbol{B} & \boldsymbol{0}_{n,q} & \boldsymbol{0}_{n,q} \\ \boldsymbol{0}_n & \boldsymbol{P}_2\boldsymbol{A}_F\boldsymbol{P}_3^{-1}\boldsymbol{P}_2^{\mathrm{T}} & \boldsymbol{0}_n & \alpha\boldsymbol{P}_2\boldsymbol{B}_F\boldsymbol{C} & \boldsymbol{0}_n & (1-\alpha)\boldsymbol{P}_2\boldsymbol{B}_F\boldsymbol{C} & \boldsymbol{0}_{n,l} & \alpha\boldsymbol{P}_2\boldsymbol{B}_F\boldsymbol{D} & (1-\alpha)\boldsymbol{P}_2\boldsymbol{B}_F\boldsymbol{D} \end{bmatrix}$$

$$J_1^{\mathrm{T}}W_H^{\mathrm{T}}=\begin{bmatrix} L & -C_FP_3^{-1}P_2^{\mathrm{T}} & 0_{p,n} & -\alpha D_FC & 0_{p,n} & -(1-\alpha)D_FC & 0_{p,l} & -\alpha D_FD & -(1-\alpha)D_FD \\ 0_{p,n} & 0_{p,n} & 0_{p,n} & -fD_FC & 0_{p,n} & fD_FC & 0_{p,l} & -fD_FD & fD_FD \end{bmatrix}^{\mathrm{T}}$$

$$J_1^{\mathrm{T}}\Psi_5^{\mathrm{T}}=\begin{bmatrix} \sqrt{c_1}R_1A & 0_n & 0_n & 0_n & 0_n & 0_n & \sqrt{c_1}R_1B & 0_{n,q} & 0_{n,q} \\ gR_2A & 0_n & 0_n & 0_n & 0_n & 0_n & gR_2B & 0_{n,q} & 0_{n,q} \end{bmatrix}^{\mathrm{T}}$$

定义下列变量矩阵

$$\overline{P}_1\triangleq P_1,\overline{P}_2\triangleq P_2P_3^{-1}P_2^{\mathrm{T}},[\overline{S}\quad \overline{T}\quad \overline{U}\quad \overline{V}]\triangleq J_1^{\mathrm{T}}[S\quad T\quad U\quad V]$$

$$\begin{bmatrix} \overline{A}_F & \overline{B}_F \\ \overline{C}_F & \overline{D}_F \end{bmatrix}\triangleq\begin{bmatrix} P_2 & 0 \\ 0 & I \end{bmatrix}\begin{bmatrix} A_F & B_F \\ C_F & D_F \end{bmatrix}\begin{bmatrix} P_3^{-1}P_2^{\mathrm{T}} & 0 \\ 0 & I \end{bmatrix} \tag{8-30}$$

因此,可得到不等式(8－24)。此外由 $J^{\mathrm{T}}PJ>0$ 可以得到不等式(8－25)。

不等式(8－24),(8－25)⇒不等式(8－11):假设存在矩阵 $\overline{P}_i>0,Q_i\geqslant 0,R_i\geqslant 0(i=1,2)$,$\overline{S},\overline{T},\overline{U},\overline{V},\overline{A}_F,\overline{B}_F,\overline{C}_F$ 和 $\overline{D}_F$ 满足不等式(8－24)和(8－25)。由于 $\overline{P}_2>0$,总可以找到非奇异方阵 P_2 和 P_3 满足 $\overline{P}_2\triangleq P_2P_3^{-1}P_2^{\mathrm{T}}$。引入矩阵 P,如式(8－27)所示,矩阵 $P_1\triangleq\overline{P}_1,J,J_1$ 和 J_2 如上所述,且

$$\begin{bmatrix} A_F & B_F \\ C_F & D_F \end{bmatrix}=\begin{bmatrix} P_2^{-1} & 0 \\ 0 & I \end{bmatrix}\begin{bmatrix} \overline{A}_F & \overline{B}_F \\ \overline{C}_F & \overline{D}_F \end{bmatrix}\begin{bmatrix} P_2^{-\mathrm{T}}P_3 & 0 \\ 0 & I \end{bmatrix} \tag{8-31}$$

由于 $P_1>0$ 和 $P_1-P_2P_3^{-1}P_2^{\mathrm{T}}=\overline{P}_1-\overline{P}_2>0$,那么式(8－27)所定义的矩阵 P 为正定的。此外,滤波器系数矩阵 A_F,B_F,C_F 和 D_F 由式(8－31)给出。

通过一些矩阵代数变换,可知不等式(8－24)和(8－25)等价于

$$J_2^{\mathrm{T}}\Lambda J_2<0 \tag{8-32}$$

$$J^{\mathrm{T}}PJ>0 \tag{8-33}$$

不等式(8－32),(8－33)和不等式(8－24),(8－25)的等价性可由一个逆过程来证明。即,用 J_2^{-1} 对(8－32)和用 J^{-1} 对(8－33)进行全等变换,产生不等式(8－11)和 $P>0$。证明完毕。

在推论 8.1 的基础上,给出如下采样周期为单采样周期时的 H_∞ 滤波器设计的结果。

推论 8.2　考虑系统(8－9)在 $\alpha=1$ 时,给定正的标量 γ,存在矩阵 $P>0,Q\geqslant 0,R>0$,S,T,A_F,B_F,C_F 和 D_F 满足不等式(8－23)的充分条件为存在矩阵 $\overline{P}_i>0(i=1,2),Q\geqslant 0$,$R\geqslant 0,\overline{S},\overline{T},\overline{A}_F,\overline{B}_F,\overline{C}_F$ 和 $\overline{D}_F$ 满足

$$\begin{bmatrix} F_1 & \sqrt{c_1}\overline{S} & \sqrt{c_1}\overline{T} & F_2 & F_3 \\ * & -R & 0 & 0 & 0 \\ * & * & -R & 0 & 0 \\ * & * & * & -I & 0 \\ * & * & * & * & -R \end{bmatrix}<0$$

$$P_1 - P_2 > 0$$

其中

$$F_1 = \Phi_Q^{\mathrm{T}}\widetilde{Q}\Phi_Q + \mathrm{sym}(\Phi_I^{\mathrm{T}}\hat{P}\hat{\Phi}_P + \hat{M}\Phi_M) - \gamma^2\Phi_w^{\mathrm{T}}\Phi_w$$

$$\hat{M} = [\bar{S} \quad \bar{T}]$$

$$\hat{\Phi}_P = \begin{bmatrix} A & 0_n & 0_n & 0_n & B & 0_{n,q} \\ 0_n & \bar{A}_F & 0_n & \bar{B}_F C & 0_{n,l} & \bar{B}_F D \end{bmatrix}$$

$$F_2 = [L \quad -\bar{C}_F \quad 0_{p,n} \quad -\bar{D}_F C \quad 0_{p,l} \quad -\bar{D}_F D]^{\mathrm{T}}$$

$$F_3 = [\sqrt{c_1}RA \quad 0_n \quad 0_n \quad 0_n \quad \sqrt{c_1}RB \quad 0_{n,q}]$$

若以上条件成立,则满足要求的 H_∞ 滤波器参数矩阵可由式(8-26)给出,其中 P_2 和 P_3 可以通过分解奇异值 $\bar{P}_2$ 得到。

8.5 应用算例

本节,我们将利用汽车悬架系统的例子来说明我们所提出的理论结果的应用。

例 8.1 考虑图 8.2 所示的具有主动悬架系统的四分之一车模型。图中 m_s 为车身质量(簧上质量);m_u 为车轮质量(簧下质量);k_s 和 c_s 分别为悬架系统的不可控的刚度和阻尼系数;k_t 代表轮胎刚度;z_s 和 z_u 分别为车身和车轮的位移;z_r 为路面垂直方向的位移。四分之一车模型的理想动态特性微分方程为

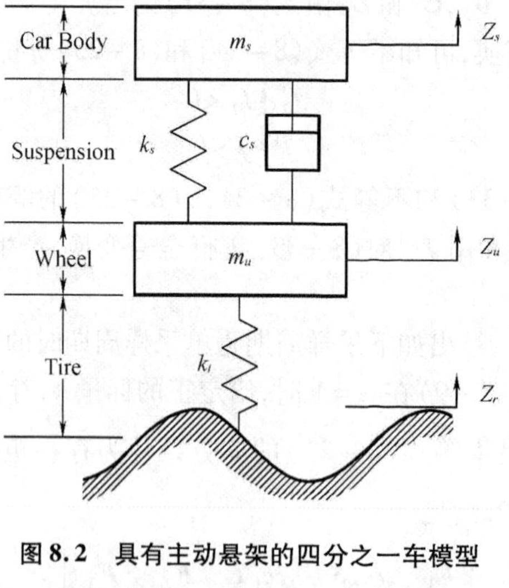

图 8.2 具有主动悬架的四分之一车模型

$$m_s\ddot{z}_s(t) + c_s[\dot{z}_s(t) - \dot{z}_u(t)] + k_s[z_s(t) - z_u(t)] = 0$$

$$m_u\ddot{z}_u(t) + c_s[\dot{z}_u(t) - \dot{z}_s(t)] + k_s[z_u(t) - z_s(t)] + k_t[z_u(t) - z_r(t)] = 0$$

选取如下状态变量:

$$x_1(t)=z_s(t)-z_u(t),x_2(t)=z_u(t)-z_r(t),x_3(t)=\dot{z}_s(t),x_4(t)=\dot{z}_u(t)$$

其中 $x_1(t)$ 为悬架动行程，$x_2(t)$ 为轮胎动位移，$x_3(t)$ 为车身的垂直速度，$x_4(t)$ 为车轮的垂直速度。假设当有扰动 $v(t)$ 时，车轮的垂直速度 $\dot{z}_u(t)$ 为可测的。目的是设计一个滤波器去估计车身的垂直速度 $\dot{z}_s(t)$。下面给出系统系数矩阵：

$$A=\begin{bmatrix}0 & 0 & 1 & -1\\ 0 & 0 & 0 & 1\\ -k_s/m_s & 0 & -c_s/m_s & c_s/m_s\\ k_s/m_u & -k_u/m_u & c_s/m_u & -c_s/m_u\end{bmatrix}$$

$$B=[0 \quad -2\pi q_0\sqrt{G_0 v} \quad 0 \quad 0]^{\mathrm{T}}$$

$$C=[0 \quad 0 \quad 0 \quad 1],D=0.1,L=[0 \quad 0 \quad 1 \quad 0]$$

这里的四分之一车模型的参数是从文献[232]中得到的。$m_s=973$ kg，$k_s=42\ 720$ N/m，$c_s=3\ 000$ N·s/m，$k_u=101\ 115$ N/m，$m_u=114$ kg，$G_0=512\times10^{-6}$ m^3，$q_0=0.1$ m^{-1} 和 $v=12.5$ m/s。我们的目的是为系统(8-9)设计一个 H_∞ 的滤波器。

假设有两个采样周期，其发生的概率如下：

$$\mathrm{Prob}\{c_1=0.03\ \mathrm{s}\}=0.8,\mathrm{Prob}\{c_2=0.1\ \mathrm{s}\}=0.2$$

根据定理 8.2 所提出的方法，可得到相应矩阵为

$$\bar{P}_2=\begin{bmatrix}19.2782 & -22.2853 & 0.8075 & -0.7842\\ -22.2853 & 57.7498 & -1.7445 & 2.4950\\ 0.8075 & -1.7445 & 0.2608 & -0.1000\\ -0.7842 & 2.4950 & -0.1000 & 0.2013\end{bmatrix}$$

$$\begin{bmatrix}\bar{A}_F & \bar{B}_F\\ \bar{C}_F & \bar{D}_F\end{bmatrix}=\left[\begin{array}{cccc|c}-87.1353 & 39.6825 & 16.7588 & -36.9455 & 1.4057\\ 376.2760 & -522.9845 & -4.0735 & 62.2863 & 2.5441\\ -29.7126 & 37.8729 & -1.1006 & -0.9664 & -0.3468\\ 53.6605 & -103.1376 & 2.2172 & -2.4026 & -2.5788\\ \hline 0.0000 & 0.0000 & -1 & 0.0000 & 0\end{array}\right]$$

因此根据式(8-26)，得到滤波器的参数矩阵为

$$\begin{bmatrix}A_F & B_F\\ C_F & D_F\end{bmatrix}=\left[\begin{array}{cccc|c}-0.5666 & -0.8856 & 1.0957 & -0.2746 & 0.8261\\ -11.8223 & 27.8532 & -0.7374 & 3.2692 & 1.5685\\ -41.6196 & 5.0783 & -3.9281 & -1.8671 & -5.5927\\ 390.2861 & -858.6532 & 22.4750 & -54.4616 & -31.8162\\ \hline 0.0000 & 0.0000 & -1 & 0.0000 & 0\end{array}\right]$$

根据式(8-24)和式(8-25)，得到 H_∞ 扰动衰减性能指标的上界为 $\gamma^*=0.3809$。

考虑到平稳的路面上有个别的起伏，相应的输入信号为下面的形式：

$$w(t)=\begin{cases}\dfrac{a\pi v}{l}\sin\left(\dfrac{2\pi v}{l}t\right), & 1\leqslant t<1+\dfrac{l}{v}s,\\ 0, & \text{其他}\end{cases}\tag{8-34}$$

其中 a 和 l 分别是路障的高度和长度。初始条件为零,选择 $a=0.2$ m 和 $l=5$ m,汽车的速度为 $v=12.5$ m/s。另外假设在时间段[0,8]内随机干扰 $v(t)$ 的幅值大小在[0,0.1]区间内。状态变量的响应曲线如图 8.3 所示,图 8.4 给出了估计误差 $z(t)-z_F(t)$ 的响应曲线,可以看到设计的滤波器能在整个过程中准确地估计 $z(t)$ 的值。

现在,给出在设计 H_∞ 控制器时,考虑随机采样时得到保守性比较小的结果。在上述参数条件下,我们首先假设 H_∞ 性能指标为 $\gamma=0.5$,得到单采样周期的最大值为 0.062。从表 8.1可以看出,当考虑随机采样时,采样周期 c_2 的最大值比单采样周期的最大值大。表8.1 ~ 8.4 中给出了更多的细节计算结果,可以看出考虑两个采样周期时,得到了保守性比较小的结果。

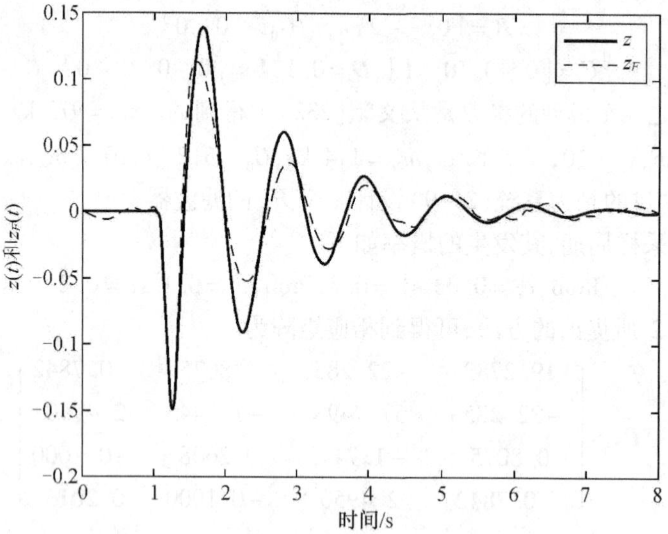

图 8.3 估计信号

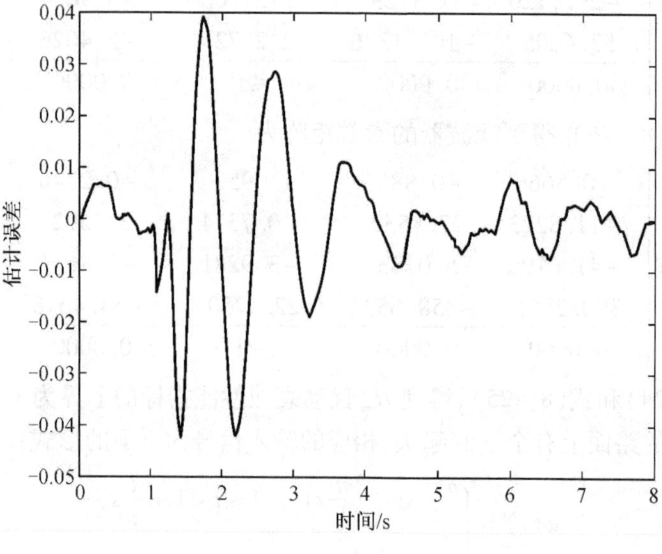

图 8.4 估计误差

表 8.1　当 $\beta=0.8$，$\gamma=0.5$，采样周期 c_1 取不同的值时，采样周期 c_2 的最大值

c_1	0.01	0.02	0.03	0.04	0.05	0.06
c_2	0.32	0.28	0.24	0.20	0.16	0.10

表 8.2　当 $c_1=0.03$，$\gamma=0.5$，概率 β 取不同的值时，采样周期 c_2 的最大值

β	0.9	0.8	0.7	0.6	0.5	0.4
c_2	0.46	0.24	0.2	0.14	0.12	0.11

表 8.3　当 $c_1=0.03$，$\beta=0.8$，采样周期 c_2 取不同的值时，H_∞ 性能指标的最小值

c_2	0.05	0.10	0.15	0.20	0.23
γ	0.3446	0.3809	0.4258	0.4688	0.4903

表 8.4　当 $c_1=0.03$，$c_2=0.1$，概率 β 取不同的值时，H_∞ 性能指标 γ 的最小值

β	0.9	0.8	0.7	0.6	0.5
γ	0.3625	0.3809	0.4004	0.4204	0.4398

8.6　本章小结

本章研究了在随机采样测量下 H_∞ 滤波问题。通过引入一个满足伯努利分布的随机变量，将滤波误差混杂系统变成一个带有随机变量的连续时滞系统。利用线性矩阵不等式的方法，设计了 H_∞ 滤波器，并保证了滤波误差系统是指数均方稳定的，满足 H_∞ 扰动衰减性能指标。汽车悬架例子表明了本章提出的方法的优越性和有效性。

第 9 章 网络化随机系统的鲁棒 H_∞ 滤波

9.1 引 言

滤波的目的是根据可以测量到的输出信号采用一定的滤波器对系统内部的状态变量进行估计。在过去的几十年中,产生了大量关于滤波问题的研究成果,主要包括卡尔曼滤波[222,233]、H_∞ 滤波[234,235]、H_2-H_∞ 滤波[236]。当系统模型(包括噪声)确定得不准确时,容易导致卡尔曼滤波发散。H_∞ 滤波是一种时域滤波方法,系统的噪声输入通常假定为能量有界的信号,正因为 H_∞ 是针对鲁棒性能存在的,所以 H_∞ 滤波允许系统中有不确定性。在文献[237]中,利用线性不等式技术,研究了线性连续奇异系统的 H_∞ 问题。在文献[238]中,研究了对一类随机时滞系统进行时滞依赖的能量峰值滤波器设计问题。在文献[239]中,Dong 等考虑在传感器网络环境下,从时域角度提出递推矩阵不等式技术,解决了一类非线性时变系统在测量数据随机丢失情形下估计误差方差受限的鲁棒有限域滤波问题。

本章主要研究在通信受限情形下,滤波对象是一个连续随机系统,在随机对象的测量输出和滤波器之间是通过网络连接的,通信受限的特点与第 6 章描述的相同,将网络通信受限和随机系统的滤波器设计考虑到一个模型中,建立滤波系统的误差模型。利用线性矩阵不等式的方法提出该误差系统的 H_∞ 性能准则,所设计的 H_∞ 滤波器能够保证滤波误差系统稳定且具有一定的 H_∞ 扰动衰减性能。最后给了数值例子,来表明该设计方法的有效性和优越性。

9.2 问 题 描 述

滤波系统框图如图 9.1 所示,网络通信存在的延时、丢包和量化问题如小节 6.2 所描述。滤波对象为如下随机系统:

$$
\begin{aligned}
\mathrm{d}x(t) &= [\boldsymbol{A}(t)x(t)+\boldsymbol{B}(t)v(t)]\mathrm{d}t+\boldsymbol{E}(t)x(t)\mathrm{d}\omega(t)\\
\mathrm{d}y(t) &= [\boldsymbol{C}x(t)+\boldsymbol{D}w(t)]\mathrm{d}t\\
z(t) &= \boldsymbol{L}x(t)\\
x(t) &= \phi(t),t\in[-\tau,0]
\end{aligned}
\tag{9-1}
$$

其中,$x(t)\in\mathbb{R}^n$ 是状态变量;$y(t)\in\mathbb{R}^m$ 是测量输出;$z(t)\in\mathbb{R}^p$ 是需要估计的信号;$v(t)\in\mathbb{R}^l$ 和 $w(t)\in\mathbb{R}^q$ 分别为输入信号和可测量能量有界的噪声信号,即 $L_2[0,\infty)$。$\omega(t)$ 是零均值

维纳过程，满足$\mathbb{E}\{d\omega(t)\}=0$ 和$\mathbb{E}\{d\omega(t)^2\}=dt$；

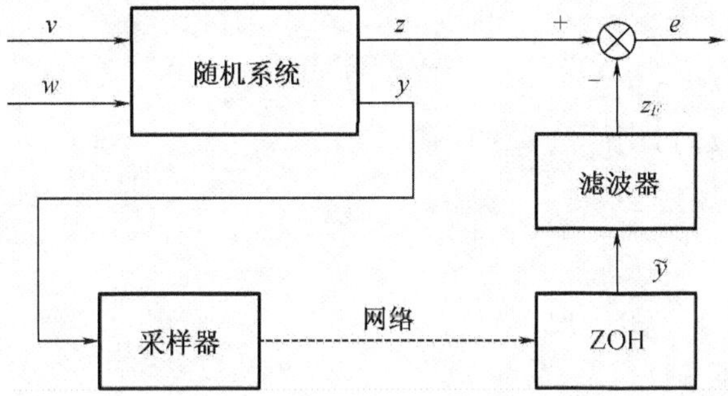

图 9.1　基于网络的滤波系统框图

$$\boldsymbol{A}(t)=\boldsymbol{A}+\Delta\boldsymbol{A}(t),\boldsymbol{B}(t)=\boldsymbol{B}+\Delta\boldsymbol{B}(t),\boldsymbol{E}(t)=\boldsymbol{E}+\Delta\boldsymbol{E}(t)$$

和 $\boldsymbol{A},\boldsymbol{B},\boldsymbol{E},\boldsymbol{C},\boldsymbol{D}$ 和 $\boldsymbol{L}$ 表示维数适当的定常矩阵；$\Delta\boldsymbol{A}(t)$，$\Delta\boldsymbol{B}(t)$和 $\Delta\boldsymbol{E}(t)$为范数有界不确定性，具有如下形式：

$$[\Delta\boldsymbol{A}(t)\quad \Delta\boldsymbol{B}(t)\quad \Delta\boldsymbol{E}(t)]=\boldsymbol{M}\boldsymbol{F}(t)[\boldsymbol{N}_a\quad \boldsymbol{N}_b\quad \boldsymbol{N}_e]$$

其中 $\boldsymbol{M},\boldsymbol{N}_a,\boldsymbol{N}_b$ 和 $\boldsymbol{N}_e$是已知的常矩阵；$F(\cdot)$：$\mathbb{R}\to\mathbb{R}^{k\times l}$是满足 $\boldsymbol{F}(t)^{\mathrm{T}}\boldsymbol{F}(t)\leqslant\boldsymbol{I}$ 的时变矩阵。

我们的目的就是为系统(9-1)设计一个如下形式的全阶滤波器：

$$\begin{aligned}dx_F(t)&=\boldsymbol{A}_F x_F(t)dt+\boldsymbol{B}_F d\tilde{y}(t)\\ z_F(t)&=\boldsymbol{C}_F x_F(t)\end{aligned}\tag{9-2}$$

其中 $x_F(t)\in\mathbb{R}^n$ 为滤波器的状态变量；$z_F(t)\in\mathbb{R}^p$ 为滤波器的输出信号；$\tilde{y}(t)$为滤波器的输入信号；$\boldsymbol{A}_F,\boldsymbol{B}_F$和 $\boldsymbol{C}_F$为待确定的滤波器系数矩阵。

考虑小节 6.2 所描述的网络通信延时、数据包丢失和量化问题，滤波器(9-2)转变成

$$\begin{aligned}dx_F(t)&=[\boldsymbol{A}_F x_F(t)+\boldsymbol{B}_F(I+\boldsymbol{\Lambda}(t))y(t-\eta(t))]dt\\ z_F(t)&=\boldsymbol{C}_F x_F(t)\end{aligned}\tag{9-3}$$

其中

$$\boldsymbol{\Lambda}(t)=\mathrm{diag}\{\boldsymbol{\Lambda}_1(t),\boldsymbol{\Lambda}_2(t),\cdots,\boldsymbol{\Lambda}_n(t)\}$$

和

$$\Lambda_j(t)\in[-\sigma_j,\sigma_j],j=1,\cdots,n$$

定义

$$e(t)=z(t)-z_F(t),\quad \xi(t)=[x^{\mathrm{T}}(t)\quad x_F^{\mathrm{T}}(t)]^{\mathrm{T}}$$

可得如下滤波误差系统

$$\begin{aligned}d\xi(t)=&[(\bar{\boldsymbol{A}}+\Delta\boldsymbol{A})\xi(t)+(\bar{\boldsymbol{C}}+\Delta\boldsymbol{C})\boldsymbol{K}\xi(t-\eta(t))+(\bar{\boldsymbol{B}}+\Delta\boldsymbol{B})v(t)]dt+\\ &(\bar{\boldsymbol{E}}+\Delta\boldsymbol{E})\boldsymbol{K}\xi(t)d\omega(t)\\ e(t)=&\bar{\boldsymbol{L}}\xi(t)\end{aligned}\tag{9-4}$$

其中

$$\xi(t)=\begin{bmatrix}x(t)\\x_F(t)\end{bmatrix}$$

$$\upsilon(t)=\begin{bmatrix}v(t)\\w(t-\eta(t))\end{bmatrix}$$

$$\bar{A}=\begin{bmatrix}A&0\\0&A_F\end{bmatrix}$$

$$\bar{C}=\begin{bmatrix}0\\B_FC\end{bmatrix}$$

$$\bar{B}=\begin{bmatrix}B&0\\0&B_FD\end{bmatrix}$$

$$\bar{L}=[L\quad -C_F]$$

$$K=[I\quad 0]$$

$$\Delta B=\Delta B_1+\Delta B_2$$

$$[\Delta A\quad \Delta B_1\quad \Delta E]=R_1F(t)[N_aK\quad N_bK\quad N_e]$$

$$[\Delta B_2\quad \Delta C]=R_2\Lambda(t)[R_3\quad C]$$

$$R_3=[0\quad D]$$

$$\bar{E}=\begin{bmatrix}E\\0\end{bmatrix}$$

$$R_1=\begin{bmatrix}M\\0\end{bmatrix}$$

$$R_2=\begin{bmatrix}0\\B_F\end{bmatrix}\tag{9-5}$$

本章所要解决的问题描述如下：

鲁棒 H_∞ 滤波问题：考虑如图 9.1 所示的随机系统(9－1)，设计形如式(9－2)的滤波器，即计算滤波器的系数矩阵 A_F，B_F，C_F，使得滤波误差系统对于所有可能的不确定参数，从$v(t)$，$w(t)$到 $z(t)-z_F(t)$是鲁棒均方渐近稳定的，且满足 H_∞ 性能指标 γ(即$\mathbb{E}\{\|z-z_F\|_2^2\}\leqslant\gamma^2(\|w\|_2^2+\|v\|_2^2)$，零初始条件)。满足上述要求的滤波器被称为鲁棒 H_∞ 滤波器。

9.3　鲁棒 H_∞ 滤波器设计

本节给出针对网络化随机系统的鲁棒 H_∞ 滤波器设计的主要结果。首先假设矩阵 A_F，B_F和 C_F已知，我们给出一个充分条件使滤波误差系统是鲁棒均方渐近稳定的，且具有给定的 H_∞ 干扰性能。

定理 9.1　考虑如图 9.1 所示的系统，给定滤波器矩阵 A_F，B_F，C_F和干扰性能指标 γ，滤波误差系统(9－4)是鲁棒均方渐近稳定的且具有给定的 H_∞ 干扰性能的充分条件为存在

标量 $\varepsilon_i>0(i=1,2,3)$ 和矩阵 $\boldsymbol{P}>0,\boldsymbol{Q}>0,\boldsymbol{S}$ 和 $\boldsymbol{U}$ 满足:

$$\begin{bmatrix} \boldsymbol{\Theta}_1 & \boldsymbol{\Theta}_2 & \boldsymbol{\Theta}_3 & \boldsymbol{\Theta}_4 \\ * & -\varepsilon_1\boldsymbol{I} & 0 & 0 \\ * & * & -\varepsilon_2\boldsymbol{I} & 0 \\ * & * & * & -\varepsilon_3\boldsymbol{I} \end{bmatrix}<0 \tag{9-6}$$

其中

$$\boldsymbol{\Theta}_1=\begin{bmatrix} \boldsymbol{\Upsilon} & \sqrt{\tau}\boldsymbol{S} & \sqrt{\tau}\boldsymbol{U} & \hat{\boldsymbol{\Sigma}}_3 & \boldsymbol{\Sigma}_4^{\mathrm{T}}\boldsymbol{P} & \hat{\boldsymbol{\Sigma}}_4 & \boldsymbol{\Sigma}_5^{\mathrm{T}} \\ * & -\boldsymbol{Q} & 0 & 0 & 0 & 0 & 0 \\ * & * & -\boldsymbol{Q} & 0 & 0 & 0 & 0 \\ * & * & * & -\boldsymbol{Q} & 0 & 0 & 0 \\ * & * & * & * & -\boldsymbol{P} & 0 & 0 \\ * & * & * & * & * & -\boldsymbol{Q} & 0 \\ * & * & * & * & * & 0 & -\boldsymbol{I} \end{bmatrix}$$

$$\boldsymbol{\Theta}_2=[\boldsymbol{\Sigma}_7^{\mathrm{T}}\quad 0\quad 0\quad \sqrt{\tau}\boldsymbol{R}_2^{\mathrm{T}}\boldsymbol{K}^{\mathrm{T}}\boldsymbol{Q}\quad 0\quad 0\quad 0]^{\mathrm{T}}$$

$$\boldsymbol{\Theta}_3=[\boldsymbol{\Sigma}_9^{\mathrm{T}}\quad 0\quad 0\quad \sqrt{\tau}\boldsymbol{R}_1^{\mathrm{T}}\boldsymbol{K}^{\mathrm{T}}\boldsymbol{Q}\quad 0\quad 0\quad 0]^{\mathrm{T}}$$

$$\boldsymbol{\Theta}_4=[0\quad 0\quad 0\quad 0\quad \boldsymbol{R}_1^{\mathrm{T}}\boldsymbol{P}\quad \sqrt{\tau}\boldsymbol{R}_1^{\mathrm{T}}\boldsymbol{K}^{\mathrm{T}}\boldsymbol{Q}\quad 0]^{\mathrm{T}}$$

$$\boldsymbol{\Upsilon}=\boldsymbol{\Sigma}_1+\boldsymbol{\Sigma}_2+\boldsymbol{\Sigma}_2^{\mathrm{T}}+\varepsilon_1\boldsymbol{\Sigma}_8^{\mathrm{T}}\boldsymbol{\Sigma}_8+\varepsilon_2\boldsymbol{\Sigma}_{10}^{\mathrm{T}}\boldsymbol{\Sigma}_{10}+\varepsilon_3\boldsymbol{\Sigma}_{11}^{\mathrm{T}}\boldsymbol{\Sigma}_{11}$$

$$\boldsymbol{\Sigma}_1=\begin{bmatrix} \boldsymbol{P}\overline{\boldsymbol{A}}+\overline{\boldsymbol{A}}^{\mathrm{T}}\boldsymbol{P} & 0 & \boldsymbol{P}\overline{\boldsymbol{C}} & \boldsymbol{P}\overline{\boldsymbol{B}} \\ * & 0 & 0 & 0 \\ * & * & 0 & 0 \\ * & * & * & -\gamma^2\boldsymbol{I} \end{bmatrix}$$

$$\boldsymbol{\Sigma}_2=[\boldsymbol{S}\boldsymbol{K}\quad -\boldsymbol{U}\quad -\boldsymbol{S}+\boldsymbol{U}\quad 0]$$

$$\hat{\boldsymbol{\Sigma}}_3=\sqrt{\tau}\boldsymbol{\Sigma}_3^{\mathrm{T}}\boldsymbol{K}^{\mathrm{T}}\boldsymbol{Q}$$

$$\boldsymbol{\Sigma}_3=[\overline{\boldsymbol{A}}\quad 0\quad \overline{\boldsymbol{C}}\quad \overline{\boldsymbol{B}}]$$

$$\hat{\boldsymbol{\Sigma}}_4=\sqrt{\tau}\boldsymbol{\Sigma}_4^{\mathrm{T}}\boldsymbol{K}^{\mathrm{T}}\boldsymbol{Q}$$

$$\boldsymbol{\Sigma}_4=[\overline{\boldsymbol{E}}\boldsymbol{K}\quad 0\quad 0\quad 0]$$

$$\boldsymbol{\Sigma}_5=[\overline{\boldsymbol{L}}\quad 0\quad 0\quad 0]$$

$$\boldsymbol{\Sigma}_7=[\boldsymbol{R}_2^{\mathrm{T}}\boldsymbol{P}\quad 0\quad 0\quad 0]^{\mathrm{T}}$$

$$\boldsymbol{\Sigma}_8=[0\quad 0\quad \boldsymbol{\Lambda}\boldsymbol{C}\quad \boldsymbol{\Lambda}\boldsymbol{R}_3]$$

$$\boldsymbol{\Lambda}=\mathrm{diag}\{\sigma_1,\cdots,\sigma_m\}$$

$$\boldsymbol{\Sigma}_9=[\boldsymbol{R}_1^{\mathrm{T}}\boldsymbol{P}\quad 0\quad 0\quad 0]^{\mathrm{T}}$$

$$\boldsymbol{\Sigma}_{11}=[\boldsymbol{N}_e\boldsymbol{K}\quad 0\quad 0\quad 0]$$

$$\boldsymbol{\Sigma}_{10}=[\boldsymbol{N}_a\boldsymbol{K}\quad 0\quad 0\quad \boldsymbol{N}_b\boldsymbol{K}] \tag{9-7}$$

证明 构造下述 Lyapunov – Krasovskii 泛函:

$$V(t) = \xi^{\mathrm{T}}(t)P\xi(t) + \int_{t-\tau}^{t}\int_{s}^{t} r^{\mathrm{T}}(\theta)\boldsymbol{K}^{\mathrm{T}}\boldsymbol{Q}\boldsymbol{K}r(\theta)\,\mathrm{d}\theta\mathrm{d}s + \int_{t-\tau}^{t}\int_{s}^{t} g^{\mathrm{T}}(t)\boldsymbol{K}^{\mathrm{T}}\boldsymbol{Q}\boldsymbol{K}g(t)\,\mathrm{d}\theta\mathrm{d}s \tag{9-8}$$

其中

$$r(t) = (\overline{\boldsymbol{A}} + \Delta\boldsymbol{A})\xi(t) + (\overline{\boldsymbol{C}} + \Delta\boldsymbol{C})\boldsymbol{K}\xi(t-\eta(t)) + (\overline{\boldsymbol{B}} + \Delta\boldsymbol{B})\boldsymbol{v}(t)$$

$$g(t) = (\overline{\boldsymbol{E}} + \Delta\boldsymbol{E})\boldsymbol{K}\xi(t)$$

$\boldsymbol{P} > 0$ 和 $\boldsymbol{Q} \geqslant 0$ 为待确定矩阵。由 Itô’s 公式和式(9 –8),得到下面随机微分方程

$$\mathrm{d}V(t) = \mathcal{L}V(t)\,\mathrm{d}t + 2\xi^{\mathrm{T}}(t)\boldsymbol{P}g(t)\,\mathrm{d}\omega(t)$$

和

$$\mathcal{L}V(t) = 2\xi^{\mathrm{T}}(t)\boldsymbol{P}r(t) + r^{\mathrm{T}}(t)\tau\boldsymbol{K}^{\mathrm{T}}\boldsymbol{Q}\boldsymbol{K}r(t) + g^{\mathrm{T}}(t)(\boldsymbol{P} + \tau\boldsymbol{K}^{\mathrm{T}}\boldsymbol{Q}\boldsymbol{K})g(t) - \int_{t-\tau}^{t} r^{\mathrm{T}}(s)\boldsymbol{K}^{\mathrm{T}}\boldsymbol{Q}\boldsymbol{K}r(s)\,\mathrm{d}s - \int_{t-\tau}^{t} g^{\mathrm{T}}(s)\boldsymbol{K}^{\mathrm{T}}\boldsymbol{Q}\boldsymbol{K}g(s)\,\mathrm{d}s + 2\sum_{i=1}^{2} X_i(t) \tag{9-9}$$

其中

$$X_1(t) = \zeta^{\mathrm{T}}(t)\boldsymbol{S}\boldsymbol{K}\Big(\xi(t) - \xi(t-\eta(t)) - \int_{t-\eta(t)}^{t} r(s)\,\mathrm{d}s - \int_{t-\eta(t)}^{t} g(s)\,\mathrm{d}\omega(s)\Big) = 0$$

$$X_2(t) = \zeta^{\mathrm{T}}(t)\boldsymbol{U}\boldsymbol{K}\Big(\xi(t-\eta(t)) - \xi(t-\tau) - \int_{t-\tau}^{t-\eta(t)} r(s)\,\mathrm{d}s - \int_{t-\tau}^{t-\eta(t)} g(s)\,\mathrm{d}\omega(s)\Big) = 0$$

$$\zeta^{\mathrm{T}}(t) = [\xi^{\mathrm{T}}(t) \quad \xi^{\mathrm{T}}(t-\tau)K^{\mathrm{T}} \quad \xi^{\mathrm{T}}(t-\eta(t))K^{\mathrm{T}} \quad \boldsymbol{v}^{\mathrm{T}}(t)]$$

利用引理 2. 1,得到

$$-2\zeta^{\mathrm{T}}(t)\boldsymbol{S}\boldsymbol{K}\int_{t-\eta(t)}^{t} g(s)\,\mathrm{d}\omega(s) \leqslant \zeta^{\mathrm{T}}(t)\boldsymbol{S}\boldsymbol{Q}^{-1}\boldsymbol{S}^{\mathrm{T}}\zeta(t) + \Big(\int_{t-\eta(t)}^{t} g(s)\,\mathrm{d}\omega(s)\Big)^{\mathrm{T}}\boldsymbol{K}^{\mathrm{T}}\boldsymbol{Q}\boldsymbol{K} \times \Big(\int_{t-\eta(t)}^{t} g(s)\,\mathrm{d}\omega(s)\Big)$$

$$-2\zeta^{\mathrm{T}}(t)\boldsymbol{U}\boldsymbol{K}\int_{t-\tau}^{t-\eta(t)} g(s)\,\mathrm{d}\omega(s) \leqslant \zeta^{\mathrm{T}}(t)\boldsymbol{U}\boldsymbol{Q}^{-1}\boldsymbol{U}^{\mathrm{T}}\zeta(t) + \Big(\int_{t-\tau}^{t-\eta(t)} g(s)\,\mathrm{d}\omega(s)\Big)^{\mathrm{T}}\boldsymbol{K}^{\mathrm{T}}\boldsymbol{Q}\boldsymbol{K} \times \Big(\int_{t-\tau}^{t-\eta(t)} g(s)\,\mathrm{d}\omega(s)\Big)$$

因此

$$\mathcal{L}V(t) + e^{\mathrm{T}}(t)e(t) - \gamma^2\boldsymbol{v}^{\mathrm{T}}(t)\boldsymbol{v}(t) \leqslant \zeta^{\mathrm{T}}(t)[\boldsymbol{\Pi} + \boldsymbol{\Pi}_4]\zeta(t) + \boldsymbol{\Pi}_5 + \boldsymbol{\Pi}_6 - \int_{t-\eta(t)}^{t} g^{\mathrm{T}}(s)\boldsymbol{K}^{\mathrm{T}}\boldsymbol{Q}\boldsymbol{K}g(s)\,\mathrm{d}s - \int_{t-\tau}^{t-\eta(t)} g^{\mathrm{T}}(s)\boldsymbol{K}^{\mathrm{T}}\boldsymbol{Q}\boldsymbol{K}g(s)\,\mathrm{d}s + \Big(\int_{t-\eta(t)}^{t} g(s)\,\mathrm{d}\omega(s)\Big)^{\mathrm{T}}\boldsymbol{K}^{\mathrm{T}}\boldsymbol{Q}\boldsymbol{K} \times \Big(\int_{t-\eta(t)}^{t} g(s)\,\mathrm{d}\omega(s)\Big) + \Big(\int_{t-\tau}^{t-\eta(t)} g(s)\,\mathrm{d}\omega(s)\Big)^{\mathrm{T}}\boldsymbol{K}^{\mathrm{T}}\boldsymbol{Q}\boldsymbol{K} \times \Big(\int_{t-\tau}^{t-\eta(t)} g(s)\,\mathrm{d}\omega(s)\Big) \tag{9-10}$$

其中

$$\boldsymbol{\Pi}=\boldsymbol{\Pi}_1+\boldsymbol{\Sigma}_2+\boldsymbol{\Sigma}_2^{\mathrm{T}}+\boldsymbol{\Pi}_2^{\mathrm{T}}\tau\boldsymbol{K}^{\mathrm{T}}\boldsymbol{Q}\boldsymbol{K}\boldsymbol{\Pi}_2+\boldsymbol{\Sigma}_5^{\mathrm{T}}\boldsymbol{\Sigma}_5+\boldsymbol{\Pi}_3^{\mathrm{T}}(\boldsymbol{P}+\tau\boldsymbol{K}^{\mathrm{T}}\boldsymbol{Q}\boldsymbol{K})\boldsymbol{\Pi}_3$$

$$\boldsymbol{\Pi}_1=\begin{bmatrix}2\boldsymbol{P}(\overline{\boldsymbol{A}}+\Delta\boldsymbol{A}) & 0 & \boldsymbol{P}(\overline{\boldsymbol{C}}+\Delta\boldsymbol{C}) & \boldsymbol{P}(\overline{\boldsymbol{B}}+\Delta\boldsymbol{B})\\ * & 0 & 0 & 0\\ * & * & 0 & 0\\ * & * & * & -\gamma^2\boldsymbol{I}\end{bmatrix}$$

$$\boldsymbol{\Pi}_2=[\overline{\boldsymbol{A}}+\Delta\boldsymbol{A}\quad 0\quad \overline{\boldsymbol{C}}+\Delta\boldsymbol{C}\quad \overline{\boldsymbol{B}}+\Delta\boldsymbol{B}]$$

$$\boldsymbol{\Pi}_3=[(\overline{\boldsymbol{E}}+\Delta\boldsymbol{E})\boldsymbol{K}\quad 0\quad 0\quad 0]$$

$$\boldsymbol{\Pi}_4=\tau\boldsymbol{S}\boldsymbol{Q}^{-1}\boldsymbol{S}^{\mathrm{T}}+\tau\boldsymbol{U}\boldsymbol{Q}^{-1}\boldsymbol{U}^{\mathrm{T}}$$

$$\boldsymbol{\Pi}_5=-\int_{t-\eta(t)}^{t}[\zeta^{\mathrm{T}}(t)\boldsymbol{S}+r(s)\boldsymbol{K}^{\mathrm{T}}\boldsymbol{Q}]\boldsymbol{Q}^{-1}[\boldsymbol{S}^{\mathrm{T}}\zeta(t)+\boldsymbol{Q}\boldsymbol{K}r(s)]\mathrm{d}s$$

$$\boldsymbol{\Pi}_6=-\int_{t-\tau}^{t-\eta(t)}[\zeta^{\mathrm{T}}(t)\boldsymbol{U}+r(s)\boldsymbol{K}^{\mathrm{T}}\boldsymbol{Q}]\boldsymbol{Q}^{-1}[\boldsymbol{U}^{\mathrm{T}}\zeta(t)+\boldsymbol{Q}\boldsymbol{K}r(s)]\mathrm{d}s$$

应用文献[91]中的结论,得到

$$\mathbb{E}\left\{\int_{t-\eta(t)}^{t}g^{\mathrm{T}}(s)\boldsymbol{K}^{\mathrm{T}}\boldsymbol{Q}\boldsymbol{K}g(s)\mathrm{d}s\right\}=\mathbb{E}\left\{\left(\int_{t-\eta(t)}^{t}g(s)\mathrm{d}\omega(s)\right)^{\mathrm{T}}\boldsymbol{K}^{\mathrm{T}}\boldsymbol{Q}\boldsymbol{K}\left(\int_{t-\eta(t)}^{t}g(s)\mathrm{d}\omega(s)\right)\right\}$$

$$\mathbb{E}\left\{\int_{t-\tau}^{t-\eta(t)}g^{\mathrm{T}}(s)\boldsymbol{K}^{\mathrm{T}}\boldsymbol{Q}\boldsymbol{K}g(s)\mathrm{d}s\right\}=\mathbb{E}\left\{\left(\int_{t-\tau}^{t-\eta(t)}g(s)\mathrm{d}\omega(s)\right)^{\mathrm{T}}\boldsymbol{K}^{\mathrm{T}}\boldsymbol{Q}\boldsymbol{K}\left(\int_{t-\tau}^{t-\eta(t)}g(s)\mathrm{d}\omega(s)\right)\right\}$$

对式(9-10)两边同时取期望,可得

$$\mathbb{E}\{\mathcal{L}V(t)+e^{\mathrm{T}}(t)e(t)-\gamma^2\boldsymbol{v}^{\mathrm{T}}(t)\boldsymbol{v}(t)\}\leqslant\mathbb{E}\{\zeta^{\mathrm{T}}(t)[\boldsymbol{\Pi}+\boldsymbol{\Pi}_4]\zeta(t)\}+\boldsymbol{\Pi}_5+\boldsymbol{\Pi}_6 \tag{9-11}$$

注意到 $\boldsymbol{Q}>0$,因此 $\boldsymbol{\Pi}_5$ 和 $\boldsymbol{\Pi}_6$ 是非正定的。因此,如果 $\boldsymbol{\Pi}+\boldsymbol{\Pi}_4\leqslant0$,那么 $\mathbb{E}\{\mathcal{L}V(t)\}+\mathbb{E}\{e^{\mathrm{T}}(t)e(t)\}-\gamma^2\mathbb{E}\{\boldsymbol{v}^{\mathrm{T}}(t)\boldsymbol{v}(t)\}\leqslant0$ 成立。利用 Schur 补引理,可以写成如下形式:

$$\begin{bmatrix}\boldsymbol{\Pi}_7 & \sqrt{\tau}\boldsymbol{S} & \sqrt{\tau}\boldsymbol{U} & \hat{\boldsymbol{\Pi}}_2 & \boldsymbol{\Pi}_3^{\mathrm{T}}\boldsymbol{P} & \hat{\boldsymbol{\Pi}}_3 & \boldsymbol{\Sigma}_5^{\mathrm{T}}\\ * & -\boldsymbol{Q} & 0 & 0 & 0 & 0 & 0\\ * & * & -\boldsymbol{Q} & 0 & 0 & 0 & 0\\ * & * & * & -\boldsymbol{Q} & 0 & 0 & 0\\ * & * & * & * & -\boldsymbol{P} & 0 & 0\\ * & * & * & * & * & -\boldsymbol{Q} & 0\\ * & * & * & * & * & * & -\boldsymbol{I}\end{bmatrix}\leqslant0 \tag{9-12}$$

其中

$$\boldsymbol{\Pi}_7=\boldsymbol{\Pi}_1+\boldsymbol{\Sigma}_2+\boldsymbol{\Sigma}_2^{\mathrm{T}},\hat{\boldsymbol{\Pi}}_2=\sqrt{\tau}\boldsymbol{\Pi}_2^{\mathrm{T}}\boldsymbol{K}^{\mathrm{T}}\boldsymbol{Q},\hat{\boldsymbol{\Pi}}_3=\sqrt{\tau}\boldsymbol{\Pi}_3^{\mathrm{T}}\boldsymbol{K}^{\mathrm{T}}\boldsymbol{Q}$$

现在,变换式(9-12)为

$$\boldsymbol{\Theta}+\boldsymbol{\Theta}_2\boldsymbol{H}(t)\boldsymbol{\Theta}_5+\boldsymbol{\Theta}_5^{\mathrm{T}}\boldsymbol{H}^{\mathrm{T}}(t)\boldsymbol{\Theta}_2^{\mathrm{T}}+\boldsymbol{\Theta}_3\boldsymbol{F}(t)\boldsymbol{\Theta}_6+\boldsymbol{\Theta}_6^{\mathrm{T}}\boldsymbol{F}^{\mathrm{T}}(t)\boldsymbol{\Theta}_3^{\mathrm{T}}+\boldsymbol{\Theta}_4\boldsymbol{F}(t)\boldsymbol{\Theta}_7+\boldsymbol{\Theta}_7^{\mathrm{T}}\boldsymbol{F}^{\mathrm{T}}(t)\boldsymbol{\Theta}_4^{\mathrm{T}}<0$$

其中

$$\Theta=\begin{bmatrix}\hat{\Theta} & \sqrt{\tau}S & \sqrt{\tau}U & \hat{\Sigma}_3 & \Sigma_4^{\mathrm{T}}P & \hat{\Sigma}_4 & \Sigma_5^{\mathrm{T}}\\ * & -Q & 0 & 0 & 0 & 0 & 0\\ * & * & -Q & 0 & 0 & 0 & 0\\ * & * & * & -Q & 0 & 0 & 0\\ * & * & * & * & -P & 0 & 0\\ * & * & * & * & * & -Q & 0\\ * & * & * & * & * & * & -I\end{bmatrix}$$

$$\Theta_5=[\Sigma_8\quad 0\quad 0\quad 0\quad 0\quad 0\quad 0]$$

$$H(t)=\Lambda(t)\Lambda^{-1}$$

$$\Theta_6=[\Sigma_{10}\quad 0\quad 0\quad 0\quad 0\quad 0\quad 0]$$

$$\hat{\Theta}=\Sigma_1+\Sigma_2+\Sigma_2^{\mathrm{T}}$$

$$\Theta_7=[\Sigma_{11}\quad 0\quad 0\quad 0\quad 0\quad 0\quad 0]$$

利用引理2.1和Schur补引理，得到如果存在$\varepsilon>0$使式(9-6)成立，则式(9-12)成立。因此，得到

$$\mathbb{E}\{\mathcal{L}V(t)+e^{\mathrm{T}}(t)e(t)-\gamma^2 v^{\mathrm{T}}(t)v(t)\}\leqslant 0 \tag{9-13}$$

对于所有非零$v\in L_2[0,\infty)$，在零初始条件下，有$V(0)=0$和$V(\infty)\geqslant 0$。对式(9-13)两边同时取期望，产生$\mathbb{E}\{\|z-z_F\|_2^2\}<\gamma^2(\|w\|_2+\|v\|_2^2)$。

下面是对滤波误差系统当$v(t)=0$时，给出鲁棒均方渐近稳定性条件。选择如式(9-8)的Lyapunov-Krasovkii泛函。然后用前述相似的技术，建立系统(9-4)在$v(t)=0$时的稳定性条件。得到

$$\begin{aligned}&\mathbb{E}\{\mathcal{L}V(t)\}\\ &\leqslant\mathbb{E}\{\phi^{\mathrm{T}}(t)[\Gamma_1+\Gamma_2+\Gamma_2^{\mathrm{T}}+\Gamma_3^{\mathrm{T}}\tau K^{\mathrm{T}}QK\Gamma_3+\Gamma_5^{\mathrm{T}}(P+\tau K^{\mathrm{T}}QK)\Gamma_5+\Gamma_4]\phi(t)\}+\Gamma_6+\Gamma_7\end{aligned}$$

其中

$$\Gamma_1=\begin{bmatrix}P(\bar{A}+\Delta A)+(\bar{A}+\Delta A)^{\mathrm{T}}P & 0 & P(\bar{C}+\Delta C)\\ * & 0 & 0\\ * & * & 0\end{bmatrix}$$

$$\Gamma_2=[\hat{S}K\quad -\hat{U}\quad -\hat{S}+\hat{U}]$$

$$\Gamma_3=[\bar{A}+\Delta A\quad 0\quad \bar{C}+\Delta C]$$

$$\Gamma_4=\tau\hat{S}Q^{-1}\hat{S}^{\mathrm{T}}+\tau\hat{U}Q^{-1}\hat{U}^{\mathrm{T}}$$

$$\Gamma_5=[(\bar{E}+\Delta E)K\quad 0\quad 0]$$

$$\Gamma_6=-\int_{t-\eta(t)}^{t}[\phi^{\mathrm{T}}(t)\hat{S}+r(s)K^{\mathrm{T}}Q]Q^{-1}[\hat{S}^{\mathrm{T}}\phi(t)+QKr(s)]\mathrm{d}s$$

$$\Gamma_7=-\int_{t-\tau}^{t-\eta(t)}[\phi^{\mathrm{T}}(t)\hat{U}+r(s)K^{\mathrm{T}}Q]Q^{-1}[\hat{U}^{\mathrm{T}}\phi(t)+QKr(s)]\mathrm{d}s$$

$$\boldsymbol{\phi}^{\mathrm{T}}(t)=[\xi^{\mathrm{T}}(t)\quad \xi^{\mathrm{T}}(t-\tau)\boldsymbol{K}^{\mathrm{T}}\quad \xi^{\mathrm{T}}(t-\eta(t))\boldsymbol{K}^{\mathrm{T}}]$$

注意到 $\boldsymbol{Q}>0$,因此有 $\boldsymbol{\Gamma}_6$ 和 $\boldsymbol{\Gamma}_7$ 是非正定的。由 Schur 补引理,不等式(9 - 6)保证

$$\boldsymbol{\Gamma}_1+\boldsymbol{\Gamma}_2+\boldsymbol{\Gamma}_2^{\mathrm{T}}+\boldsymbol{\Gamma}_3^{\mathrm{T}}\tau\boldsymbol{K}^{\mathrm{T}}\boldsymbol{Q}\boldsymbol{K}\boldsymbol{\Gamma}_3+\boldsymbol{\Gamma}_5^{\mathrm{T}}(\boldsymbol{P}+\tau\boldsymbol{K}^{\mathrm{T}}\boldsymbol{Q}\boldsymbol{K})\boldsymbol{\Gamma}_5+\boldsymbol{\Gamma}_4<0$$

因此,由定义 6.1,随机系统(9 - 4)是鲁棒均方渐近稳定的[199]。证明完毕。

在定理 9.1 基础上,下面解决通信受限情形下鲁棒 H_∞ 滤波器的设计问题。

定理 9.2　考虑如图 9.1 所示的系统。给定正的标量 γ,存在矩阵 $\boldsymbol{P}>0,\boldsymbol{Q}>0,\boldsymbol{S},\boldsymbol{U}$, $\boldsymbol{A}_F,\boldsymbol{B}_F$ 和 $\boldsymbol{C}_F$ 满足不等式(9 - 6)的充分条件为存在矩阵 $\bar{\boldsymbol{P}}_1>0,\bar{\boldsymbol{P}}_2>0,\boldsymbol{Q}\geqslant 0,\bar{\boldsymbol{S}},\bar{\boldsymbol{U}},\bar{\boldsymbol{A}}_F,\bar{\boldsymbol{B}}_F,\bar{\boldsymbol{C}}_F$ 和标量 $\varepsilon_i>0,(i=1,2,3)$ 满足

$$\begin{bmatrix}\boldsymbol{\Phi}_1 & \boldsymbol{\Phi}_2 & \boldsymbol{\Phi}_3 & \boldsymbol{\Phi}_4\\ * & -\varepsilon_1\boldsymbol{I} & 0 & 0\\ * & * & -\varepsilon_2\boldsymbol{I} & 0\\ * & * & * & -\varepsilon_3\boldsymbol{I}\end{bmatrix}<0 \tag{9-14}$$

$$\bar{\boldsymbol{P}}>0 \tag{9-15}$$

其中

$$\boldsymbol{\Phi}_1=\begin{bmatrix}\boldsymbol{\Psi} & \sqrt{\tau}\bar{\boldsymbol{S}} & \sqrt{\tau}\bar{\boldsymbol{U}} & \boldsymbol{\Xi}_3 & \boldsymbol{\Xi}_6 & \boldsymbol{\Xi}_4 & \boldsymbol{\Xi}_5^{\mathrm{T}}\\ * & -\boldsymbol{Q} & 0 & 0 & 0 & 0 & 0\\ * & * & -\boldsymbol{Q} & 0 & 0 & 0 & 0\\ * & * & * & -\boldsymbol{Q} & 0 & 0 & 0\\ * & * & * & * & -\bar{\boldsymbol{P}} & 0 & 0\\ * & * & * & * & * & -\boldsymbol{Q} & 0\\ * & * & * & * & * & 0 & -\boldsymbol{I}\end{bmatrix}$$

$$\boldsymbol{\Phi}_2=[\boldsymbol{\Xi}_7^{\mathrm{T}}\quad 0\quad 0\quad 0\quad 0\quad 0\quad 0\quad 0]^{\mathrm{T}}$$

$$\boldsymbol{\Phi}_3=[\boldsymbol{\Xi}_9^{\mathrm{T}}\quad 0\quad 0\quad \sqrt{\tau}\boldsymbol{M}^{\mathrm{T}}Q\quad 0\quad 0\quad 0\quad 0]^{\mathrm{T}}$$

$$\boldsymbol{\Phi}_4=[0\quad 0\quad 0\quad 0\quad \boldsymbol{M}^{\mathrm{T}}\bar{\boldsymbol{P}}_1\quad \boldsymbol{M}^{\mathrm{T}}\bar{\boldsymbol{P}}_2\quad \sqrt{\tau}\boldsymbol{M}^{\mathrm{T}}\boldsymbol{Q}\quad 0]^{\mathrm{T}}$$

$$\boldsymbol{\Psi}=\boldsymbol{\Xi}_1+\boldsymbol{\Xi}_2+\boldsymbol{\Xi}_2^{\mathrm{T}}+\varepsilon_1\boldsymbol{\Xi}_8^{\mathrm{T}}\boldsymbol{\Xi}_8+\varepsilon_2\boldsymbol{\Xi}_{10}^{\mathrm{T}}\boldsymbol{\Xi}_{10}+\varepsilon_3\boldsymbol{\Xi}_{11}^{\mathrm{T}}\boldsymbol{\Xi}_{11}$$

$$\boldsymbol{\Xi}_1=\begin{bmatrix}2\bar{\boldsymbol{P}}_1\boldsymbol{A} & \bar{\boldsymbol{A}}_F+\boldsymbol{A}^{\mathrm{T}}\bar{\boldsymbol{P}}_2 & 0 & \bar{\boldsymbol{B}}_F\boldsymbol{C} & \bar{\boldsymbol{P}}_1\boldsymbol{B} & \bar{\boldsymbol{B}}_F\boldsymbol{D}\\ * & \bar{\boldsymbol{A}}_F+\bar{\boldsymbol{A}}_F^{\mathrm{T}} & 0 & \bar{\boldsymbol{B}}_F\boldsymbol{C} & \bar{\boldsymbol{P}}_2\boldsymbol{B} & \bar{\boldsymbol{B}}_F\boldsymbol{D}\\ * & * & 0 & 0 & 0 & 0\\ * & * & * & 0 & 0 & 0\\ * & * & * & * & -\gamma^2\boldsymbol{I} & 0\\ * & * & * & * & * & -\gamma^2\boldsymbol{I}\end{bmatrix}$$

$$\boldsymbol{\Xi}_2=[\bar{\boldsymbol{S}}\quad 0\quad -\bar{\boldsymbol{U}}\quad -\bar{\boldsymbol{S}}+\bar{\boldsymbol{U}}\quad 0]$$

$$\Xi_3 = \sqrt{\tau}\,\bar{\Xi}_3^{\mathrm{T}}\boldsymbol{Q}$$
$$\bar{\Xi}_3 = [\boldsymbol{A} \quad 0 \quad 0 \quad 0 \quad \boldsymbol{B} \quad 0]$$
$$\Xi_4 = \sqrt{\tau}\,\bar{\Xi}_4^{\mathrm{T}}\boldsymbol{Q}$$
$$\bar{\Xi}_4 = [\boldsymbol{E} \quad 0 \quad 0 \quad 0 \quad 0 \quad 0]$$
$$\Xi_5 = [\boldsymbol{L} \quad -\bar{\boldsymbol{C}}_F \quad 0 \quad 0 \quad 0 \quad 0]$$
$$\Xi_6 = [\bar{\Xi}_4^{\mathrm{T}}\bar{\boldsymbol{P}}_1 \quad \bar{\Xi}_4^{\mathrm{T}}\bar{\boldsymbol{P}}_2]$$
$$\Xi_7 = [\bar{\boldsymbol{B}}_F^{\mathrm{T}} \quad \bar{\boldsymbol{B}}_F^{\mathrm{T}} \quad 0 \quad 0 \quad 0 \quad 0]^{\mathrm{T}}$$
$$\Xi_8 = [0 \quad 0 \quad 0 \quad \boldsymbol{\Lambda C} \quad 0 \quad \boldsymbol{\Lambda D}]$$
$$\Xi_9 = [\boldsymbol{M}^{\mathrm{T}}\bar{\boldsymbol{P}}_1 \quad \boldsymbol{M}^{\mathrm{T}}\bar{\boldsymbol{P}}_2 \quad 0 \quad 0 \quad 0 \quad 0]^{\mathrm{T}}$$
$$\Xi_{10} = [\boldsymbol{N}_a \quad 0 \quad 0 \quad 0 \quad \boldsymbol{N}_b \quad 0]$$
$$\Xi_{11} = [\boldsymbol{N}_e \quad 0 \quad 0 \quad 0 \quad 0 \quad 0]$$

$$\bar{\boldsymbol{P}} = \begin{bmatrix} \bar{\boldsymbol{P}}_1 & \bar{\boldsymbol{P}}_2 \\ * & \bar{\boldsymbol{P}}_2 \end{bmatrix} \tag{9-16}$$

若以上条件成立，则满足要求的 H_∞ 滤波器参数矩阵可由下式给出

$$\begin{bmatrix} \boldsymbol{A}_F & \boldsymbol{B}_F \\ \boldsymbol{C}_F & 0 \end{bmatrix} = \begin{bmatrix} \bar{\boldsymbol{P}}_2^{-1} & 0 \\ 0 & \boldsymbol{I} \end{bmatrix}\begin{bmatrix} \bar{\boldsymbol{A}}_F & \bar{\boldsymbol{B}}_F \\ \bar{\boldsymbol{C}}_F & 0 \end{bmatrix} \tag{9-17}$$

证明 假设存在矩阵 $\boldsymbol{P}>0,\boldsymbol{Q}\geqslant 0,\boldsymbol{S},\boldsymbol{U},\boldsymbol{A}_F,\boldsymbol{B}_F$ 和 $\boldsymbol{C}_F$满足式(9-6)。把矩阵 $\boldsymbol{P}$ 写成如下分块形式

$$\boldsymbol{P} \triangleq \begin{bmatrix} \boldsymbol{P}_1 & \boldsymbol{P}_2 \\ \boldsymbol{P}_2^{\mathrm{T}} & \boldsymbol{P}_3 \end{bmatrix} \tag{9-18}$$

假设 $\boldsymbol{P}_2$和 $\boldsymbol{P}_3$是非奇异的。定义下列矩阵：

$$\boldsymbol{J} \triangleq \begin{bmatrix} \boldsymbol{I} & 0 \\ 0 & \boldsymbol{P}_3^{-1}\boldsymbol{P}_2^{\mathrm{T}} \end{bmatrix} \tag{9-19}$$

用 $\boldsymbol{J}_3 \triangleq \mathrm{diag}\{\boldsymbol{J}_2,\boldsymbol{I},\boldsymbol{I},\boldsymbol{I}\}$,$\boldsymbol{J}_2 \triangleq \mathrm{diag}\{\boldsymbol{J}_1,\boldsymbol{I},\boldsymbol{I},\boldsymbol{I},\boldsymbol{J},\boldsymbol{I},\boldsymbol{I}\}$ 和 $\boldsymbol{J}_1 \triangleq \mathrm{diag}\{\boldsymbol{J},\boldsymbol{I},\boldsymbol{I},\boldsymbol{I}\}$ 对式(9-6)进行全等变换。定义如下矩阵变量

$$\bar{\boldsymbol{P}}_1 \triangleq \boldsymbol{P}_1,\bar{\boldsymbol{P}}_2 \triangleq \boldsymbol{P}_2\boldsymbol{P}_3^{-1}\boldsymbol{P}_2^{\mathrm{T}},[\bar{\boldsymbol{S}} \quad \bar{\boldsymbol{U}}] \triangleq \boldsymbol{J}_1^{\mathrm{T}}[\boldsymbol{S} \quad \boldsymbol{U}]$$

$$\begin{bmatrix} \bar{\boldsymbol{A}}_F & \bar{\boldsymbol{B}}_F \\ \bar{\boldsymbol{C}}_F & 0 \end{bmatrix} \triangleq \begin{bmatrix} \boldsymbol{P}_2 & 0 \\ 0 & \boldsymbol{I} \end{bmatrix}\begin{bmatrix} \boldsymbol{A}_F & \boldsymbol{B}_F \\ \boldsymbol{C}_F & 0 \end{bmatrix}\begin{bmatrix} \boldsymbol{P}_3^{-1}\boldsymbol{P}_2^{\mathrm{T}} & 0 \\ 0 & \boldsymbol{I} \end{bmatrix}$$

因此得到式(9-14)。另外，由 $\boldsymbol{J}^{\mathrm{T}}\boldsymbol{PJ}>0$ 得到式(9-15)。其他证明细节略。证明完毕。

9.4 应用算例

本节,我们将利用数值例子来说明我们所提出的理论结果的应用。

例 9.1　下面给出系统系数矩阵:

$$\boldsymbol{A}=\begin{bmatrix}0&0&1&0\\0&0&0&1\\-4&2&-1&0\\4&-4&0&-2\end{bmatrix},\boldsymbol{B}=\begin{bmatrix}0\\0\\2\\0\end{bmatrix}$$

$$\boldsymbol{E}=\begin{bmatrix}0&0.01&0&0\\0&0.01&0&0\\0&0&0.01&-0.01\\0&0.02&0&0\end{bmatrix},\boldsymbol{M}=\begin{bmatrix}0.02\\0\\0.01\\0\end{bmatrix}$$

$$\boldsymbol{C}=[1\quad 0\quad 0\quad 0],\boldsymbol{N}_a=[-0.5\quad 0.1\quad -0.2\quad 0],\boldsymbol{D}=0.1$$

$$\boldsymbol{L}=[0\quad 1\quad 0\quad 0],\boldsymbol{N}_b=0.2,\boldsymbol{N}_e=[0\quad 0.3\quad 0\quad 0.1]$$

假设相关网络参数为:采样周期 $h=10$ ms;最大通信延时为 $\bar{\eta}=50$ ms;最大丢包数为 $\bar{d}=2$;量化器参数为 $\rho=0.9$ 和 $u_0=2$。根据定理 9.2,所提出的方法,可得到相应矩阵为

$$\boldsymbol{A}_F=\begin{bmatrix}-53.9040&-1.1902&0.5266&-1.2115\\-17.3034&-1.1255&-0.4865&-0.2600\\-333.4425&-12.9043&-7.6654&-21.2351\\60.7957&-0.4329&1.5397&1.9858\end{bmatrix}$$

$$\boldsymbol{B}_F=[-52.5696\quad -17.4601\quad -325.9032\quad 57.2085]^{\mathrm T}$$

$$\boldsymbol{C}_F=[0.0002\quad -1.0002\quad -0.0001\quad -0.0002]$$

得到 H_∞ 扰动衰减性能指标的上界为 $\gamma^*=0.1642$。

假设零初始条件和选择如下形式的 $v(t)$:

$$v(t)=\begin{cases}\sin 0.1\pi t, & 10\ \mathrm{s}\leqslant d(t)<40\ \mathrm{s}\\ 0 & 其他\end{cases}$$

得到状态变量的响应曲线如图 9.2 所示,图 9.3 给出了测量输出信号 $z(t)-z_F(t)$ 的响应曲线,可以看到设计的滤波器能在整个过程中准确的估计 $z(t)$ 的值。

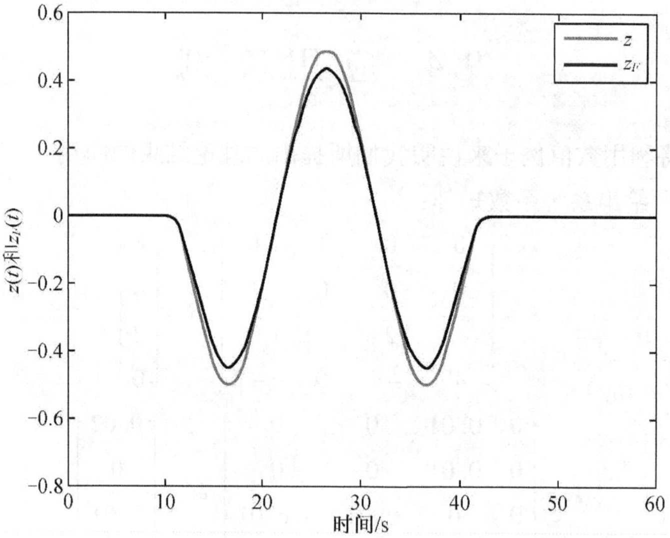

图 9.2 估计信号

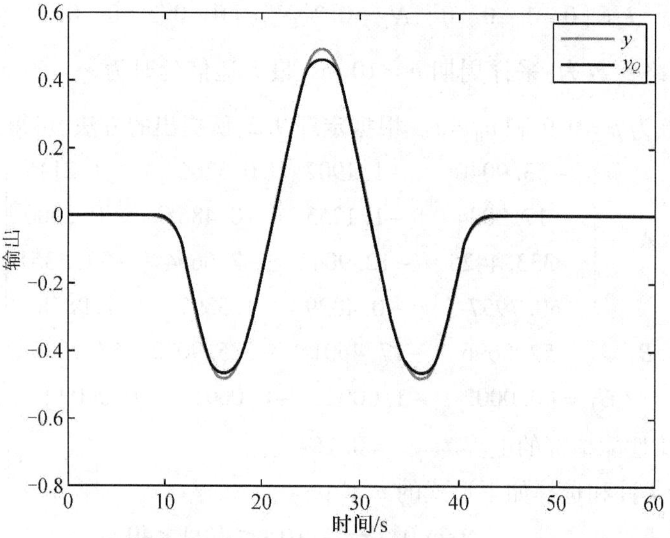

图 9.3 测量输出信号

9.5 本章小结

本章研究了在通信受限情形下,滤波对象是一个连续随机系统,在随机对象的测量输出和滤波器之间是通过网络连接的,通信受限的特点与第 6 章描述的相同,将网络通信受限和随机系统的滤波器设计考虑到一个模型中,建立了滤波系统的误差模型。利用线性矩阵不等式的方法提出该误差系统的 H_∞ 性能准则,所设计的 H_∞ 滤波器能够保证滤波误差系统稳定且具有一定的 H_∞ 扰动衰减性能。最后给了数值例子,来表明该设计方法的有效性和优越性。

参 考 文 献

[1] Summers S, Lygeros J. Verification of discrete time stochastic hybrid systems: A stochastic reach – avoid decision problem[J]. Automatica, 2010, 46(12): 1951 – 1961.

[2] Kaminski M. Generalized stochastic perturbation technique in engineering computations [J]. Mathematical and Computer Modelling, 2010, 51(3): 272 – 285.

[3] Tsai C, Lin S, Wang T, et al. Stochastic model reference predictive temperature control with integral action for an industrial oil – cooling process[J]. Control Engineering Practice, 2009, 17(2): 302 – 310.

[4] 王放明. 随机动力学及其在兵器中的应用[M]. 北京: 国防工业出版社, 2000.

[5] 唐华斌, 王磊, 孙增圻. 基于随机采样的运动规划综述[J]. 控制与决策, 2005, 20(7): 721 – 726.

[6] 郑雅羽, 田翔, 陈耀武. 基于随机采样的两阶段全局运动估计[J]. 浙江大学学报(工学版), 2010, 44(1): 131 – 135.

[7] 赵艳丽, 刘剑, 罗鹏飞. 基于相控阵雷达的自适应采样目标跟踪算法[J]. 现代雷达, 2003, 25(5): 37 – 39.

[8] Donkersa M, Heemelsa W, Bernardinib D, et al. Stability analysis of stochastic networked control systems[J]. Automatica, 2012, 48: 917 – 925.

[9] 李建军, 高锋阳. 自动化立体仓库网络控制系统研究[J]. 起重运输机械, 2013, (1): 76 – 82.

[10] 贺竹林, 高世萍, 李宁等. TCN 列车网络综合测试研究[J]. 自动化应用, 2013, (12): 29 – 30.

[11] 牛尔卓, 王青, 董朝阳. 一类飞行器网络控制系统的鲁棒故障检测算法[J]. 宇航学报, 2012, 33(12): 1736 – 1741.

[12] 徐丽娜. 数字控制——建模与分析、设计与实现[M]. 2 版. 北京: 科学出版社, 2006.

[13] 吕淑萍, 李文秀. 数字控制系统[M]. 哈尔滨: 哈尔滨工程大学出版社, 2002.

[14] Chen T, Francis B A. Optimal Sampled – Data Control Systems[M]. London: Springer, 1995.

[15] Dullerud G E, Glover K. Robust performance of periodic systems[J]. IEEE Trans. Automat. Control, 1996, 41(8): 1146 – 1159.

[16] Khargonekar P, Poolla K, Tannenbaum A. Robust control of linear time – invariant plants

using periodic compensation[J]. IEEE Trans. Automat. Control,1985,30(11):1088 - 1096.

[17] Bamieh B,Pearson J. A general framework for linear periodic systems with applications to H_∞ sampled - data control[J]. IEEE Trans. Automat. Control,1992,37(4):418 - 435.

[18] Yamamoto Y. New approach to sampled - data control systems - a function space method [C]. Proceedings of the 29th Conference on Decision and Control. Istenbul,1990: 1882 - 1887.

[19] Chen T,Francis B. A. H_∞ - optimal sampled - data control: computation and design [J]. Automatica,1996,32(2):223 - 228.

[20] Sivashankar N,Khargonekar P. Characterization of the H_2 - induced norm for linear systems with jumps with applications to sampled - data systems[J]. SIAM Journal of Control and Optimization,1994,32:1128 - 1150.

[21] Ichikawa A,Katayama H. H_2 and H_∞ control for jump systems with application to sampled - data systems[J]. Int. J. Systems Sci. ,1998,29(8):829 - 849.

[22] Hu L,Lam J,Cao Y. Y,et al. A linear matrix inequality(LMI)approach to robust H_2 sampled - data control for linear uncertain system[J]. IEEE Trans. Systems,Man and Cybernetics - Part B,2003,33:149 - 155.

[23] Yoneyama J. Robust output feedback control for uncertain sampled - data systems via jump system approach[C]. Proceedings of the 42nd IEEE Conference on Decision and Control. Maui,Hawaii USA,2003:1170 - 1175.

[24] 俞立. 鲁棒控制——线性矩阵不等式处理方法[M]. 北京:清华大学出版社,2002.

[25] Mikheev Y,Sobolev V,Fridman E. Asymptotic analysis of digital control systems[J]. Automat. Remote Control,1988,49:1175 - 1180.

[26] Astrom K,Wittenmark B. Adaptive Control[M]. MA: Addison - Wesley,1989.

[27] Fridman E,Seuret A,Richard J. P. Robust sampled - data stabilization of linear systems: an input delay approach[J]. Automatica,2004,40(8):1441 - 1446.

[28] Gao H,Wu J,Shi P. Robust sampled - data H_∞ control with stochastic sampling[J]. Automatica,2009,45(7):1729 - 1736.

[29] Wu J,Chen X,Gao H. H_∞ filtering with stochastic sampling[J]. Signal Processing, 2010,90(4):1131 - 1145.

[30] Grigoriu M. Probabilistic models for stochastic elliptic partial differential equations[J]. Journal of Computational Physics,2010,229(22):8406 - 8429.

[31] Mao X,Lam J,Huang L. Stabilisation of hybrid stochastic differential equations by delay feedback control[J]. Systems & Control Letters,2008,57(11):927 - 935.

[32] Shen B,Wang Z,Shu H,et al. On nonlinear H_∞ filtering for discrete - time stochastic systems with missing measurements[J]. IEEE Trans. Automat. Control,2008,53(9):

2170 - 2180.

[33] Mao X. Robustness of exponential stability of stochastic differential delay equations[J]. IEEE Trans. Automat. Control,1996,41(3):442 - 447.

[34] Xu S,Chen T. Robust H_∞ control for uncertain stochastic systems with state delay[J]. IEEE Trans. Automat. Control,2002,47(12):2089 - 2094.

[35] He Y, Wu M, She J. H. Delay - dependent exponential stability of delayed neural network with time - varying delay[J]. IEEE Trans. Circuits and Systems(II),2006,53(7):553 - 557.

[36] Xu S. Explicit solutions for multivalued stochastic differential equations[J]. Statistics & Probability Letters,2008,78(15):2281 - 2292.

[37] Meng X,Lam J,Gao H. Network - based H_∞ control for stochastic systems[J]. Int. J. Robust & Nonlinear Control,2009,19(3):295 - 312.

[38] Wu J , Shi P. Sampled - data exponential stabilization of a class of nonlinear stochastic systems[J]. Proceedings of the Institution of Mechanical Engineers, Part I, Journal of Systems and Control Engineering, 2010, 224(4): 403 - 417.

[39] Wu L,Ho D. Fuzzy Filter Design for Its Stochastic Systems With Application to Sensor Fault Detection[J]. IEEE Trans. Fuzzy Systems,2009,17(1):233 - 242.

[40] Mao X. Exponential Stability of Stochastic Delay Interval SystemsWith Markovian Switching[J]. IEEE Trans. Automat. Control,2002,47(10):1604 - 1612.

[41] Zhang L,Boukas E,Lam J. Analysis and Synthesis of Markov Jump Linear Systems With Time - Varying Delays and Partially Known Transition Probabilities[J]. IEEE Trans. Automat. Control,2008,53(10):301 - 320.

[42] Dong J,Yang G. Robust H2 - control of Continuous - time Markov Jump Linear Systems[J]. Automatica,2008,44(5):1431 - 1436.

[43] Pan S,Sun J,Zhao S. Stabilization of Discrete - time Markovian Jump Linear Systems via Time - delayed and Impulsive Controllers[J]. Automatica,2008,44(11):2954 - 2958.

[44] Goncalves A P C,Fioravanti A. R,Geromel J. C. H_∞ Filtering of Discrete - time Markov Jump Linear Systems Through Linear Matrix Inequalities[J]. IEEE Trans. Automat. Control,2009,54(6):1347 - 1351.

[45] Fei Z,Gao H,Shi P. New Results on Stabilization of Markovian Jump Systems with Time Delay[J]. Automatica,2009,45(10):2300 - 2306.

[46] Gao H,Meng X,Chen T. Stabilization of Networked Control Systems With a New Delay Characterization[J]. IEEE Trans. Automat. Control,2008,53(9):2142 - 2148.

[47] Wu L,Zheng W. $H_2 - H_\infty$ control of nonlinear fuzzy ito stochastic delay systems via dynamic output feedback[J]. IEEE Trans. Systems, Man and Cybernetics - Part B, 2009,39(5):1308 - 1315.

[48] Wang Z, Yang F, Ho D. W. C, et al. Robust H_∞ control for networked systems with random packet losses[J]. IEEE Trans. Systems, Man and Cybernetics - Part B, 2007, 37(4):916 -924.

[49] Leong A. S, Dey S, Erans J. S. On Kalman Smoothing With Random Packet Loss[J]. IEEE Trans. Signal Processing. 2008, 56(7):3346 -3351.

[50] Wang Z, Ho D W C, Liu X. Variance - constrained filtering for uncertain stochastic systems with missing measurements[J]. IEEE Trans. Automat. Control, 2003, 48(7):1254 -1258.

[51] Wang Z, Yang F, Ho D. W. C, et al. Robust H_∞ filtering for stochastic timedelay systems with missing measurements [J]. IEEE Trans. Signal Processing, 2006, 54 (7):2579 -2587.

[52] Dong H, Wang Z, Ho D W C, et al. Robust H_∞ fuzzy output - feedback control with multiple probabilistic delays and multiple missing measurements[J]. IEEE Trans. Fuzzy Systems, 2010, 18(4):712 -725.

[53] Krasovskii N N, Lidskii E. A. Analytic Design of Controller in Systems with Random Attributes[J]. Automatic. Remote Contr., 1961, 27:1021 -1025.

[54] Zhou K, Khargonekar P P. Robust stabilization of linear - systems with normbounded time - varying uncertainty[J]. Systems & Control Letters, 1988, 10(1):17 -20.

[55] Yaz E G, Niu X. R. Stability robustness of linear discrete - time systems in the presence of uncertainty[J]. Int. J. Control, 1989, 50(1):173 -182.

[56] Boyd S, Ghaoui L. E, Feron E, et al. Linear Matrix Inequalities in Systems and Control Theory[M]. Philadelphia, PA: SIAM, 1994.

[57] Gahinet P, Nemirovskii A, Laub A. J, et al. LMI Control Toolbox User's Guide[M]. Natick, MA: The Math. Works Inc., 1995.

[58] 韩崇昭,王月娟. 随机系统理论[M]. 西安:西安交通大学出版社,1987.

[59] 张先明. 基于积分不等式方法的时滞相关鲁棒控制研究[D]. 重庆:中南大学,2006:5.

[60] Fridman E, Shaked U. Delay - dependent stability and H_∞ control: constant and time - varying delays[J]. Internat. J. Control, 2003, 76(1):48 -60.

[61] Gu K, Niculescu S. I. Additional dynamics in transformed time delay systems[J]. IEEE Trans. Automat. Control, 2000, 45(3):572 -575.

[62] Park P. A delay - dependent stability criterion for systems with uncertain timeinvariant delays[J]. IEEE Trans. Automat. Control, 1999, 44(4):876 -877.

[63] Moon Y S, Park P, Kwon W H, et al. Delay - dependent robust stabilization of uncertain state - delayed systems[J]. Int. J. Control, 2001, 74:1447 -1455.

[64] Gu K, Kharitonov V. L, Chen J. Stability of Time - Delay Systems [M]. Berlin,

Germany:Springer – Verlag,2003.

[65] Gu K. An Improved Stability Criterion for Systems with Distributed Delays[J]. Int. J. Robust & Nonlinear Control,2003,13:819 – 831.

[66] Han Q L. A Descriptor System Approach to Robust Stability of Uncertain Neutral Systems with Discrete and Distributed Delays[J]. Automatica,2004,40:1791 – 1796.

[67] Park J H,Kwon O. On New Stability Criterion for Delay – differential Systems of Neutral Type[J]. Applied Mathematics and Computation,2005,162:627 – 637.

[68] Chen W. H,Zheng W. Delay – dependent Robust Stabilisation for Uncertain Neutral Systems with Distributed Delays[J]. Automatica,2007,43:95 – 104.

[69] Wu M,He Y,She J. H,et al. Delay – Dependent criteria for robust stability of timevarying delay systems[J]. Automatica,2004,40:1435 – 1439.

[70] He Y,Wu M,She J. H,et al. Delay – dependent robust stability criteria for uncertain neutral systems with mixed delays[J]. Systems Control Lett. ,2004,51(1):57 – 65.

[71] He Y,Wu M,She J. H,et al. Parameter – Dependent Lyapunov functional for stability of time – Delay systems with polytopic – type uncertainties[J]. IEEE Trans. Automat. Control,2004,49(5):828 – 832.

[72] Xu S,Lam J,Chen T,et al. A Delaydependent Approach to Robust H_∞ Filtering for Uncertain Distributed Delay Systems[J]. IEEE Trans. Signal Processing,2005,53: 3764 – 3772.

[73] Lin C,Wang Q G,Lee T. A less conservative robust stability test for linear uncertain time – delay systems[J]. IEEE Trans. Automat. Control,2006,51(1):87 – 91.

[74] Gao H,Chen T. New Results on Stability of Discrete – Time Systems With Time – Varying State Delay[J]. IEEE Trans. Automat. Control,2007,52(2):328 – 334.

[75] Mou S,Gao H,Lam J,et al. A New Criterion of Delay – Dependent Asymptotic Stability for Hopfield Neural Networks With Time Delay[J]. IEEE Trans. Neural Networks, 2008,19(3):532 – 535.

[76] Yang R,Gao H,Shi P. Novel Robust Stability Criteria for Stochastic Hopfield Neural Networks With Time Delays[J]. IEEE Trans. Systems,Man and Cybernetics – Part B, 2009,39(12):467 – 474.

[77] Zhao Y,Gao H,Lam J,et al. Stability and Stabilization of Delayed T – S Fuzzy Systems: A Delay Partitioning Approach[J]. IEEE Trans. Fuzzy Systems,2009,17(4): 750 – 762.

[78] 席裕庚. 预测控制[M]. 北京:国防工业出版社,1993.

[79] Wiener N. Extrapolation,interpolation,and smoothing of stationary time series with engineering application[M]. New York: Tech. Press of M. I. T. and John Wiley and Sons,1949.

[80] Kalman R E. A new approach to linear filtering and prediction problems[J]. J. Basic

Engineering,1960,82D(1):35 -45.

[81] Kalman R E,Busy R S. New results in linear filtering and prediction[J]. Trans. ASME J. Basic Eng. ,1962,83(9):95 -107.

[82] 方洋旺,潘进. 随机系统分析及应用[M]. 西安: 西北工业大学出版社,2006:1.

[83] Wonham W. M. On separation theroy of stochastic control[J]. SIAMJ. Control,1968,6(2):312 -326.

[84] Zames G. Feedback and optimal sensitivity: model reference transformations,multiplicative seminorms and approximate inverses[J]. IEEE Trans. Automat. Control, 1981, 26: 301 -320.

[85] Doyloe J C,Glover K,Khargonekor P P,et al. State - space solutions to standard H_2 and H_∞ control problems[J]. IEEE Trans. Automat. Control,1989,34:831 -847.

[86] Xu S,Chen T. H_∞ output feedback control for uncertain stochastic systems with time - varying delays[J]. Automatica,2004,40:2091 -2098.

[87] Xie S,Xie L. Stabilization of a class of uncertain large - scale stochastic systems with time delays[J]. Automatica,2000,36:161 -167.

[88] Yue D,Won S. Delay - dependent robust stability of stochastic systems with time delay and nonlinear uncertainties[J]. IEE Electron. Lett. ,2001,37:992 -993.

[89] Cao J D. New results concerning exponential stability and periodic solutions of delayed cellular neural networks[J]. Physics Letters A,2003,307:136 -147.

[90] Niu Y,Wang Z,Wang X. Robust sliding mode design for uncertain stochastic systems based on H_∞ control method[J]. Optimal Control Applications and Methods,2010,31(2):93 -104.

[91] Chen W H, Guan Z H, Lu X. Delay - dependent exponential stability of uncertain stochastic systems with multiple delays: an LMI approach[J]. Systems & Control Letters,2005,54:547 -555.

[92] Mao X,Koroleva N,Rodkina A. Robust stability of uncertain stochastic differential delay equations[J]. Systems & Control Letters,1998,35:325 -336.

[93] Yoneyama J,Tanaka M,Ichikawa A. STOCHASTIC OPTIMAL CONTROL FOR JUMP SYSTEMS WITH APPLICATION TO SAMPLED - DATA SYSTEMS[J]. Stochastic Analysis and Applications,2001,19(4):643 -676.

[94] Fowler T B. Application of stochastic control techniques to chaotic nonlinear systems[J]. IEEE Trans. Automat. Control,1989,34(2):201 -205.

[95] Wu J, Karimi R H ,Tian S. Robust H_∞ filtering for stochastic networked control systems[C]. 33th Chinese Control Conference, Nanjing, China, July, 2014: 4331 -4336.

[96] Bernstein D S,Haddad W M. Steady - state Kalman filtering with an error bounded[J]. Systems & Control Letters,1989,12:9 -16.

[97] Elsayed A, Grimble M J. A new approach to H_∞ design of optimal digital linear filters [J]. IMA Journal of Mathematics and Control Information, 1989, 6:233 - 251.

[98] Wang Z, Qiao H. Robust filtering for bilinear uncertain stochastic discrete - time systems [J]. IEEE Trans. Signal Processing, 2002, 50(3):560 - 567.

[99] Wang Z, Lam J, Liu X. Filtering for a class of nonlinear discrete - time stochastic systems with state delays [J]. Journal of Computational and Applied Mathematics, 2007, 201:153 - 163.

[100] Gao H, Lam J, Wang C. Robust H_∞ filtering for discrete stochastic time - delay systems with nonlinear disturbances[J]. Nonlinear Dyn. Syst. Theory, 2004, 4(3):285 - 301.

[101] Gao H, Lam J, Wang C. Robust energy - to - Peak filter design for stochastic timedelay systems[J]. Systems & Control Letters, 2006, 55:101 - 111.

[102] Polushin I G, Marquez H J. Multirate versions of sampled - data stabilization of nonlinear systems[J]. Automatica, 2004, 40:1035 - 1041.

[103] Janardhanan S, Kariwala V. Multirate - Output - Feedback - Based LQ - Optimal Discrete - Time Sliding Mode Control[J]. IEEE Trans. Automat. Control, 2008, 53(1):367 - 373.

[104] Liu X, Lu J. Least squares based iterative identification for a class of multirate systems [J]. Automatica, 2010, 46(3):549 - 554.

[105] Black H S. Modulation theory[M]. New York: Van Nostrand, 1953.

[106] Elsayed A, Grimble M J. A New Approach to the Design of Optimal Digital Linear Filters [J]. IMA J Math Control Info, 1989, 6:233 - 251.

[107] E. Van D. O, Rennedboog J. Some formulas and applications of nonuniform sampling of bandwidth limited signals[J]. IEEE Trans. Instrum. Meas., 1988, 37(3):353 - 357.

[108] 李宛州，沈义民．随机采样原理在远程超宽带雷达信号脉冲中的应用[J]．清华大学学报，2001，41(3)：125 - 127.

[109] 徐从裕．随机采样法求解周期信号精确值的原理和方法[J]．电子测量与仪器学报，2003，17(2)：61 - 64.

[110] Eng F, Gunnarsson F, Gustafsson F. Frequency domain analysis of signals with stochastic sampling times[J]. IEEE Trans. Signal Processing, 2008, 56(7):3089 - 3099.

[111] Dullerud G E, Glover K. Analysis of Structured LTI Uncertainty in Sampled - Data Systems[J]. Automatica, 1995, 31(1):99 - 113.

[112] Hagiwara T, Suyama M, Araki M. Upper and Lower Bounds of the Frequency Response Gain of Sampled - Data Systems[J]. Automatica, 2001, 37:1363 - 1370.

[113] Shi P, Nguang S. K. H_∞ Output Feedback Control of Fuzzy System Models Under Sampled Measurements[J]. Computers and Mathematics with Applications, 2003, 46:705 - 717.

[114] Toivonnen H T, Medvedev A. Damping of Harmonic Disturbances in Sampled - Data Systems - Parameterization of All Optimal Controllers[J]. Automatica, 2003, 39: 75 - 80.

[115] Fridman E. Robust Sampled - Data H_∞ Control of Linear Singularly Perturbed Systems [J]. IEEE Trans. Automat. Control, 2006, 51(3): 470 - 475.

[116] Hu B, Michel A N. Robustness analysis of digital feedback control systems with time - varying sampling periods[J]. Journal of the Franklin Institute, 2000, 337: 117 - 130.

[117] Ozdemir N, Townley T. Integral control by variable sampling based on steady - state data [J]. Automatica, 2003, 39: 135 - 140.

[118] Sala A. Computer control under time - varying sampling period: an LMI gridding approach[J]. Automatica, 2005, 41: 2077 - 2082.

[119] Suplin V, Fridman E, Shaked V. Sampled - data H_∞ control and filtering: Nonuniform uncertain sampling[J]. Automatica, 2007, 43: 1072 - 1083.

[120] 沈燕，郭兵. 网络控制系统变采样周期智能动态调度策略[J]. 四川大学学报，2010, 42(1): 162 - 167.

[121] Ray A. Distributed data communication networks for real time proeess control[J]. Chemical Engineering Communieations, 1988, 65(2): 139 - 154.

[122] 邱占芝，张庆灵，杨春雨. 网络控制系统分析与控制[M]. 1 版. 北京：科学出版社，2009: 10 - 11.

[123] Yue D, Han Q. L, Peng C. State feedback controller design of networked control systems [J]. IEEE Trans. Circuits and Systems(II), 2004, 51(11): 640 - 644.

[124] Wang Z, Shen B, Liu X. H_∞ filtering with randomly occurring sensor saturations and missing measurements[J]. Automatica, 2012, 48: 556 - 562.

[125] Hristu D, Morgansen K. Limited communication control. Science, 1999, 37: 193 - 205.

[126] Wu J, Karimi R H, Shi P. Network - based H_∞ output feedback control for uncertain stochastic systems[J], Information Sciences, 2013, 232: 397 - 410.

[127] Nair G, Evans R. Exponential stabilisability of finite - dimensional linear systems with limited data rates[J]. Automatica, 2003, 39: 585 - 593.

[128] Hu L. S, Bai T, Shi P, et al. Sampled - data control of networked linear control systems [J]. Automatica, 2007, 43: 903 - 911.

[129] 杜大军，费敏锐，宋杨，等. 网络控制系统的简要回顾及展望[J]. 仪器仪表学报，2011, 32(3): 713 - 720.

[130] Nilsson J, Bernhardsson B, Wittenmark B. Stochastic analysis and control of realtime systems with random time delays[J]. Automatica, 1998, 34: 57 - 64.

[131] Goodwin G. C, Haimovich H, Quevedo D. E, et al. A moving horizon approach to networked control system design[J]. IEEE Trans. Automat. Control, 2004, 49(9):

1427 - 1445.

[132] Gao H, Chen T, Lam J. A new delay system approach to network - based control[J]. Automatica, 2008, 44:39 - 52.

[133] Dong H, Wang Z, Lam J, et al. Fuzzy - model - based robust fault detection with stochastic mixed time delays and successive packet dropouts[J]. IEEE Trans. Systems, Man and Cybernetics - Part B, 2012, 42:365 - 376.

[134] 宋杨,董豪,费敏锐. 基于切换频度的马尔科夫网络控制系统均方指数镇定[J]. 自动化学报,2012,38(5):876 - 881.

[135] 游科友,谢立华. 网络控制系统的最新研究综述[J]. 自动化学报,2013,39(2):101 - 108.

[136] Richalet J A, Rault A, Testud J L, et al. Model predictive heuristic control: applications to an industrial process[J]. Automatica, 1978, 14:413 - 428.

[137] Wang Y, Rawlings J B. A new robust model predictive control method I: theory and computation[J]. J. Proc. Contr., 2004, 14:231 - 247.

[138] Casavola A, Famularo D, Franz G. Robust constrained predictive control of uncertain norm - bounded linear systems[J]. Automatica, 2004, 40:1865 - 1876.

[139] Chen W, Ballanee D. OPtimisation of attraction domains of nonlinear MPC via LMI methods[C]. Proeeedings of the American Control Conferene, 2001:3067 - 3072.

[140] Cuzzola F A, Geromel J C, Morari M. An improved approach for constrained robust model predictive control[J]. Automatica, 2002, 38:1183 - 1189.

[141] Prett D M, Gillette R D. Optimization and constrained multivariable control of a catalytic cracking unitProceedings of the joint automatic control conference[C]. San Francisco, California, 1980:4604 - 4609.

[142] Garcia C E, Prett D M. Advances in industrial model - predictive control[J]. Chemical Process Control - CPC, 1986:249 - 294.

[143] Cutler C R, Hawkins R B. Constrained multivariable control of a hydroeracker reactor [C]. Proc. Am. Control Conf. Minneapolis, Minnesota, 1987:1014 - 1020.

[144] Cutler C R, Ramaker B L. Dynamic matrix control - a computer control algorithm[C]. Proceedings Joint Automatic Control Conference. San Francisco, CA., 1980.

[145] Garcia C E, Morshedi A M. Quadratic programming solution of dynamic matrix control QDMC[J]. Chemical Engineering Communications, 1986, 45:73 - 87.

[146] Bitmead R R, Gevers M, Wertz V. Adaptive optimal control - The thinking man's GPC [M]. NJ.: Prentice - Hall: Englewood Cliffs, 1990.

[147] Wu J, Jiang K, Karimi R H, et al. Model predictive control for drum water level of boiler systems[C]. 26th Chinese Control and Decision, Changsha, China, May, 2014: 1249 - 1253.

[148] Kothare M V, Balakrishans V, Moraris M. Robust constrained model predictive control using linear matrix inequalities[J]. Automatica, 1996, 32(10): 1361 - 1379.

[149] Huang C, Gao H, Shi P. Model predictive control with missing data Proceedings of the 27th Chinese Control Conference[C]. Kunming, Yunnan, China, 2008: 732 - 735.

[150] Zhao Y, Gao H, Chen T. Fuzzy constrained predictive control of non - linear systems with packet dropouts[J]. IET Control Theory and Applications, 2010, 4(9): 1665 - 1677.

[151] Yang R, Liu G, Shi P, et al. Predictive output feedback control for networked control systems[J]. IEEE Transactions on Industrial Informatics, 2014, 6(1): 512 - 520.

[152] 黄晓璐. 网络流量的半马尔科夫模型[D]. 北京:中国科学院, 2006.

[153] Zhou K, Doyle J C, Glover K. Robust and Optimal Control[M]. NJ.: Prentice - Hall, 1996.

[154] Ma S P, Zhang C. H, Cheng Z. Delay - dependent Robust H_∞ Control for Uncertain Discrete - time Singular Systems with Time - delays[J]. Journal of Computational and Applied Mathematics, 2008, 217: 194 - 211.

[155] Wang Y, Xie L, Souza C E D. Robust control of a class of uncertain nonlinear systems [J]. Systems & Control Letters, 1992, 19: 139 - 149.

[156] Francis B A, Georgiou T T. Stability theory for linear time - invariant plants with periodic digital controllers [J]. IEEE Trans. Automat. Control, 1988, 33 (9): 820 - 832.

[157] Hagiwara T, Araki M. Design of a stable state feedback controller based on the multirate sampling of the plant output [J]. IEEE Trans. Automat. Control, 1988, 33 (9): 812 - 819.

[158] 苏宏业,褚健,鲁仁全,等. 不确定时滞系统的鲁棒控制理论[M]. 1版. 北京:科学出版社, 2007: 2 - 3.

[159] Lu G, Ho D. W. C. Robust H_∞ observer for nonlinear discrete systems with time delay and parameter uncertainties[J]. IEE Proc. Part D: Control Theory Appl., 2003, 151 (4): 439 - 444.

[160] Lee H J, Park J B, Chen G R. Robust Fuzzy Control of Nonlinear Systems with Parametric Uncertainties[J]. IEEE Trans. Fuzzy Systems, 2001, 9: 369 - 379.

[161] Shi P. Filtering for interconnected nonlinear sampled - data systems with parametric uncertainties[J]. J. Vib. Control, 1999, 5(4): 591 - 618.

[162] Wang F, Balakrishnan V. Robust Kalman filters for linear time - varying systems with stochastic parametric uncertainties[J]. IEEE Trans. Signal Processing, 2002, 50(4): 803 - 813.

[163] 陈云. 随机时滞系统的分析与综合[D]. 杭州:浙江大学, 2008: 2 - 4.

[164] Mao X. Exponential stability in mean square of neutral stochastic differential functional

equations[J]. Systems & Control Letters,1995,26:245 -251.

[165] 慈春令,郑颖南,李强. 自校正控制在冷连轧机张力控制系统中的应用[J]. 电气传动,1993,(4):35 -38.

[166] Xu S, Lam J, Ho D. W. C. Novel global robust stability criteria for interval neural networks with multiple time - varying delays [J]. Physics Letters A, 2005, 342: 322 -330.

[167] Wang Z,Huang B,Unbehauen H. Robust reliable control for a class of uncertain nonlinear state - delayed systems[J]. Automatica,1999,35:955 -963.

[168] 郑大钟. 线性系统理论[M]. 2 版. 北京: 清华大学出版社,2002:31.

[169] Oliveira de M C, Bernussou J, Geromel J C. A new discrete - time robust stability condition[J]. Systems & Control Letters,1999,37:261 -265.

[170] Shi P,Shue S P. Robust H_∞ control for linear discrete - time systems with normbounded nonlinear uncertainties[J]. IEEE Trans. Automat. Control,1999,44(1):108 -111.

[171] Gao H,Lam J,Wang C,et al. H_∞ Model Reduction for Discrete Time - Delay Systems: Delay Independent and Dependent Approaches [J]. Int. J. Control, 2004, 77: 321 -335.

[172] Petersen I R,McFarlane D C. Optimal guaranteed cost filtering for uncertain discrete - time linear systems[J]. Int. J. Robust & Nonlinear Control,1996,6:267 -280.

[173] Wang Z,Liu Y,Wei G,et al. A note on control of a class of discrete - time stochastic systems with distributed delays and nonlinear disturbances[J]. Automatica,2010,46(3):543 -548.

[174] Chen W H,Guan Z H,Lu X. Delay - dependent Guaranteed Cost Control for Uncertain Discrete - time Systems with Delay[J]. IEE Proc. Part D: Control Theory Appl. ,2003, 150(4):412 -416.

[175] Fridman E,Shaked U. Stability and guaranteed cost control of uncertain discrete delay systems[J]. Internat. J. Control,2005,78(4):235 -246.

[176] Khan S,Sabanovic A,Nergiz A. O. Scaled Bilateral Teleoperation Using Discrete - Time Sliding - Mode Controller[J]. Industrial Electronics, IEEE Transactions on,2009,56(9):3609 -3618.

[177] Hu Q,Du C,Xie L,et al. Discrete - Time Sliding Mode Control With Time - Varying Surface for Hard Disk Drives[J]. Control Systems Technology,IEEE Transactions on, 2009,17(1):175 -183.

[178] Chen C,Feng G,Sun D,et al. H_∞ output feedback control of discrete - time fuzzy systems with application to chaos control[J]. IEEE Trans. Fuzzy Systems,2005,13(4):531 -543.

[179] Zhao Y,Lam J,Gao H. Fault Detection for Fuzzy Systems with Intermittent Measurement

[J]. IEEE Trans. Fuzzy Systems,2009,17(2):398 - 410.

[180] Chu Y C. Bounds of the Incremental Gain for Discrete - Time Recurrent Neural Networks[J]. IEEE Trans. Neural Networks,2002,13(5):1087 - 1098.

[181] Zhao Y, Gao H, Lam J, et al. Stability Analysis of Discrete - Time Recurrent Neural NetworksWith Stochastic Delay [J]. IEEE Trans. Neural Networks, 2009, 20 (8): 1330 - 1339.

[182] Doucet A, Logothetis A, Krishnamurthy V. Stochastic sampling algorithms for state estimation of jump Markov linear systems[J]. IEEE Trans. Automat. Control,2000,45(1):188 - 202.

[183] Nagy E. Variable sampling interval linear stochastic controlProc[C]. American Control Conference. 2000:2780 - 2781.

[184] Dullerud G. E, Glover K. Modern Control Systems[M]. Upper Saddle River: Prentice Hall,2010.

[185] 薛燕,刘克. 基于预测值控制的变采样网络控制系统[J]. 控制理论与应用,2009,26(6):657 - 660.

[186] 蔡骅,王艳,陈庆伟,等. 基于变采样周期的网络控制系统控制与调度协同设计[J]. 兵工学报,2009,30(4):491 - 496.

[187] Chen Y, Xue A, Zhao X, et al. Newblock improved delay - dependent stability analysis for uncertain stochastic hopfield neural networks with time - varying delays [J]. IET Control Theory Appl. ,2009,3:88 - 97.

[188] Dong H, Wang Z, Ho D W C, et al. Robust H_∞ filtering for Markovian jump systems with randomly occurring nonlinearities and sensor saturation: The finitehorizon case [J]. IEEE Trans. Signal Processing,2011,59:3048 - 3057.

[189] Karimi H. Newblock Robust delay - dependent H_∞ control of uncertain time - delay systems with mixed neutral, discrete, and distributed time - delays and Markovian switching parameters [J]. IEEE Trans. Circuits and Systems (I), 2011, 58: 1910 - 1923.

[190] Wu L, Su X, Shi P. Sliding mode control with bounded L_2 gain performance of markovian jump singular time - delay systems[J]. Automatica,2012,48:1929 - 1933.

[191] Mao X. Stochastic differential equations and their applications[M]. Chichester: Horwood, 1997.

[192] Chen W, Jiao L. Finite - time stability theorem of stochastic nonlinear systems[J]. Automatica, 2010,46:2108 - 2108.

[193] Liang J, Wang Z, Liu X. Robust passivity and passification of stochastic fuzzy time - delay systems[J]. Information Sciences,2010,180:1725 - 1737.

[194] Shen B Z, Wang Y. H, Chesi G. Distributed H_∞ filtering for polynomial nonlinear stochastic systems in sensor networks[J]. Industrial Electronics IEEE trans. , 2011,58:

1971 – 1979.

[195] Zhou Q, P S. Stability analysis of stochastic networked control systems[J]. Int. J. of Robust and Nonlinear Control, 2012, 22(1): 1036 – 1059.

[196] Tian E, Yue D, Peng C. Quantized output feedback control for networked control systems [J]. Information Sciences, 2008, 178: 2734 – 2749.

[197] Lin C, Wang Z, Yang F. Observer – based networked control for continuous – time systems with random sensor delays[J]. Automatica, 2009, 45: 578 – 584. 170.

[198] Xie L, Fu M, Souza C. E. D. H_∞ control and quadratic stabilization of systems with parameter uncertainty via output feedback[J]. IEEE Trans. Automat. Control, 1992, 37 (8): 1253 – 1256.

[199] Kolmanovskii V. B, Myshkis A. D. Applied theory of functional differential equations dordrecht[M]. Kluwer: The Netherlands, 1992.

[200] ElGhaoui L, Oustry F, M. A. Rami . A cone complementarity linearization algorithm for static output – feedback and related problems [J]. IEEE Trans. Automat. Control, 1997, 42(8): 1171 – 1176.

[201] Peng C, Yang T. Event – triggered communication and H_∞ control co – design for networked control systems[J]. Automatica, 2013, 49(5): 1326 – 1332.

[202] Yang R, Wang Y. Finite – time stability analysis and H_∞ control for a class of nonlinear time – delay Hamiltonian systems[J]. Automatica, 2013, 49(2): 390 – 401.

[203] Gershon E. Robust reduced – order H_∞ output – feedback control of retarded stochastic linear systems[J]. IEEE Trans. Automat. Control, 2013, 58(11): 2898 – 2904.

[204] Kouro S, Cortes P, Vargas R, et al. Model predictive control – a simple and powerful method to control power converters[J]. IEEE Trans. Automat. Control, 2009, 56(6): 1826 – 1838.

[205] Xu M, Li S, CaiW. Cascade generalized predictive control strategy for boiler drum level [J]. ISA Transactions, 2005, 44(3): 399 – 411.

[206] Kuntze H B, Jacubasch A, Richalet J, et al. On the predictive functional control of an elastic industrial robot[C]. Control and Decision Conference, 1986: 1877 – 1896.

[207] Clarket D W, Mohtadit C, Tuffs P S. Generalized predictive control part I. The basic algorithm[J]. Automatica, 1987, 23: 137 – 148.

[208] Arulalan G R, Deshpande P B. Simplified model predictive control[J]. Industrial and Engineering Chemistry Research, 1987, 26(2): 347 – 356.

[209] Henson M A. Nonlinear model predictive control: current status and future directions [J]. Computers and Chemical Engineering, 1998, 23(2): 187 – 202.

[210] Abdollahpouri M, Khaki – Sedigh A, Fatehi A. Lyapunov based multiple model predictive control: an LMI approach[C]. American Control Conference, 2012: 1998 – 2003.

[211] Ding B, Xi Y, Cychowski M T, et al. A synthesis approach for output feedback robust constrained model predictive control[J]. Automatica, 2008, 44: 258 - 264.

[212] 王德慧,周一工. 大型燃机联合循环余热锅炉的发展[J]. 锅炉制造,2000,(4): 25 - 29.

[213] 边立秀,周俊霞. 热工控制系统[M]. 北京:中国电力出版社,2001:2 - 10.

[214] 刘忠. 三冲量控制系统的设计及应用[J]. 自动化与仪器仪表,2009,(4):18 - 19.

[215] Yuan G, Liu J. The design for the boiler drum level system based on immune control [J]. Journal of Computers, 2012, 7(3): 749 - 754.

[216] 王东风,韩璞,王国玉. 锅炉汽包水位系统的预测函数控制[J]. 华北电力大学学报,2003,30(3):45 - 47.

[217] Mankel P, Tembhurne S. Application of back propagation neural network to drum level control in thermal power plants[J]. International Journal of Computer Science, 2012, 9(2): 520 - 526.

[218] Zhang S, He J. Strategy of fuzzy adaptive control for boiler's drum Water level[J]. Journal of Yancheng Institute of Technology, 2010, (1): 120 - 123.

[219] Gandhi R V, Adhyaru D M. Optimized control of boiler drum - level using separation principle2013 Nirma University International Conference on Engineering [C]. Ahmedabad, 2013: 28 - 30.

[220] 刘国才. 大型船舶锅炉汽包水位控制系统的设计与研究[D]. 哈尔滨:哈尔滨工程大学,2006:2 - 15.

[221] Wang Y, Meng Q. Research on optimal control system of boiler drum water level based on LQR [C]. 2011 International Conference on Transportation, Mechanical, and Electrical Engineering, 2011: 1092 - 1094.

[222] Chui C K, Chen G. Kalman Filtering with Real - time Applications [M]. Berlin: Springer, 1999.

[223] Fu M, Souza de C. E, Xie L. H_∞ estimation for uncertain systems with limited communication capacity[J]. Int. J. Control, 1992, 2: 87 - 105.

[224] Takaba K, Katayama T. Discrete - time H_∞ algebric Riccati equation and parameterization of all H_∞ filter[J]. Int. J. Control, 1996, 64(6): 1129 - 1149.

[225] Andrieu C, Davy M, Doucet A. Efficient particle filtering for jump Markov systems. Application to time - varying autoregressions[J]. IEEE Trans. Signal Process., 2003, 51(7): 1762 - 1770.

[226] Wu L, Shi P, Gao H, et al. H_∞ Filtering for 2D Markovian Jump Systems[J]. Automatica, 2008, 44(7): 1849 - 1858. 172

[227] Seo J, Yu M J, Park C G, et al. An extended robust H_∞ filter for nonlinear constrained uncertain systems[J]. IEEE Trans. Signal Processing, 2006, 54(11): 4471 - 4475.

[229] Gershon E, Limebeer D J N, Shaked U, et al. Robust H_∞ filtering of stationary continuous - time linear systems with stochastic uncertainties [J]. IEEE Trans. Automat. Control, 2001, 46(11): 1788 - 1793.

[229] Xia J, Xu S, Song B. Delay - dependent $H_2 - H_\infty$ filter design for stochastic timedelay systems[J]. Systems & Control Letters, 2007, 56: 579 - 587.

[230] Shen B, Wang Z, Shu H, et al. H_∞ filtering for nonlinear discrete - time stochastic systems with randomly varying sensor delays[J]. Automatica, 2009, 45: 1032 - 1037.

[231] Gao H, Chen T. H_∞ estimation for uncertain systems with limited communication capacity[J]. IEEE Trans. Automat. Control, 2007, 52(11): 2070 - 2084.

[232] Du H, Zhang N. H_∞ control of active vehicle suspensions with actuator time delay[J]. Journal of Sound and Vibration, 2007, 301: 236 - 252.

[233] Cattivelli F S, Sayed A H. Diffusion strategies for distributed Kalman filtering and smoothing[J]. IEEE Trans. Automat. Control, 2010, 55(9): 2069 - 2084.

[234] He Y, Wang Q G, Lin C. An improved H_∞ filter design for systems with timevarying interval delay[J]. IEEE Trans. Circuits and Systems(II), 2006, 53: 1235 - 1239.

[235] Zhang B, Zheng W. H_∞ filter design for nonlinear networked control systems with uncertain packet - loss probability [J]. IEEE Trans. Signal Processing, 2012, 92: 1499 - 1507.

[236] Chen B S, Tsai C L, Chen Y F. Mixed H_2/H_∞ filtering design in multirate transmultiplexer systems: LMI approach[J]. IEEE Trans. Automat. Control, 2003, 49: 2693 - 2701.

[237] Xu S, Lam J, Zuo Y. H_∞ filtering for singular systems [J]. IEEE Trans. Automat. Control, 2003, 48(12): 2217 - 2222.

[238] Yang R, Gao H, Shi P, et al. Delay - dependent energy - to - peak filter design for stochastic systems with time delay: a delay partitioning approach [C]. Proceedings of 48th IEEE Conference on Decision and control. 2009: 5472 - 5477.

[239] Dong H, Wang Z, Gao H. Distributed filtering for a class of time - varying systems over sensor networks with quantization errors and successive packet dropouts [J]. IEEE Trans. Signal Processing, 2012, 60(6): 3164 - 3173.